Les Trous noirs

Jean-Pierre Luminet

Les Trous noirs

Éditions Belfond

ISBN ORIGINAL 2-7144-2039-7

ISBN 2-02-015948-1

Je dédie ce livre à tous ceux
pour qui chaque réponse est une question.

REMERCIEMENTS

Jean Audouze, Philippe André, René Lachal, Jean-Alain Marck, Sylvano Bonazzola, Christian Poinas, Brandon Carter, Laurent Nottale, Andrew King et Egidio Landi ont amicalement mais impitoyablement lu, discuté et corrigé mon manuscrit. Je leur en suis profondément reconnaissant.

Les livres ne sont pas faits pour être crus, mais pour être soumis à l'examen. Devant un livre, nous ne devons pas nous demander ce qu'il dit mais ce qu'il veut dire...

UMBERTO ECO, *Le Nom de la rose*

Préface
à la nouvelle édition

Lorsqu'au début du mois de février 1987 je remis le manuscrit des *Trous noirs* à mon éditeur Pierre Belfond, je ne pouvais deviner qu'une semaine plus tard se produirait un événement astronomique extraordinaire, attendu depuis près de quatre siècles et appelé de tous mes vœux dans le chapitre 6 de mon livre : l'explosion d'une étoile suffisamment proche pour être visible à l'œil nu, sous forme de supernova. Ce cataclysme cosmique avait peut-être engendré un trou noir, ou à tout le moins un astre fantastiquement concentré, tourbillonnant à une vitesse vertigineuse !

Il n'était matériellement plus possible de réviser la partie correspondante du livre, et je dus me contenter d'une note en bas de page. Depuis lors, les progrès fulgurants de l'astronomie observationnelle ont dévoilé nombre d'autres nouveautés célestes, liées de près ou de loin à l'existence des trous noirs. Outre les corrections et améliorations de détail suggérées par des lecteurs particulièrement perspicaces, il m'est donc apparu indispensable d'effectuer une mise à jour substantielle pour la présente édition.

Les questions théoriques, qui occupent environ la moitié du présent ouvrage, ont peu progressé. L'intérieur des trous noirs reste – et restera sans doute longtemps – toujours aussi mystérieux, mais j'ai mentionné quelques spéculations récentes sur les trous de ver, ces étranges structures qui offriraient aux navigateurs hardis des « raccourcis » de l'espace-temps.

En revanche, l'autre moitié de l'ouvrage consacrée à l'observation effective du ciel a été largement bousculée par l'actualité. J'ai bien entendu rédigé de nouveaux paragraphes sur la supernova de février 1987 et la détection corrélative des neutrinos – qui ont marqué l'avènement d'une nouvelle astronomie. J'ai développé le sujet des lentilles gravitationnelles, devenu l'un des domaines clés de la cosmologie observationnelle (et preuve tangible de la réalité de l'espace courbe). Il m'a fallu réadapter notre vision du Centre Galactique – riche berceau propice à la subsistance de trous noirs – à la lueur du Télescope Sigma, ce détecteur de rayonnement gamma embarqué sur satellite qui a notamment dévoilé une nouvelle source X ressemblant à s'y méprendre à un trou noir stellaire. Chaque mois, des nouvelles fraîches en provenance du cosmos lointain ont exigé d'autres ajouts. Des planètes ont été identifiées autour de pulsars. Dans la constellation du Cygne, une extraordinaire nova a rallongé la liste des candidats trou noir, tandis que de nouvelles pesées de l'étoile SS-433 l'ont raccourcie. Un nouveau satellite astronomique a révélé que les « sursauteurs » gamma, mystérieuses éruptions cosmiques de rayonnement de haute énergie, sont sans doute beaucoup plus lointains que prévu, donc fabuleusement puissants et extrêmement rares – peut-être les traces d'étoiles instantanément détruites dans l'étau gravitationnel de trous noirs géants.

J'ai aussi décrit un « spectacle » musical et astronomique auquel j'ai eu récemment le bonheur de travailler, le *Noir de l'étoile*, où le chant des pulsars est convié à dialoguer avec la musique jouée par les hommes. J'ai en effet l'intime conviction que l'art, à l'instar de la science, participe à une quête complémentaire de la beauté, sinon de la vérité, du monde qu'il nous est donné de comprendre.

Nul doute que, dans les quelques mois séparant cette ultime mise à jour et la parution du livre, de nouvelles découvertes affineront nos théories, en invalideront peut-être certaines, nous feront de toute façon rêver. Je me réjouis d'avance en pensant à la prochaine mise à jour...

JEAN-PIERRE LUMINET
Meudon, avril 1992

Avant-propos

par Jean Audouze

L'histoire de l'Univers et de ses évolutions ramène sans cesse à l'interrogation fondamentale sur notre propre histoire et la compréhension de notre environnement. Les astrophysiciens ont le privilège redoutable d'avoir la plus large vision de l'Univers ; les détecteurs de particules servent aujourd'hui à étudier les astres lointains au même titre que les grands télescopes, et de l'infiniment petit à l'infiniment grand, dans l'espace et dans le temps, l'Univers ne cesse de nous surprendre en dévoilant peu à peu la diversité de ses structures.

Nous vivons à cet égard une période exaltante. Chaque année qui vient offre à l'astronomie un événement majeur : 1986 a été marquée par l'exploration spatiale d'Uranus et de la comète de Halley, qui nous a beaucoup appris sur la création de notre Système Solaire ; 1988 verra l'envol du Télescope Spatial ; 1989 se signalera par l'exploration de la planète Neptune, à 4,5 milliards de km de nous... Et 1987 ? Depuis le 24 février, on sait que cette année restera longtemps dans les annales comme celle de l'explosion de la « supernova » du Grand Nuage de Magellan. Cet événement rare et éphémère, que les astronomes espéraient depuis quatre siècles, est d'autant plus exceptionnel qu'il a peut-être engendré « sous nos yeux » l'astre le plus étrange de l'Univers : un *trou noir*.

L'« invention » des trous noirs est sans conteste l'une des aventures intellectuelles les plus audacieuses des Temps modernes. Le vocable même de trou noir revêt une connotation magique : il existerait dans l'Univers des astres que l'on ne pourrait voir, capables d'absorber toute matière environnante ; des mondes clos totalement coupés du nôtre, ouvrant sur des puits sans fond où tout corps, toute matière sont inexorablement broyés... Les propriétés des trous noirs sont si étranges qu'elles ont longtemps nui à la crédibilité du concept, tout en faisant la joie des amateurs de sensationnel. C'est que les trous noirs touchent aux fondements mêmes de nos conceptions sur l'espace et le temps. Le grand public l'a bien compris et leur a fait fête : les trous noirs sont devenus héros de récits de science-fiction, de bandes dessinées, de « films-catastrophes ».

Pourtant, ce concept à l'aspect mystérieux indéniable est beaucoup moins « magique » que d'autres spéculations apparemment plus familières, telles que la présence de vie autour d'autres étoiles que le Soleil. Mon ami Jean-Pierre Luminet, qui possède à la fois le don de comprendre et découvrir les notions les plus complexes des théories de la gravité et de la relativité, et celui de faire partager ses découvertes en les contant avec simplicité, nous propose un ouvrage magistral sur la nature et l'existence des trous noirs. Il nous entraîne dans un voyage dans le temps et l'espace où les forces de gravitation donnent leur pleine mesure et soumettent l'espace-temps à leur impérieux caprice. A l'issue de ce voyage dont chaque pas est balisé par notre chroniqueur cosmique, le lecteur s'apercevra que le concept de trou noir n'est plus si mystérieux et qu'il existe réellement dans le ciel des astres qui présentent tous les symptômes caractéristiques des trous noirs. L'auteur nous montre aussi que les trous noirs sont un formidable outil d'analyse, une sorte de télescope théorique à grossissement variable capable de sonder aussi bien les mystères du microscopique que du macroscopique, et par là même de nous livrer l'une des clés fondamentales de la compréhension de notre Univers.

Après avoir été une aventure intellectuelle, les trous noirs symboliseront peut-être dans les siècles futurs *l'aventure* tout court aux yeux des navigateurs cosmiques qui, semblables aux marins de l'Antiquité, craindront de parvenir au bord du monde et là de s'engouffrer dans le vide et l'inconnu. En un mot, j'espère que, comme moi, tout lecteur de ce livre aura le sentiment que les développements de l'astrophysique moderne sont tout aussi fascinants à découvrir et à goûter que les romans de science-fiction les plus oniriques.

PREMIÈRE PARTIE

Gravitation et lumière

Il en va des théories comme de la pêche : seul celui qui lance risque d'attraper quelque chose.

NOVALIS

1. Les prémices

Le plus heureux des mortels

Le poids d'un petit oiseau qui s'y pose suffit à déplacer la Terre.
LÉONARD DE VINCI

Les penseurs grecs, que l'homme moderne n'a pas dépassés dans de nombreux domaines de la production intellectuelle, n'ont guère compris la gravitation. Pour Aristote, chaque corps a une « place naturelle » dans l'univers. En bas, la terre et tout ce qui lui est directement rattaché, audessus, l'eau, puis l'air et enfin l'élément léger par excellence, le feu. Un corps soumis à des forces l'éloignant de sa place naturelle se meut de façon à regagner sa « maison ». Ainsi une flèche ou un caillou jetés en l'air retombent-ils au sol car ils cherchent à rejoindre leur place naturelle, qui est au centre de la Terre. Aristote prétend en outre que ces mouvements sont rectilignes ; la flèche jaillit de l'arc en ligne droite sous l'action de la force imprimée par la corde, et dès que la force cesse d'agir la flèche retombe en ligne droite.

Curieusement, ces conceptions sur le mouvement des corps ont prévalu pendant vingt siècles, au mépris de l'évidence quotidienne ; la flèche a en réalité une trajectoire courbée, en forme d'arc de parabole. Seul, peut-être, le savant d'Alexandrie Jean Philopon, au VIe siècle, ose-t-il contester le dogme aristotélicien en entrevoyant le concept d'inertie.

Avec Galileo Galilei, la gravitation fait pour la première fois l'objet d'un examen scientifique. En laissant choir des corps de natures diverses du haut de la Tour penchée de

Pise[1] et en faisant rouler des boules le long de plans inclinés, Galilée découvre en 1638 la propriété essentielle de la gravitation : *tous les corps sont accélérés de la même façon, quelles que soient leur masse ou leur composition chimique.*

Marquée par l'observation minutieuse des phénomènes physiques et l'entrée de l'abstraction dans le raisonnement scientifique, l'œuvre de Galilée est en rupture nette avec la façon aristotélicienne d'appréhender le monde. Pour découvrir l'essence d'un phénomène physique, il faut savoir *faire abstraction* de tout ce qui peut le déguiser dans la vie quotidienne, lorsque les conditions d'expérience idéales ne sont pas tout à fait réalisées. Pour que Galilée déduise la loi de l'universalité de la chute des corps dans le *vide* à partir d'observations faites dans l'air, il a dû d'abord comprendre que les forces de frottement et la résistance de l'air, qui s'exercent fort différemment sur une pierre et une plume, ne sont que des phénomènes parasites masquant l'action réelle de la gravitation. A la même époque, le génial Allemand Johannes Kepler découvre les lois du mouvement planétaire et pressent l'existence d'une force d'attraction émanant du Soleil ; mais il ne fait pas la relation avec la pesanteur terrestre.

Après le génie intuitif, le génie analytique. L'anecdote veut qu'en 1666 Isaac Newton méditant sous un pommier un soir de pleine lune assiste à la chute d'une pomme. Il prend soudain conscience du fait que la Lune tombe sur la Terre au même titre que la pomme, toutes deux étant attirées par la gravitation terrestre. Il suppute alors que la force d'attraction entre deux corps matériels décroît comme l'inverse du carré de leur distance ; doubler la distance entre deux corps revient donc à diviser par quatre la force qui les attire l'un vers l'autre. Puisque la Lune est soixante fois plus éloignée du centre de la Terre que la pomme[2], elle doit tomber avec une accélération $60 \times 60 = 3600$ fois plus petite que celle de la

1. C'est en réalité le Belge Simon Stevinus qui aurait jeté pour la première fois divers objets du haut d'un bâtiment et observé qu'ils atteignaient le sol au même instant. Il n'est pas certain que Galilée ait réellement conduit une expérience analogue à la tour pisane.

2. 384 000 km pour la Lune contre 6 400 km pour la pomme.

pomme. Appliquant alors la règle découverte par Galilée sur la chute des corps, selon laquelle la distance parcourue est proportionnelle à l'accélération et au carré du temps, Newton en déduit que le fruit doit tomber en une seconde de la même distance que la Lune en une minute (soixante secondes). Le mouvement de la Lune est bien connu ; Newton fait la comparaison, les nombres concordent. Il vient de découvrir la loi de l'attraction universelle.

L'œuvre de Newton (qui s'étend bien au-delà de sa théorie de la gravitation) marque profondément les esprits de son temps, et s'impose comme l'une des plus belles réalisations de l'intelligence humaine. Un siècle plus tard, Pierre Simon Laplace, le « père » des trous noirs, reconnaît aux *Principes mathématiques de la philosophie naturelle* de Newton « la prééminence sur les autres productions de l'esprit humain ». L'enthousiasme du mathématicien Joseph Lagrange ira encore plus loin : « Comme il n'y a qu'un seul univers à expliquer, personne ne peut refaire ce qu'a fait Newton, le plus heureux des mortels. » Si l'élaboration d'une bonne théorie de la Nature ne rend pas nécessairement heureux, il est vrai qu'il faudra attendre Albert Einstein et son remodelage radical du paysage de l'espace et du temps pour rencontrer une œuvre scientifique de même ampleur.

L'appétit des planètes

Le domaine roi de l'application de la théorie de Newton est la Mécanique Céleste. A partir de sa loi d'attraction universelle (« universelle » car *tous les corps* sont soumis à la gravitation), Newton est capable d'expliquer les lois empiriques de Kepler décrivant « l'appétit des planètes » pour le Soleil. Plus encore : munis d'un instrument de calcul merveilleusement efficace, les mécaniciens du ciel vont s'enivrer de leur outil et ciseler un nouveau Système Solaire.

Premier triomphe : Edmund Halley prédit le retour de « sa » comète en 1759. La comète est au rendez-vous le jour de Noël 1758 !

La théorie de Newton révèle en outre que la description képlérienne du mouvement des planètes n'est qu'approximative car, si chaque planète est bien calée par l'attraction du Soleil sur une orbite idéalement elliptique, elle est déviée par l'attraction des autres planètes (surtout Jupiter, de loin la plus massive). Ces déviations, bien que faibles, sont calculables et accessibles à l'observation astronomique ; elles font l'objet de la puissante « théorie des perturbations », qui permet en 1846 à Urbain Le Verrier et John Adams de prédire l'existence et la position d'une nouvelle planète. La découverte effective de *Neptune* au lieu et à l'heure dits marque l'apogée de la théorie newtonienne de la gravitation.

Deux précurseurs des mondes invisibles

Il existe donc dans les espaces célestes, des corps obscurs aussi considérables, et peut-être en aussi grand nombre, que les étoiles. Un astre lumineux de même densité que la terre, dont le diamètre serait deux cent cinquante fois plus grand que celui du soleil, ne laisserait en vertu de son attraction, parvenir aucun de ses rayons jusqu'à nous ; il est donc possible que les plus grands corps lumineux de l'univers soient par cela même invisibles.

PIERRE SIMON LAPLACE, 1796

C'est en combinant l'idée d'une vitesse *finie* de la lumière et l'idée de *vitesse de libération*, héritée de Newton, que le révérend anglais John Michell et Pierre Simon Laplace, dès la fin du XVIIIe siècle, mirent au jour la conséquence la plus fascinante de l'attraction gravitationnelle : le *trou noir*.

Le concept de vitesse de libération est bien familier. L'expérience quotidienne montre qu'un caillou lancé dans le ciel retombe sur le sol quelle que soit la force du bras qui l'a jeté. On soupçonne à juste titre la gravitation et son piège inexorablement attractif. Mais jusqu'à quel point la gravitation peut-elle emprisonner la matière ? Ce qui est vrai pour le caillou jeté en l'air depuis la Terre ne l'est déjà plus sur un petit satellite de Mars tel que Phobos ; la force de gravitation y est si faible qu'un bras humain aurait la force suffisante pour *satelliser* un caillou, et même l'expédier en orbite autour de Mars, à 9 000 km de là !

Mais revenons sur Terre. Sa gravitation peut se visualiser comme un puits aux bords évasés, dont un projectile ne peut s'arracher que si sa vitesse est suffisamment élevée. Pour placer en orbite un satellite artificiel, la fusée porteuse doit quitter le sol, s'incliner pour voler parallèlement à la surface et accélérer jusqu'à une vitesse au moins égale à 8 km/s. C'est la vitesse de satellisation, à partir de laquelle la force centrifuge dirigée vers l'espace extérieur peut équilibrer la force de pesanteur.

Dans certains parcs d'attraction, on peut voir des circuits fermés aux parois très relevées le long desquelles des motocyclistes s'élèvent de plus en plus à mesure que leur vitesse augmente. La satellisation n'est pas autre chose qu'une stabilisation sur les parois du puits gravitationnel.

Si maintenant le motocycliste acquiert une vitesse très grande, il finira par sortir de la piste. De la même façon, si la fusée dépasse une certaine vitesse, son orbite va s'ouvrir et sortir du puits gravitationnel terrestre. Cette vitesse critique, au-dessus de laquelle tout projectile – caillou ou fusée – est libéré de la pesanteur terrestre, porte justement le nom de *vitesse de libération*. A la surface de la Terre, elle est de 11,2 km/s, mais elle se calcule aisément pour n'importe quelle planète, étoile ou tout autre corps astronomique. Indépendante de la nature du projectile, elle n'est déterminée que par les caractéristiques globales de l'astre d'où le lancement s'effectue : plus grande est sa masse, plus grande est la vitesse de libération, et, pour une masse donnée, la vitesse de libération est d'autant plus élevée que le rayon de l'astre est plus petit.

En d'autres termes, plus un astre est concentré, *compact*, plus son puits gravitationnel est profond et plus il est difficile de lui arracher quelque chose – ce qui est intuitivement évident. Si la vitesse de libération n'est que 5 m/s sur Phobos et 2,4 km/s sur la Lune, elle atteint 620 km/s à la surface du Soleil. Sur une étoile plus compacte du type *naine blanche* (voir chapitre 5), elle atteint plusieurs milliers de km/s.

C'est dans cette notion infiniment simple de vitesse de libération que l'idée plus complexe de trou noir a son origine. La vitesse de la lumière – voisine de 300 000 km/s – était connue approximativement depuis 1676, grâce aux observations de Olaüs Roemer sur les satellites de Jupiter. Pourquoi ne pas imaginer alors l'existence d'astres suffisamment massifs pour que la vitesse de libération à leur surface soit plus grande que la vitesse de la lumière ?

Dans un article lu à la Royal Society de Londres en 1783 et publié un an plus tard dans les *Transactions philosophiques*, John Michell écrivit que si, comme Newton l'avait supposé, la lumière était affectée par la gravitation comme les autres particules, alors elle ne pourrait pas s'échapper d'un corps ayant la même densité que le Soleil mais un rayon 500 fois plus grand. Un peu plus tard, en 1796, le mathématicien et astronome Pierre Simon, marquis de Laplace et « prince » de la Mécanique Céleste, fit des remarques semblables dans son *Exposition du Système du Monde*.

En même temps qu'ils anticipaient de plus d'un siècle l'idée d'une lumière emprisonnée par la gravitation, Laplace et Michell envisageaient que les grands corps obscurs puissent être aussi nombreux que les étoiles. En cette fin de XXe siècle si riche en bouleversements scientifiques, la question est plus que jamais à l'ordre du jour dans les débats cosmologiques ; il semble en effet qu'une fraction importante de la masse totale de l'Univers soit « cachée » sous forme de matière obscure.

L'étude approfondie des astres invisibles (qui ne recevront leur nom de « trous noirs » qu'en 1968) ne peut toutefois être menée à bien que dans une théorie de la gravitation plus perfectionnée que celle de Newton. C'est le cas de la Relativité Générale d'Einstein, qui prédit l'existence de trous noirs de même « format » que celui entrevu par Michell et Laplace.

Mais, à y regarder de plus près, l'accord entre les théories de Newton et d'Einstein quant à la taille des astres invisibles est plutôt superficiel. Selon Newton, il est possible à la lumière de s'échapper de la surface d'un astre jusqu'à une certaine altitude avant de retomber, même si la vitesse de libération est beaucoup plus grande que 300 000 km/s (on peut toujours lancer une balle !). Or, en Relativité Générale, on ne peut plus véritablement parler de vitesse de libération, et la lumière ne peut pas du tout quitter la surface d'un trou noir ; au contraire, elle y reste : la surface d'un trou noir est comme un cocon de lumière tissé de rayons s'enroulant indéfiniment autour d'elle sans jamais pouvoir s'échapper. Nous verrons même (chapitre 11) que pour les trous noirs en rotation propre, la surface piégeant la lumière et la surface du trou noir sont distinctes. Bien que d'une grande valeur historique et didactique, la description d'un trou noir en termes de vitesse de libération de la lumière a donc un caractère simpliste.

En attendant la Relativité Générale, les idées de Michell et Laplace furent complètement oubliées car d'une part on n'avait aucun indice de l'existence de telles concentrations de matière dans l'Univers (et pour cause, ces astres étant censés être invisibles), d'autre part, leur spéculation reposait sur l'hypothèse – déjà soutenue par Newton – que la lumière est composée de corpuscules obéissant, comme la matière ordinaire, aux lois de la gravitation. Or, la théorie ondulatoire de la lumière, qui ne la considère que comme une vibration d'un milieu, triompha tout au long du XIXe siècle. Dans cette nouvelle représentation, l'onde lumineuse n'est pas affectée par la gravitation, ce qui rendait les idées de Michell et Laplace caduques.

Les savants aux champs

Dire que la matière attire la matière en raison directe des masses et en raison inverse du carré des distances permet de calculer le mouvement des planètes mais ne répond pas aux questions plus profondes : quelle est la nature de la force de gravitation ? Comment est-elle engendrée par la matière ? Comment peut-elle s'exercer entre des corps séparés par du vide ?

La force d'attraction de Newton ne se transmet pas par contact comme la force du cheval qui tire une charrue ou celle du jardinier qui plante sa bêche. Elle agit à *distance*, sorte d'émanation de la matière. L'idée d'une force s'exerçant instantanément et sans support matériel était tout à fait incongrue dans la vision mécaniste de l'Univers que René Descartes avait magistralement exposée en 1644 dans ses *Principes de la Philosophie*, jetant les bases de la science moderne. Newton lui-même, parfait mécanicien, avait prudemment considéré sa loi comme un simple artifice mathématique permettant de calculer les mouvements des corps, et non pas comme une réalité physique ; il écrivit qu'imaginer que la gravitation puisse agir instantanément et à distance était une absurdité qu'aucun philosophe digne de ce nom ne saurait admettre. Laplace, toujours lui, avait même cherché à modifier la théorie de Newton pour tenir compte d'une vitesse finie de propagation de la gravitation. Il avait raison sur le fond (on sait depuis Einstein que la gravitation se propage à la vitesse de la lumière) mais se trompait sur la forme : il calcula en effet que la vitesse de la gravitation devait être... sept millions de fois celle de la lumière !

Un peu plus tard, au XIXe siècle, les mêmes interrogations sur l'action instantanée ont resurgi lorsqu'il s'est agi de décrire la force électrique. Celle-ci a en commun avec la force de gravitation d'être proportionnelle au produit des charges des deux corps (la force gravitationnelle est proportionnelle au produit des masses), et inversement proportionnelle au carré de la distance. Mais, alors que les physiciens s'étaient finalement accommodés – faute de mieux – à l'idée d'action à distance pour la gravitation, ils refusèrent de le faire pour l'électricité.

C'est ainsi que Michael Faraday et James Clerk Maxwell élaborèrent la notion de *champ*, médiateur des actions entre les corps et se propageant à vitesse finie. Au lieu de dire que deux charges électriques s'attirent ou se repoussent à travers l'espace vide par l'intermédiaire d'une force instantanée, on peut dire que chacune des charges produit autour d'elle un « champ électrique » dont l'intensité diminue avec la distance. La force subie par chacune des charges est donc attribuée à l'interaction *locale* entre les champs de l'une et de l'autre. Même conceptualisation pour la force de gravitation : elle s'exerce sur tout corps plongé dans le *champ de gravitation* dont un autre corps est la source.

Plus qu'un simple changement de vocabulaire, l'avantage fondamental du champ est de remplacer l'action instantanée à distance par une action diluée dans l'espace et étalée dans le temps. La *théorie des champs*, couronnement de la physique classique, allait paradoxalement saper les bases de l'édifice newtonien en conduisant à l'électromagnétisme, puis à la révolution relativiste.

La lumière selon Maxwell

A la fin du XIXe siècle, on classait les forces capables de s'exercer sur la matière en trois types : les forces de gravitation, les forces électriques et les forces magnétiques.

L'électricité est caractérisée par l'existence de deux sortes de charges électriques, l'une positive, l'autre négative. Les charges de même signe se repoussent, celles de signes contraires s'attirent, avec une intensité qui varie avec la distance de la même façon que l'interaction gravitationnelle. Le magnétisme désigne l'ensemble des phénomènes relatifs aux aimants, qui attirent le fer et s'orientent à la surface de la Terre en direction des pôles. L'aimant a lui-même deux pôles, le « Nord » et le « Sud », les semblables se repoussant et les contraires s'attirant.

Attraction, répulsion... Marqués du même sceau, électricité et magnétisme semblent cousins. Les Grecs l'avaient déjà pressenti. Ils avaient remarqué que de l'ambre (en grec : *elektron*) frotté avec un chiffon de laine était capable d'attirer des brins de paille, et qu'une certaine résine fossile appelée *magnès* attirait des particules de fer. Au VIe siècle avant J.-C., Thalès de Milet, le plus moderne des géomètres grecs, pressentit qu'électricité et magnétisme n'étaient que deux manifestations d'un même phénomène, et suggéra que ces substances bizarres avaient une « âme » aspirant les objets voisins.

Vingt-quatre siècles plus tard, le physicien danois C. Œrsted donnait un cours pratique sur l'électricité. Par hasard, une aiguille aimantée se trouvait à proximité de l'appareillage. Œrsted s'aperçut que, à chaque fois qu'il lançait du courant dans le circuit, l'aiguille aimantée déviait. Forts de cette découverte heureuse, André Ampère et François Arago ébauchèrent en quelques semaines une théorie dans laquelle les courants électriques variables induisent des forces magnétiques, et *vice versa.* A leur suite, une moisson abondante de résultats expérimentaux confirma la correspondance étroite entre phénomènes électriques et phénomènes magnétiques.

La théorie de l'électricité ne sera pourtant réellement justifiée qu'avec la découverte expérimentale de l'*électron* en 1898. Cette particule élémentaire, constituant en partie les atomes, véhicule une charge électrique indivisible, sorte de grain élémentaire de l'électricité. Un atome normal est électriquement neutre, car les charges négatives accumulées dans ses électrons sont exactement compensées par les charges positives portées par son noyau auquel les électrons sont liés. Les charges électriques peuvent être statiques ou en mouvement. Par exemple, dans un métal conducteur, il existe des électrons libres qui se déplacent lentement (un dixième de millimètre par seconde) ; c'est ce mouvement des charges qui engendre le courant électrique, lequel se propage en sens inverse de celui des électrons et à la vitesse du *champ* associé, c'est-à-dire celle de la lumière (300 000 km/s).

De même, le magnétisme d'un aimant naturel se révèle être induit par des micro-courants circulant au niveau moléculaire, et, à plus grande échelle, le champ magnétique terrestre serait engendré par de vastes mouvements de matière conductrice de l'électricité dans le « nifé » (noyau terrestre constitué de nickel et de fer) en rotation.

La véritable unification des champs électrique et magnétique date de 1865, lorsque Maxwell résuma en quatre équations l'ensemble de leurs propriétés et leurs relations mutuelles : la théorie *du champ électromagnétique.*

Au repos, une charge électrique a un champ radial fixe et constant dans le temps *(figure 1).* Dès que la charge se déplace, le champ environnant doit s'ajuster à la nouvelle localisation de la charge, et la perturbation dans le champ se propage à une vitesse finie, qui est celle de la lumière. Une agitation de la charge produit une perturbation dans le champ ; en particulier, si le mouvement de la charge est périodique, les perturbations prennent la forme d'une onde, de la même

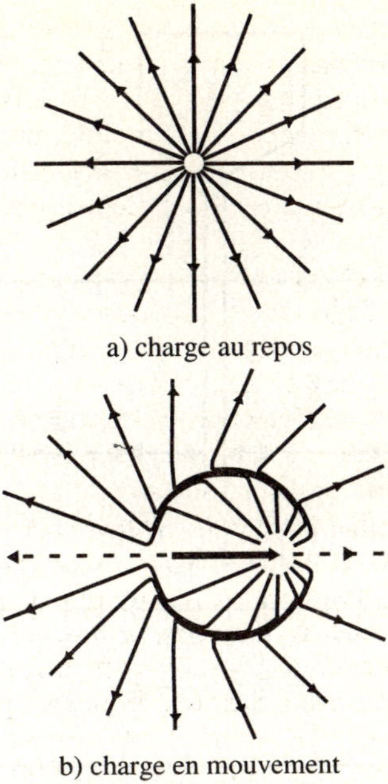

Figure 1 : Le champ électromagnétique. La forme du champ se visualise au moyen de lignes qui représentent les directions des forces agissant sur un corps en un point donné.
a) Pour une charge électrique au repos, les lignes de champ sont radiales.
b) Lorsque la charge se déplace, la perturbation dans le champ électromagnétique se propage vers l'extérieur à la vitesse de la lumière.

façon que l'agitation continue d'un bâton dans l'eau produit des ondes circulaires. Maxwell prédit par conséquent que les mouvements de charges produisent des *ondes électromagnétiques*, se propageant dans le vide à la vitesse de la lumière.

Dans une onde composée d'une alternance régulière de crêtes et de fosses, la distance entre deux crêtes consécutives est la *longueur d'onde*, tandis que le nombre de crêtes par seconde est la *fréquence*. La lumière visible ne constitue qu'une faible partie du rayonnement électromagnétique, correspondant à une étroite bande de fréquences *(Tableau 1)*. Il va de soi que plus la longueur d'onde est élevée, plus la fré-

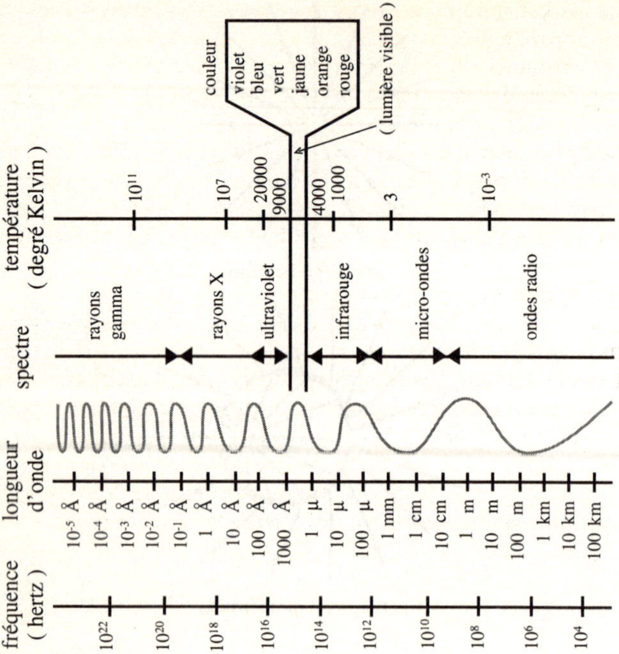

Tableau 1 : Le spectre électromagnétique. L'ensemble de toutes les radiations électromagnétiques s'étend des rayons gamma pour les plus courtes longueurs d'onde au rayonnement radio pour les plus grandes. La lumière visible, qui se décompose en « couleurs », ne représente qu'une minuscule portion du spectre complet.

La fréquence mesure le nombre de vibrations d'une onde par seconde ; elle mesure aussi l'énergie transportée par l'onde, qui est d'autant plus élevée que la longueur d'onde est plus courte. N'importe quel corps dont la température est supérieure au zéro absolu rayonne des ondes électromagnétiques dont l'énergie est d'autant plus élevée que la température est plus grande. L'Univers, dont la température moyenne est de 3 °K, rayonne des ondes millimétriques ; le corps humain émet du rayonnement infrarouge (que les militaires s'emploient à détecter) ; la surface de la plupart des étoiles, à quelques milliers de degrés, émet de la lumière visible et les corps à plusieurs millions de degrés émettent des rayons X très énergétiques, donc très pénétrants.

quence est faible : ces deux grandeurs sont en fait inversement proportionnelles.

L'astronomie théorique et observationnelle repose sur les propriétés du rayonnement électromagnétique. Les ondes électromagnétiques transportant de l'énergie (d'autant plus que la fréquence est élevée) et de l'impulsion, elles exercent sur la matière qu'elles rencontrent une force. La lumière qui éclaire cette page la chauffe et la pousse. Le Soleil exhale un souffle électromagnétique capable de décoiffer les comètes ; la pression de radiation jaillie du cœur des étoiles peut résister à l'effondrement gravitationnel.

Les répercussions de la théorie électromagnétique furent aussi grandes que celles de la loi d'attraction universelle, et ses conséquences théoriques et pratiques capitales pour l'évolution de notre civilisation. Maxwell était mort depuis huit ans lorsque Heinrich Hertz réussit à produire des ondes électromagnétiques en laboratoire (1887). Au tournant du siècle, Guglielmo Marconi établit la première transmission radio transatlantique. L'ère des télécommunications était née.

2. Relativités

Du brouillage sur les ondes

La théorie de Maxwell, en unifiant l'électricité et le magnétisme, simplifiait apparemment la Physique. Elle la rendait en fait incohérente, car elle portait insidieusement la pomme de discorde dans le discours galiléo-newtonien sur l'Univers. L'étude détaillée – à la fois théorique et expérimentale – des propriétés du champ électromagnétique souleva aussitôt deux questions simples qui alimenteront les deux révolutions scientifiques du XXe siècle : Mécanique Quantique et Relativité.

Première question : quelle est la nature réelle du rayonnement ? Si la théorie de Maxwell confère un aspect purement ondulatoire au rayonnement électromagnétique, le fait qu'il transporte de l'énergie et de l'impulsion rappelle irrésistiblement l'idée de projectiles : à la fin du XIXe siècle, quantité d'expériences de laboratoire mirent ainsi en évidence les propriétés *discontinues* du rayonnement.

Au tournant du siècle, Max Planck émit l'hypothèse que les ondes électromagnétiques (et la lumière en particulier) ne peuvent être rayonnées ou absorbées que sous forme de grains d'énergie, les *quanta*. Mais c'est Albert Einstein, en 1905, qui osa le premier attribuer une existence réelle aux quanta de lumière, définitivement baptisés *photons*.

Pour expliquer le fait que, lorsqu'une plaque de métal est irradiée par une lumière de fréquence suffisamment élevée, des électrons lui sont arrachés *(effet photo-électrique)*, il faut admettre que le rayonnement est constitué de véritables corpuscules, portant une énergie proportionnelle à la fréquence et capables d'extraire les électrons du métal en y déposant entièrement leur énergie. Einstein ressuscita donc la théorie corpusculaire de la lumière prônée par Newton, et utilisée par Laplace dans ses spéculations sur la lumière emprisonnée par de grands astres obscurs. L'irréductibilité apparente entre mécanique et électromagnétisme ne disparaîtra réellement qu'avec la Mécanique Quantique qui, vingt ans plus tard, prendra pleinement en compte la dualité onde/corpuscule du rayonnement, et de toute matière en général.

Deuxième question : quel est le support de l'onde électromagnétique ? Cette fois, c'est la structure même de l'espace et du temps qui va être remise en cause, à travers l'avènement de la théorie de la Relativité.

Mouvement et repos

La notion de *Relativité* en Physique, qui a connu au XXe siècle un succès médiatique si éclatant, n'est nullement une invention d'Einstein. Les fondements mêmes de la Physique reposaient déjà depuis trois siècles sur un Principe de Relativité que l'on attribue généralement à Galilée, mais dont la formulation correcte est due à Descartes.

L'usage d'un Principe de Relativité dans la description de la Nature marque la volonté légitime de représenter les phénomènes physiques indépendamment de la position et du mouvement des observateurs. Spécifier les ensembles d'observateurs pour lesquels les lois de la Physique paraissent les mêmes revient à déterminer les points de vue (les *référentiels*) équivalents.

Galilée avait déjà remarqué qu'il y a identité de description des phénomènes physiques pour un expérimentateur enfermé dans la cale d'un navire immobile par rapport à la Terre ferme – par exemple amarré à un quai – et un autre expérimentateur passager d'un navire s'éloignant du quai en ligne droite et à vitesse constante. Si chacun d'eux lâche une bille à un mètre au-dessus du plancher de la cale et mesure son mouvement, les résultats sont strictement identiques : une chute verticale durant 0,45 seconde[1].

Galilée avait inféré que le navire s'éloignant du quai avait un mouvement circulaire (à cause de la rotondité de la Terre) et, encore hanté par l'idée antique et médiévale de la perfection circulaire, il en avait déduit que le mouvement circulaire représentait l'état « naturel » des corps, indistinguable du repos. Descartes découvrit qu'il s'agissait en fait du *mouvement de translation uniforme*, c'est-à-dire sur une droite infinie, à vitesse constante (sans accélération ni décélération). De nos jours, quel voyageur de train à l'arrêt dans une gare et observant par la fenêtre le lent démarrage d'un train voisin n'a pas eu l'impression que c'était son propre train qui partait en sens inverse ?

Ces constatations sont simples mais profondes car elles suggèrent qu'en définitive il *n'existe aucune différence entre le repos et le mouvement de translation uniforme*. Et comme le repos c'est *l'inertie*, le mouvement de translation uniforme, équivalent au repos, est aussi inertiel. Le Principe d'Inertie s'énonce alors de la façon suivante : un corps *libre*, c'est-à-dire qui n'est soumis à aucune force, a un mouvement de translation uniforme.

La Terre elle-même est le support d'un référentiel qui est très proche de l'idéal inertiel : dans son mouvement autour du Soleil et pendant la durée limitée des expériences de laboratoire usuelles, elle est en première approximation animée d'un mouvement rectiligne à la vitesse constante de 30 km/s. La détermination complète du référentiel inertiel « Terre » se fait en choisissant des directions orientées vers les étoiles fixes, afin de compenser le mouvement de rotation diurne de notre planète.

1. C'est le savant français Pierre Gassendi qui aurait le premier jeté des pierres du haut du mât d'un navire en mouvement et montré que les pierres tombaient au pied du mât, comme si le bateau avait été au repos. Le but de l'expérience était de montrer que Ptolémée s'était trompé dans son argumentation contre la rotation terrestre (Ptolémée avait prétendu que, si la Terre tournait, quelqu'un sautant en l'air ne serait pas retombé au même endroit).

Un tireur, un train

Le Principe d'Inertie confère à l'ensemble des référentiels en translation uniforme un statut privilégié, dans la mesure où les lois fondamentales de la Nature y prennent leur forme naturelle « de repos ». La Relativité Galiléenne, et à sa suite la Relativité Restreinte Einsteinienne sont toutes deux fondées sur l'identification entre référentiels inertiels et référentiels en translation uniforme.

Mais il ne suffit pas de déterminer la nature des référentiels inertiels. Sachant décrire les phénomènes dans l'un d'entre eux, le physicien doit en outre être capable de les décrire dans n'importe quel autre ; autrement dit, il doit livrer les formules de *passage* d'un référentiel à l'autre. C'est sur ce point crucial que diffèrent la Relativité Galiléenne et la Relativité Restreinte.

Pour illustrer ces notions abstraites, l'exemple favori d'Einstein était celui d'un train roulant parallèlement à un talus à la vitesse constante de 108 km/h, soit v = 30 m/s. Le talus figure ici l'espace au repos par rapport auquel le train se déplace en mouvement uniforme, et l'on est bien en présence de deux référentiels inertiels : le train et le talus. Imaginons maintenant un voyageur juché sur le toit d'un wagon, et qui tire une balle de fusil dans le sens de la marche du train. La vitesse de la balle par rapport au tireur est v'= 800 m/s.

D'après les formules de transformation de Galilée exprimant le passage du référentiel inertiel « train » au référentiel inertiel « talus », la vitesse de la balle mesurée par un observateur resté sur le talus est donnée par v + v' = 830 m/s. Si le voyageur pivote de 180° et tire dans le sens opposé à la marche du train, la vitesse de la balle mesurée depuis le talus est v – v'= 770 m/s. En accord avec le bon sens, les formules de transformation de Galilée se réduisent à la simple addition (vectorielle) des vitesses.

L'éther

L'éther, cet enfant de chagrin de la mécanique classique...
MAX PLANCK

Si tous les référentiels en translation uniforme sont équivalents au repos, il est tentant d'en idéaliser un, réellement immobile, enraciné dans l'*espace absolu* de la géométrie euclidienne. Pour Galilée, cet espace absolu s'attachait au Soleil, centre du Monde. Pour Newton ce sera *l'éther*, la cinquième essence (quintessence) d'Aristote, substance vibrante parfaitement rigide imprégnant aussi bien le « vide » que les corps matériels.

L'avènement de la théorie électromagnétique va considérablement renforcer la croyance en l'éther. Il est en effet difficile de concevoir une onde sans un milieu dans lequel elle se propage : les ondes sonores font vibrer l'air, les ondes aquatiques, l'eau. La lumière, ondulation des champs électrique et magnétique, doit donc se propager dans un milieu vibrant, un « vide » absolu, indépendant des observateurs. L'éther trouvait enfin là sa véritable définition : le support des ondes électromagnétiques.

Revenons au tireur emporté par le train à la vitesse de v = 30 m/s. Il range son fusil et allume une puissante source d'éclairage, autrement dit il « tire » des rayons lumineux (des projectiles photons) à la vitesse de 300 000 km/s. D'après les formules de transformation de Galilée, l'observateur du talus devrait mesurer une vitesse de la lumière égale à c + v = 300 000,030 km/s dans le sens de la marche du train, et c – v = 299 999,970 km/s dans le sens opposé. Les expériences de Michelson et Morley, où la Terre tient lieu de train et l'éther de talus, prouvent que *ce raisonnement est faux* !

Une course truquée

Ces fameuses expériences, réalisées entre 1881 et 1894 par Albert Michelson et Edward Morley, étaient censées mettre en évidence la vitesse « absolue » de la Terre par rapport à l'éther. Pour y parvenir, ils construisirent un « interféromètre » très sensible qui, en mesurant la différence de trajet entre des signaux lumineux émis dans le sens du mouvement de la Terre et dans la direction perpendiculaire, aurait permis de déceler le mouvement absolu de notre planète avec une précision de quelques kilomètres par seconde.

Mieux qu'un train transportant un éclairagiste, le principe des expériences de Michelson et Morley est celui d'une course entre deux bateaux animés d'une même vitesse c, sur une rivière coulant à une vitesse uniforme v *(figure 2)*. Les

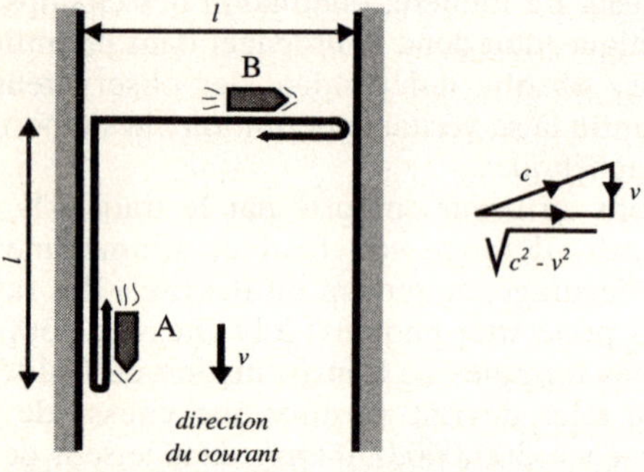

Figure 2 : Course de bateaux. Le bateau A navigue parallèlement au courant. Dans la première moitié du parcours la vitesse du courant v s'ajoute à sa vitesse propre c, dans la seconde moitié elle se retranche. Son temps de parcours est par conséquent :

$$t_A = l/(c+v) + l/(c-v) = 2lc/(c^2 - v^2).$$

Le bateau B navigue perpendiculairement au courant. Sa vitesse propre se compose avec la vitesse du courant selon le théorème de Pythagore. Son temps de parcours est :

$$t_B = l/\sqrt{c^2 - v^2} + l/\sqrt{c^2 - v^2} = 2l/\sqrt{c^2 - v^2}$$

Puisque

$$t_B/t_A = \sqrt{1 - v^2/c^2} < 1,$$

le bateau B gagne toujours la course.

bateaux font un aller-retour ; le bateau A navigue d'abord dans le sens du courant, puis remonte, tandis que le bateau B traverse la rivière d'une berge à l'autre. La distance parcourue par les bateaux est exactement la même : deux fois la largeur de la rivière. Qui gagne la course ? L'application du théorème de Pythagore prouve que c'est le bateau B.

Dans l'expérience de Michelson et Morley, c figure bien sûr la vitesse de la lumière, et v la vitesse de l'éther par rapport à la Terre. Mais, cette fois, les résultats sont différents : *les « bateaux photons » arrivent toujours en même temps !* Quel sens donner à cela ? La Terre est-elle absolument immobile dans l'éther ?... A moins que l'éther lui-même ne soit qu'une chimère ?

A posteriori, il n'est rien de très étonnant dans le résultat négatif des expériences de Michelson et Morley, si l'on accorde crédit à l'électromagnétisme. La théorie de Maxwell est en conflit manifeste avec la Relativité Galiléenne, puisque la vitesse de la lumière y apparaît comme un invariant absolu, indépendant de tout référentiel inertiel. L'observateur du talus mesurant la vitesse de la lumière projetée par notre éclairagiste ne mesure pas 300 000,030 ou 299 999,970 km/s, mais strictement 300 000 km/s, quelle que soit l'orientation du faisceau lumineux : *la vitesse de la lumière est strictement la même dans toutes les directions et tous les référentiels inertiels.*

Alors que la Relativité Galiléenne était précisément conçue pour traduire l'universalité des lois de la Nature dans les référentiels inertiels, les équations de Maxwell gouvernant les phénomènes électromagnétiques sont en contradiction flagrante avec elle. Seule conclusion : la conception galiléo-newtonienne de l'espace et du temps n'est pas adaptée à la théorie électromagnétique. Il faut rejeter l'une ou l'autre.

La Relativité Restreinte

Lorsqu'en 1905 Einstein prend conscience de cet antagonisme, il choisit sans hésiter le parti de l'électromagnétisme et érige en postulat que la vitesse de la lumière dans le vide est un invariant absolu, la vitesse maximale de transmission de tout signal. La Relativité Galiléenne, incompatible avec ce postulat, doit disparaître au profit d'une nouvelle Relativité, ultérieurement qualifiée de *Restreinte* par opposition avec la Relativité *Générale* qui ne verra le jour que dix ans plus tard.

Dans ce passage de témoin entre la Relativité Galiléenne et la Relativité Restreinte, ce sont les formules de transformation d'un référentiel inertiel à l'autre qui changent (alors que dans la Relativité Générale l'inclusion de la gravitation imposera de changer la nature même des référentiels inertiels). Les transformations de Galilée cèdent la place aux « transformations de Lorentz », qui conservent les équations de Maxwell et le caractère absolu de la vitesse de la lumière.

Dans l'expérience du tireur sur le train, la formule galiléenne d'addition des vitesses w = v+v' est remplacée par une formule un peu plus compliquée qui préserve l'invariance de la vitesse de la lumière, de façon à ce que même si v = v' = c, w reste égale à c. Le bon sens du lecteur peut ici s'insurger et faire valoir que l'observateur du talus ne devrait pas mesurer autre chose que les 830 m/s et 770 m/s, obtenus au moyen des transformations de Galilée. Il n'y a pourtant aucun conflit, dans la mesure où les formules de Lorentz ne donnent un résultat sensiblement différent des formules de Galilée que si les vitesses entrant en jeu sont extrêmement élevées, très largement supérieures aux vitesses humaines. Même si l'on considère le mouvement de la Terre autour du Soleil, à la vitesse déjà impressionnante de 30 km/s, la correction apportée par les formules de Lorentz n'est que de un pour dix mille.

Il faut atteindre en fait les vitesses supérieures à 100 000 km/s pour que les effets relativistes deviennent vraiment importants *(Tableau 2)*. C'est la raison pour laquelle la mécanique newtonienne avait jusqu'alors paru parfaitement

$\frac{V}{C}$	Contraction des longueurs	$\frac{\text{Masse}}{\text{Masse au repos}}$	Dilatation temporelle
0	1,000	1,000	1,000
0,1	0,995	1,005	0,995
0,5	0,867	1,155	0,867
0,9	0,436	2,294	0,436
0,99	0,141	7,089	0,141
0,999	0,045	22,366	0,045

Tableau 2 : Les effets de la Relativité Restreinte ne deviennent sensibles qu'aux vitesses très proches de celle de la lumière, tandis qu'aux vitesses faibles, les rapports entre les grandeurs (longueur, masse, temps) en mouvement et les grandeurs au repos restent voisins de l'unité.

adaptée à la description des phénomènes physiques, et qu'aujourd'hui encore elle continue de donner d'excellents résultats dans toutes les situations où n'entrent pas en jeu des vitesses très élevées.

Une théorie « dans l'air »

Il n'enlève rien au mérite d'Einstein de souligner qu'au tournant du siècle bon nombre de physiciens de l'époque avaient parfaitement conscience de l'impasse dans laquelle se trouvait la Physique suite aux expériences de Michelson et Morley. Certains d'entre eux, tels Hendrik Lorentz et Henri Poincaré, en pressentaient même les raisons profondes. C'est Lorentz qui le premier (1904) mit en évidence la variation du temps et des longueurs avec la vitesse du référentiel. C'est Poincaré qui en 1905 introduisit, dans son article *Sur la dynamique de l'électron*, publié dans les *Comptes Rendus de l'Académie des Sciences de Paris*, le formalisme mathématique que Minkowski mettra définitivement au point en 1908, faisant apparaître le temps comme quatrième dimension. La nouvelle Relativité était véritablement « dans l'air ».

Le manuscrit d'Albert Einstein, *Sur l'électrodynamique des corps en mouvement*, parvint au périodique scientifique allemand *Annalen der Physik* un mois après la publication de Poincaré. Il semble qu'Einstein, alors modeste employé au bureau des brevets de Berne, n'ait pas eu connaissance des travaux de ses prédécesseurs. La Relativité Restreinte était réellement née, car Einstein ne se contentait pas de donner des recettes et des formules : il imposait un nouvel espace-temps, tissé par la lumière.

Le tissu lumière

> *Les vues de l'espace et du temps que je veux poser devant vous sont sorties du sol de la physique expérimentale ; c'est là que réside leur force. Elles sont radicales. Dorénavant, l'espace en tant que tel et le temps en tant que tel sont condamnés à s'évanouir en fumée, et seule une sorte d'union des deux pourra préserver une réalité indépendante.*
>
> HERMANN MINKOWSKI, 1908

Dans l'Univers de Galilée et de Newton, l'espace et le temps sont parfaitement indépendants l'un de l'autre. L'espace est de dimension trois, c'est-à-dire qu'il faut trois nombres (trois *coordonnées*) pour localiser un point quelconque de l'espace. Il est mesuré par la *géométrie euclidienne* (géométrie signifie littéralement « mesure de la Terre »). C'est celle que nous avons apprise à l'école parce que ses lois sont parfaitement vérifiées dans la vie de tous les jours : le plus court chemin pour aller d'un point à un autre est la droite qui les joint, deux droites parallèles ne se coupent qu'à l'infini, la somme des angles d'un triangle est égale à 180°, etc. La séparation spatiale entre deux points est indépendante de l'observateur qui fait la mesure.

Le temps, lui, est mesuré par un seul nombre, mais il se distingue d'une dimension spatiale par le fait qu'il s'écoule toujours dans la même direction, du « passé » vers le « futur ». Cette succession irréversible des phénomènes et des événements, imposée par l'observation et la raison (« la cause précède toujours l'effet »), s'appelle la *causalité*.

Le temps, tout comme l'espace, est le même pour tous les observateurs. Puisqu'il n'y a pas de limitation de vitesse, toutes les horloges, aussi éloignées soient-elles dans l'espace, peuvent être synchronisées instantanément, et battre indéfiniment le même rythme. La structure causale de l'espace-temps galiléo-newtonien se réduit donc à un présent s'étendant simultanément à tout l'espace, séparant le passé et le futur *(figure 3)*.

Le temps et l'espace comme entités absolues ont été controversés par le philosophe mathématicien Wilhelm Leibniz, contemporain de Newton. Par des arguments d'ordre philosophique, il soutint que l'espace et le temps n'existaient qu'en relation avec la matière. Deux siècles plus tard, la Relativité Einsteinienne réalise partiellement les

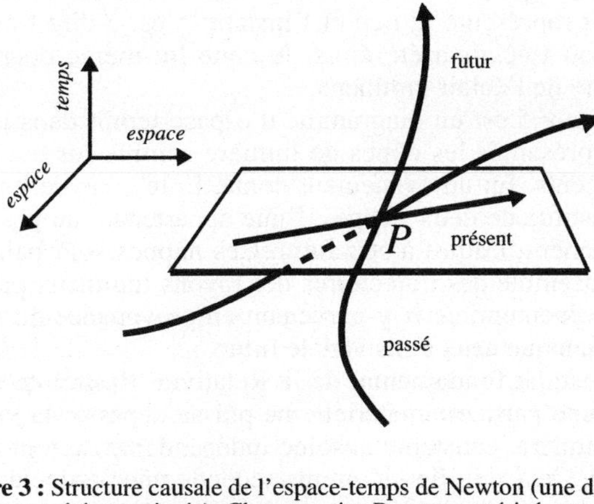

Figure 3 : Structure causale de l'espace-temps de Newton (une dimension d'espace a été supprimée). Chaque point P est caractérisé par un temps universel, simultané dans tout l'espace. Les trajectoires des corps s'écoulent du passé vers le futur sans restriction, sauf, à l'extrême, celles des corps se déplaçant infiniment vite, qui resteraient à temps constant.

vœux de Leibniz. Durées et longueurs ne sont effectivement plus des quantités intrinsèques, puisqu'elles dépendent de la vitesse de l'observateur relativement à l'objet mesuré. La structure galiléo-newtonienne d'espace et de temps absolus s'efface devant une nouvelle structure à quatre dimensions, *l'espace-temps de Minkowski*.

Un point de l'espace-temps est en réalité un *événement*, repéré à la fois par ses trois coordonnées spatiales et sa coordonnée temporelle. La séparation entre deux événements reste absolue (indépendante du référentiel), mais elle est une combinaison des séparations spatiale et temporelle qui ne sont pas individuellement conservées.

Une représentation particulièrement « éclairante » de l'espace-temps est celle des *cônes de lumière*, que j'utiliserai fréquemment dans la suite. Imaginons un point de l'espace et un éclair de lumière émis en ce point. Dans l'espace vide de toute matière, le front de l'onde lumineuse est une sphère parfaite centrée sur le point d'émission, et cette sphère croît au cours du temps à la vitesse de la lumière *(figure 4)*. Supprimons maintenant une dimension d'espace pour pouvoir représenter l'onde sur une feuille de papier. La sphère lumineuse en expansion dans le temps devient un cône, dont le sommet représente le lieu et l'instant (c'est-à-dire l'événement) où l'éclair a été émis, le cône lui-même décrivant l'histoire de l'éclair lumineux.

La *figure 5* est un diagramme d'espace-temps dans lequel sont représentés les cônes de lumière centrés sur quelques événements. En un événement donné E, le cône de lumière est constitué de deux nappes, l'une appartenant au passé de l'événement, l'autre à son futur. Ces nappes sont balayées par l'ensemble des trajectoires des rayons lumineux passant par l'événement, ceux y parvenant en provenance du passé aussi bien que ceux émis vers le futur.

Le postulat fondamental de la Relativité Restreinte exige qu'aucune particule matérielle ne puisse dépasser la vitesse de la lumière, constante absolue indépendante de tout mouvement. Cela signifie qu'en une seconde une particule quelconque ne peut parcourir que des distances inférieures à 300 000 kilomètres, et que la lumière parcourt exactement cette distance. Sur le diagramme d'espace-temps, cette pro-

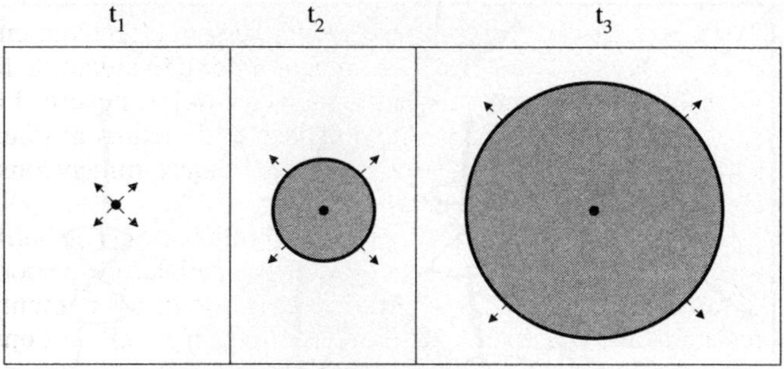

a) représentation spatiale

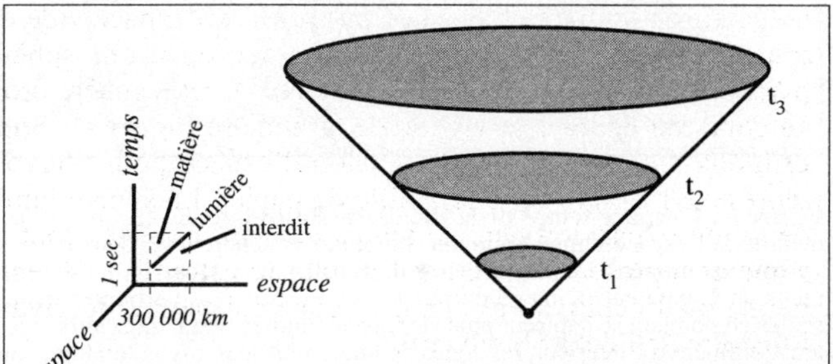

b) cône de lumière

Figure 4 : La représentation du cône de lumière. Un éclair lumineux est émis en un point donné. Le front de l'onde lumineuse est une sphère en expansion à la vitesse de 300 000 km/s, représentée en A) à trois instants successifs. La représentation du cône de lumière B) résume toute l'histoire du front d'onde en un seul diagramme d'espace-temps. Lorsqu'une dimension spatiale est supprimée, une sphère est représentée par un cercle (une ellipse en projection). L'expansion des cercles de lumière engendre un cône dont l'origine est au point d'émission. En convenant que sur le diagramme d'espace-temps l'unité de distance est 300 000 km et l'unité de temps 1 seconde, les rayons lumineux engendrent des droites inclinées à 45°.

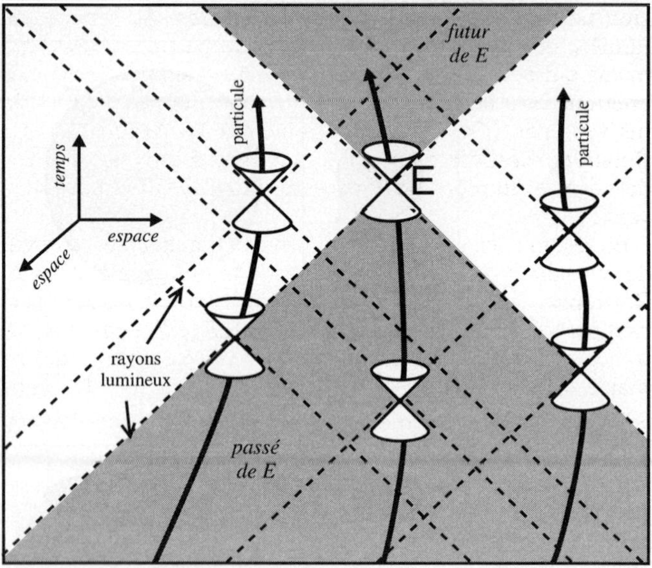

Figure 5 : L'espace-temps de la Relativité Restreinte. En chaque événement E de l'espace-temps les rayons lumineux engendrent les deux nappes du cône de lumière. Les rayons émis de E balaient la nappe du futur, ceux reçus en E balaient la nappe du passé (zone grise). Les particules matérielles ne pouvant se déplacer plus vite que la lumière, leurs trajectoires restent confinées à l'intérieur des cônes de lumière. Aucun rayon lumineux ou particule passant par E ne peut pénétrer dans l'« Ailleurs » (zone blanche). L'invariance absolue de la vitesse de la lumière dans le vide se traduit par le fait que tous les cônes de lumière ont la même inclinaison : l'espace-temps de la Relativité Restreinte, vide de matière gravitante, est rigide.

priété se traduit par le fait que toute particule matérielle a une *ligne d'univers* (nom donné à une trajectoire d'espace-temps) située *à l'intérieur* du cône de lumière, et qu'à la limite les lignes d'univers des photons (particules de lumière) se trouvent exactement sur le cône de lumière, puisqu'elles l'engendrent.

La structure causale de l'espace-temps de Minkowski se distingue donc radicalement de celle de l'espace-temps newtonien, la différence tenant essentiellement au fait que la vitesse de la lumière est la vitesse maximale de transmission de tout signal. En chaque événement E, le cône de lumière divise l'espace-temps en deux parties : les événements qui peuvent être influencés par un signal électromagnétique issu de E (l'intérieur du cône), et ceux qui ne le peuvent pas (l'extérieur du cône, ou l'« Ailleurs »). La Relativité Restreinte interdit à une ligne d'univers de sortir du cône de lumière pour pénétrer dans l'Ailleurs, et *vice versa*[2].

En résumé, les trajectoires des rayons lumineux permettent de visualiser la *trame de l'espace-temps*. En Relativité Restreinte, vide de gravitation, tous les cônes de lumière passant par tous les événements sont « parallèles » entre eux. La trame de l'espace-temps de Minkowski est donc indéformable, « plate ». La rigidité séparée de l'espace et du temps galiléo-newtoniens a été transférée au niveau de l'association espace-temps.

Play Time

A la qualité de causalité, la Relativité einsteinienne ajoute au temps la qualité d'*élasticité*. Le temps mesuré par une horloge qu'un observateur transporte avec lui, appelé *temps propre*, est différent de celui des horloges en mouvement relatif. Certes, cette différence n'est notoire qu'aux vitesses proches de celle de la lumière ; il n'empêche que l'application de ces nouvelles règles du temps conduit à des situations surprenantes.

Le célèbre *paradoxe des jumeaux* a fait couler beaucoup d'encre à ce sujet. Considérons des frères jumeaux âgés de 20 ans. L'un d'entre eux part explorer le Cosmos à bord d'une fusée. Il effectue un aller-retour, à la vitesse constante

2. Néanmoins, elle ne censure pas les lignes d'univers entièrement situées dans l'Ailleurs. Les hypothétiques particules parcourant l'Ailleurs à des vitesses toujours supérieures à celle de la lumière, appelées « tachyons », soulèvent des problèmes d'interprétation délicats, et n'ont de toute façon jamais été détectées en laboratoire.

de 297 000 km/s (99 % la vitesse de la lumière), vers une planète très lointaine située à 20 années-lumière. A son retour sur Terre, la montre du voyageur a marqué 6 années de temps propre, celle de son frère resté sur Terre 40 années. Il s'agit bien ici de temps vécu : les horloges biologiques se réduisent en dernier ressort à des horloges atomiques, et sont donc affectées de la même façon. On peut tout aussi bien mesurer l'âge des frères en nombre de battements cardiaques : le voyageur a réellement vingt-six ans à son retour, son jumeau sédentaire en a soixante !

Cet effet surprenant a été expliqué en 1911 par le physicien français Paul Langevin : parmi toutes les lignes d'univers joignant deux événements (ici le départ et l'arrivée de la fusée sur Terre), celle qui a le plus long temps propre est celle qui n'est pas accélérée *(figure 6)*. Le voyageur doit nécessairement accélérer et décélérer pour effectuer l'aller-retour, et la situation n'est pas symétrique ; son temps propre est donc plus court que celui de son frère[3]. Bien que paradoxale sur le plan psychologique, l'expérience fictive des jumeaux n'est pas une contradiction interne de la Relativité einsteinienne, elle illustre au contraire une conséquence inéluctable de l'élasticité du temps.

On comprend dès lors que, contrairement à une opinion couramment répandue, la théorie de la Relativité, bien qu'interdisant de dépasser la vitesse de la lumière, favorise l'exploration du Cosmos lointain. Une « variante » de l'expérience des jumeaux (laquelle suppose des accélérations instantanées) suppose que le vaisseau spatial maintient une accélération *constante* (par rapport à son référentiel inertiel instantané), égale à l'accélération de la pesanteur terrestre – donc tout à fait confortable pour le cosmonaute. La vitesse du vaisseau va rapidement augmenter et approcher la vitesse de la lumière, sans jamais l'atteindre. A son bord, le temps va s'écouler beaucoup moins vite que sur Terre. En deux ans et six mois de sa

3. La différence entre les temps vécus ne réside pas uniquement dans les accélérations du voyageur, mais dépend essentiellement de la durée totale de l'expérience. Les accélérations n'interviennent que pour confronter le temps du voyageur avec celui de la Terre.

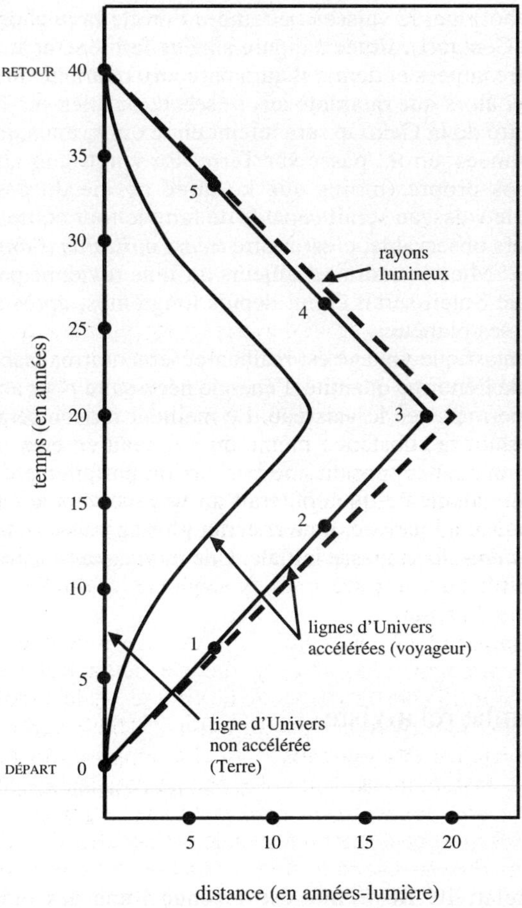

Figure 6 : Le paradoxe des jumeaux de Langevin. La ligne d'univers dont le temps propre est le plus long est celle qui n'est pas accélérée (axe vertical). Quarante années s'écoulent pour le jumeau resté sur Terre. Son frère voyageur accélère au départ, à mi-chemin et au retour ; le reste du temps il se déplace à vitesse constante ; son temps propre (indiqué par les chiffres) est d'autant plus court que son trajet est plus proche du cône de lumière (en pointillés ; à la limite, le temps propre des rayons lumineux est strictement nul). La ligne courbe montre le trajet d'un autre voyageur qui accélère continûment jusqu'à mi-chemin, puis décélère.

propre horloge, le vaisseau atteindra l'étoile la plus proche (Alpha Centauri), située à quatre années-lumière, et au bout de quatre années et demie il aura parcouru quarante années-lumière, alors que quarante ans se seront écoulés sur Terre. Le Centre de la Galaxie sera atteint en dix ans, mais quinze mille années auront passé sur Terre. En vingt-cinq années de temps propre (moins que la durée de vie du cosmonaute), le vaisseau serait capable de faire le tour complet de l'Univers observable, c'est-à-dire *trente milliards d'années-lumière* ! Mieux vaudrait d'ailleurs qu'il ne revienne pas sur Terre : le Soleil serait éteint depuis longtemps, après avoir calciné ses planètes.

Ce fantastique voyage est malheureusement irréalisable en raison de l'énorme quantité d'énergie nécessaire pour accélérer en permanence le vaisseau. Le meilleur moyen serait de transformer la substance même du vaisseau en énergie de propulsion. En supposant une conversion parfaitement efficace, on calcule ce que coûterait un voyage vers le Centre Galactique : à l'arrivée, il ne resterait plus au vaisseau que le *milliardième* de sa masse initiale. Une montagne transformée en souris !

La bombe relativiste

Si j'avais su, j'aurais été horloger.
ALBERT EINSTEIN

La Relativité Restreinte est devenue l'une des théories les mieux vérifiées de toute la physique. Les phénomènes étranges du temps élastique sont prouvés expérimentalement, non pas sur des êtres humains (l'expérience serait d'ailleurs cruelle !), mais avec des particules élémentaires que l'on sait accélérer à des vitesses proches de celle de la lumière, au prix de dépenses d'énergie raisonnables. Des horloges atomiques de très grande précision ont également été placées à bord d'avions. A leur retour sur Terre, elles avaient tourné moins vite que les horloges identiques restées au sol[4].

Bien plus que les formules de transformation entre référentiels inertiels, la structure à quatre dimensions de l'espace-temps, voire l'élasticité du temps, notions assez abstraites, le symbole éminemment populaire de la Relativité Restreinte est celui de l'équivalence masse-énergie, exprimé sous sa forme simplifiée par $E = mc^2$.

Si en 1905 on ne voyait pas encore les progrès pratiques que la Relativité Restreinte pouvait apporter aux hommes, son impact philosophique fut immédiat dans la mesure où nos habitudes millénaires de représentation de l'espace et du temps s'avéraient inadaptées à la description du monde réel. Certains philosophes tels que Bergson refusèrent de réviser leur conception du monde et qualifièrent la théorie d'Einstein d'abstraction pure. Triste ironie du sort, c'est la conséquence la plus dramatique de la Relativité Restreinte qui ôtera les derniers doutes à son sujet : l'anéantissement d'Hiroshima par la bombe atomique.

La Relativité Restreinte est partout à l'œuvre dans l'univers des grandes vitesses et des hautes énergies. La pluie de rayons cosmiques qui fait irruption dans la haute atmosphère terrestre crée des gerbes de particules élémentaires appelées *mésons*, dont la durée de vie en vol nous paraît cinquante fois plus longue que leur durée de vie propre. Mieux encore, la Relativité Restreinte permet de comprendre pourquoi le Soleil brille, convertissant chaque seconde quatre millions de tonnes de matière en énergie radiative.

Là, un pont est clairement jeté entre Relativité et Astrophysique. Pourtant, les trous noirs, qui nous intéressent au premier chef dans ce livre, n'ont rien à faire avec la Relativité Restreinte. Les trous noirs sont *avant tout* une manifestation de la gravitation, tandis que l'espace-temps de la Relativité Restreinte ne décrit qu'un vide idéalisé dans lequel se déplacent des ondes électromagnétiques et des particules de masse suffisamment faible pour oublier leur poids.

4. Si un voyageur passait 60 ans de sa vie à bord d'un avion volant sans arrêt à une vitesse de 1 000 km/h, il ne gagnerait au total qu'un millième de seconde sur quelqu'un resté au sol.

Dans l'univers réel des étoiles, des galaxies et des trous noirs, tout gravite. Pour essayer de le comprendre, il faut pousser plus loin la « démolition » de l'espace et du temps. C'est le défi de la *Relativité Générale*.

3. L'espace-temps courbe

Le Principe d'Equivalence

Je tiens pour vrai que la pensée pure est compétente pour comprendre le réel.

ALBERT EINSTEIN, 1933

Si, la même année 1905, Einstein ressuscitait d'une part la théorie corpusculaire de la lumière et rendait d'autre part cohérent l'électromagnétisme de Maxwell, il se trouvait du même coup face à un dilemme préoccupant. Ces deux aspects du rayonnement sont en effet contradictoires : si la lumière est composée de corpuscules matériels, elle doit être influencée par la matière en vertu de l'attraction universelle entre les corps ; mais, dans ce cas, comment sa vitesse de propagation peut-elle être la constante absolue c prônée par la Relativité Restreinte ?

Le responsable du conflit, c'est bien entendu la gravitation, cette gravitation omniprésente dans la Nature, qui *accélère* la matière, alors que les référentiels inertiels de la Relativité Restreinte sont justement ceux qui ne sont pas accélérés. La gravitation est manifestement ignorée par la Relativité Restreinte. Einstein, parfaitement conscient de cette anomalie, comprit que l'incorporation des forces de gravitation dans l'espace-temps « électromagnétique » de la Relativité Restreinte passait par une nouvelle analyse du concept même de « force ».

La force d'attraction universelle de Newton met en jeu une caractéristique intrinsèque des corps que l'on appelle la *masse grave*, sorte de mesure de la quantité de gravitation possédée par un corps matériel. Par ailleurs, Newton avait résumé en trois lois les bases de la mécanique des corps matériels soumis à des *forces de nature quelconque*, sortant du cadre purement gravitationnel de l'attraction universelle. La première loi ne fait que reprendre le Principe d'Inertie énoncé par Descartes : en l'absence de force, le mouvement d'un corps est le repos ou la translation uniforme. La deuxième loi stipule qu'un corps accéléré est soumis à une force proportionnelle à cette accélération et à sa masse (c'est la célèbre formule F = mg). La troisième énonce la dualité action-réaction : chaque force d'action (vous appuyez sur un mur) s'accompagne d'une force de réaction égale et opposée (le mur appuie sur vous).

La force newtonienne est donc bien ce qui *force* un corps matériel à s'écarter de son mouvement inertiel, et la résistance du corps à tout changement de son état d'inertie est mesurée par sa *masse inerte*. Dans ce mode de pensée, la force d'attraction universelle est une force comme une autre, et la masse grave qui la caractérise devrait être à la gravitation ce que la charge électrique est à l'électricité. On sait par exemple que certains corps sont chargés électriquement, d'autres pas, et que deux corps de même masse inerte mais de charges électriques différentes sont accélérés différemment dans un champ électrique fixé. Il n'y a donc aucune raison pour que, dans la théorie de Newton, la masse grave et la masse inerte d'un corps soient identiques.

Or, la propriété capitale de la gravitation, mise en évidence par Galilée et Newton, est que la gravitation terrestre accélère *de la même façon* tous les corps matériels, indépendamment de leur masse grave ou inerte, de leur taille, de leur nature. Une plume, une molécule ou une tonne de fonte lâchées près de la surface de la Terre accélèrent toutes au même taux de 9,8 m/s par seconde[1].

En d'autres termes, non seulement aucun corps n'est « gravitationnellement neutre », mais tous les corps matériels por-

1. C'est-à-dire que chaque seconde, leur vitesse augmente de 9,8 m/s ; au bout d'une seconde, leur vitesse est de 9,8 m/s, au bout de 2 secondes elle est de 19,6 m/s, et ainsi de suite ; il faut bien entendu faire abstraction de la résistance de l'air. Cette accélération constante de 9,8 m/s^2 n'est autre que *l'accélération de la pesanteur* à la surface de la Terre.

tent exactement la même charge gravitationnelle. Ceci n'est possible que si la masse grave et la masse inerte sont strictement *équivalentes*. Cette propriété a été érigée en principe, auquel est justement donné le nom de *Principe d'Equivalence*.

Ce qui n'était au départ qu'une équivalence approximative est devenu l'une des mesures les plus précises de toute la Science. Le baron hongrois Lorand von Eötvös a vérifié en 1889 et en 1922 le Principe d'Equivalence au milliardième près. Plus récemment, la précision est descendue au millième de milliardième. Comme dans un corps toutes les énergies contribuent à la masse inerte (notamment l'énergie électromagnétique liant électrons et noyaux dans un atome), on en conclut que toute forme d'énergie pèse. En particulier, *la lumière a un poids* !

Einstein sut reconnaître que le Principe d'Equivalence était le véritable passeport de la gravitation, une gravitation totalement étrangère à l'empire de l'électromagnétisme, et dont l'admission ne pourrait se faire qu'au prix d'un élargissement radical de la Relativité Restreinte. Il va d'abord approfondir la signification physique du Principe d'Equivalence.

Pour lui, l'équivalence entre masse grave et masse inerte n'est qu'une version affaiblie d'une équivalence plus forte, celle qui unit *gravitation uniforme et accélération (figure 7)*. Einstein remarque en effet :

1) que toute accélération simule la gravité. Un être humain placé dans un vaisseau spatial animé d'une accélération propre égale à la pesanteur terrestre ne noterait aucune différence avec le sol ;

2) que l'on peut effacer la gravité par un repère convenablement accéléré. Son exemple favori est celui d'un ascenseur au câble subitement coupé, à l'intérieur duquel un observateur aurait la même sensation d'impesanteur que s'il se trouvait dans l'espace extérieur, libre de l'influence gravitationnelle de toute planète.

C'est bien là que réside l'énorme différence entre la gravitation et les autres forces de la Nature, par exemple la force électrique. Il est impossible de simuler le champ électrique par une accélération, puisque tous les corps placés dans un champ électrique ne subissent pas la même accélération (car

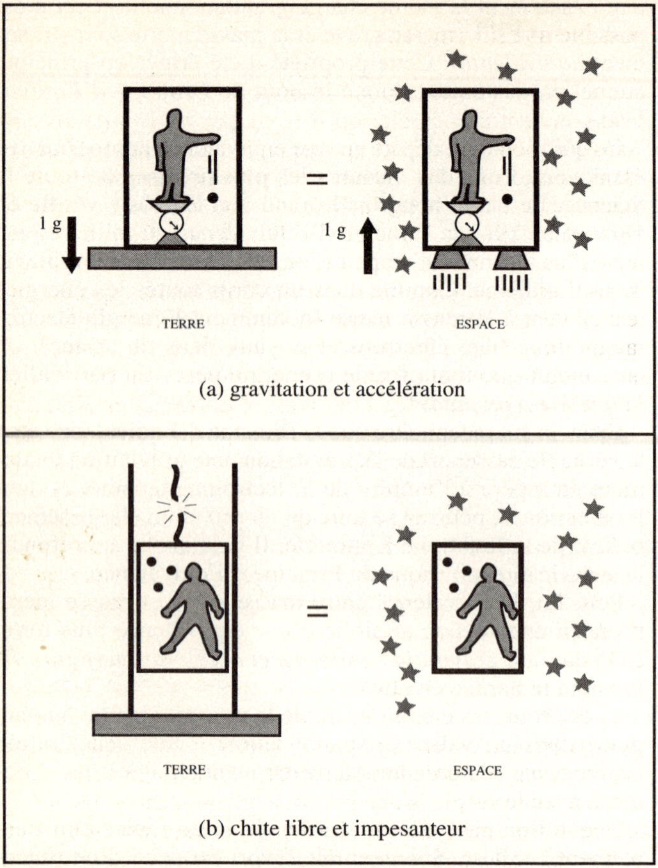

Figure 7 : Le Principe d'Equivalence illustré.

elle dépend aussi de leur charge). En d'autres termes, la gravitation n'est pas réellement une force s'exerçant entre les différents contenus matériels de l'espace-temps, mais elle est une propriété du contenant lui-même.

Cette intrusion éclatante de la gravitation dans la structure intime de l'espace-temps est la théorie de la Relativité Générale.

La Nouvelle Inertie

Il convient de rappeler qu'il n'y a pas de bonne physique sans une bonne relativité spécifiant la nature des référentiels dans lesquels les lois prennent une forme intrinsèque. A cet égard, il est clair que la Relativité Générale invalide les enseignements de la Relativité Restreinte. Dans la théorie restreinte, les référentiels inertiels sont en translation uniforme, libres de toute force ou accélération. L'espace-temps est un désert plat, sans caractéristique locale, et cette vacuité assure la relativité des positions et des vitesses. Mais en présence de la gravitation tous les référentiels sont accélérés. Il n'y a donc pas de référentiel inertiel universel en Relativité Générale. L'espace-temps se déforme, acquiert des « creux », et l'on peut alors spécifier les positions et les vitesses par rapport à ces creux. Tous les référentiels, inertiels ou non, sont bons pour décrire les lois de la Nature, à condition de savoir passer correctement de l'un à l'autre. Sous ce rapport, le nom même de la théorie gravitationnelle d'Einstein est mal choisi car la Relativité Générale est moins relative que la Relativité Restreinte...

Puisqu'un champ de gravitation uniforme peut être aboli ou simulé par une accélération et *vice versa*, un corps tombant dans un tel champ est *libre* de toute force (si l'on ressent la pesanteur terrestre c'est justement parce que nous ne sommes pas libres de tomber vers le centre de la Terre : le sol exerce sous nos pieds une pression qui nous en empêche). La chute libre dans une gravitation constante est donc l'état « naturel » du mouvement des corps. Dans toute région de l'Univers suffisamment petite pour que la gravitation n'y varie pas beaucoup, le mouvement de chute libre est le support d'un référentiel inertiel *local*, dans lequel les lois de la Physique prennent une forme plus simple qu'ailleurs, laquelle est décrite par la Relativité Restreinte. Il n'est donc pas question de rejeter cette dernière : bien au contraire, et c'est là le propre des bonnes généralisations, la théorie supplantée par une théorie plus générale reste quand même applicable dans un certain domaine de validité.

Le golf cosmique

On sait aujourd'hui que *l'espace-temps est courbe*. Mais que signifie cette affirmation étrange et fascinante ?

Le paradoxe des jumeaux montrait bien comment la structure rigide de l'espace-temps en Relativité Restreinte permet séparément à l'espace et au temps de subir des distorsions (contraction ou dilatation), dues au mouvement des observateurs. Là où la Relativité Générale prend toute son ampleur et bouleverse notre représentation du Cosmos, c'est lorsqu'elle dit que l'insertion de la gravitation impose à l'espace-temps *entier* d'être déformé.

Si en un point donné il n'y a pas d'effet direct de la gravitation, on peut en revanche mesurer des effets différentiels entre des points voisins. Dans l'ascenseur au câble coupé, deux billes « libres » suivent en première approximation des trajectoires parallèles, mais en réalité les deux trajectoires se coupent au centre de la Terre, 6 400 km plus loin. Il y a donc une accélération relative entre les deux trajectoires (puisqu'elles se rapprochent), correspondant à un champ gravitationnel *différentiel*.

Une illustration frappante de la distinction entre gravitation directe et gravitation différentielle est l'amplitude des marées océaniques. Bien que la gravitation directe du Soleil à la surface de la Terre soit 180 fois plus forte que celle de la Lune, les marées solaires sont plus basses que les marées lunaires. C'est parce que les marées résultent non pas de la gravitation directe, mais de la variation des gravitations solaire et lunaire entre les différents points du globe. Cette variation est de six pour cent pour la Lune, et dix-sept pour mille seulement pour le Soleil.

En langage newtonien, les effets de la gravitation différentielle se traduisent par ce que l'on appelle justement des *forces de marée*. Si, dans le Système Solaire, les forces de marée sont partout très faibles, celles engendrées par un trou noir sont capables de déchirer des étoiles entières (voir chapitre 17). Mais la description de la gravitation différentielle

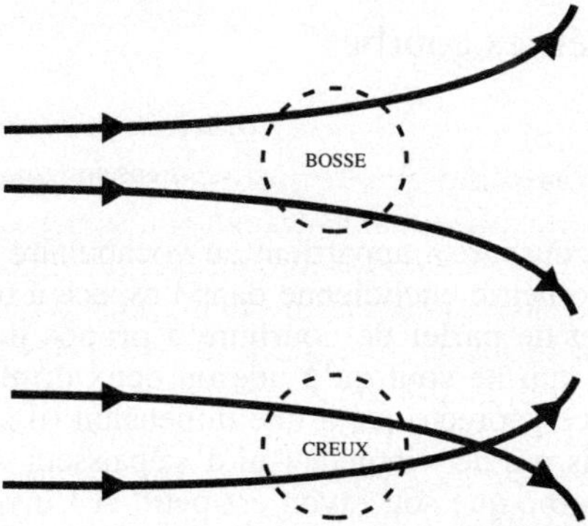

Figure 8 : Le golf cosmique. Deux trajectoires initialement parallèles en terrain plat s'écartent en rencontrant une bosse ou se rapprochent en rencontrant un creux.

en termes de « forces » de marée est totalement superflue en Relativité Générale : ses effets ne sont pas mécaniques mais purement *géométriques*. Pour le voir, considérons deux balles de golf voisines suivant initialement des trajectoires parallèles *(figure 8)*. Si le terrain est parfaitement plat, les trajectoires resteront parallèles. Sinon, leur position relative changera ; une bosse les écartera l'une de l'autre, un creux les rapprochera. Dans le golf cosmique, la gravitation différentielle peut être simulée par une courbure du « green » espace-temps. Et, puisque la gravitation est attractive, la courbure fait toujours des creux et non pas des bosses !

La signification profonde de la courbure est donc la correspondance entre gravitation et géométrie, imposée par le Principe d'Equivalence. Les corps matériels ne sont pas astreints à bouger dans un espace-temps « plat » sous l'action de forces de gravitation, mais épousent librement les contours d'un espace-temps courbe.

Les géométries courbes

Dieu écrit droit avec des courbes.

Penseur franc-maçon, 1782

Le mot « courbure » appartient au vocabulaire de tous les jours. La géométrie euclidienne dans l'espace à trois dimensions permet de parler de courbure à propos de lignes ou de surfaces, qui ne sont qu'à une ou deux dimensions. Le cercle, espace géométrique à une dimension (il a une « longueur », mais pas de « largeur » ni d'« épaisseur »), est d'autant plus courbé que son rayon est petit. A l'inverse, si son rayon devient infini le cercle tend vers la droite, se rectifie en perdant sa courbure. De même, la sphère tend vers le plan en augmentant indéfiniment son rayon (à notre échelle la surface de la Terre est plate, si l'on fait abstraction du relief).

La courbure a donc une définition géométrique bien précise, mais quand on augmente le nombre de dimensions la définition se complique, la courbure ne se réduit plus à un seul nombre comme dans l'exemple du cercle ; il faut alors

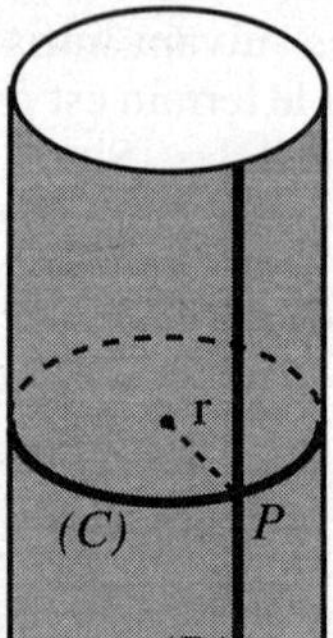

Figure 9 : Les courbures de cylindre. En un point P il faut deux nombres pour spécifier la courbure. Dans la direction d'une génératrice (D), la courbure est nulle ; dans la direction perpendiculaire, elle est égale à celle du cercle inscrit (C).

parler « des courbures ». Examinons le cas simple du *cylindre*, surface à deux dimensions *(figure 9)*. La courbure mesurée parallèlement à son axe de symétrie est tout simplement nulle, alors que la courbure mesurée dans la direction perpendiculaire est celle du cercle inscrit dans le cylindre.

Malgré les multiples facettes de la courbure, il est possible de parler d'une courbure *intrinsèque*. En chaque point d'une surface à deux dimensions, on peut mesurer dans deux directions perpendiculaires deux rayons de courbure, dont le produit inversé donne la courbure intrinsèque de la surface. Si les deux rayons de courbure se trouvent du même côté de la surface, la courbure est *positive* tandis que si les rayons de courbure sont de côtés opposés la courbure est *négative*. Le cylindre a donc une courbure intrinsèque nulle ; on peut en effet le découper et le poser à plat sur une table sans le déchirer, ce que l'on ne peut pas faire avec une sphère *(figure 10)*.

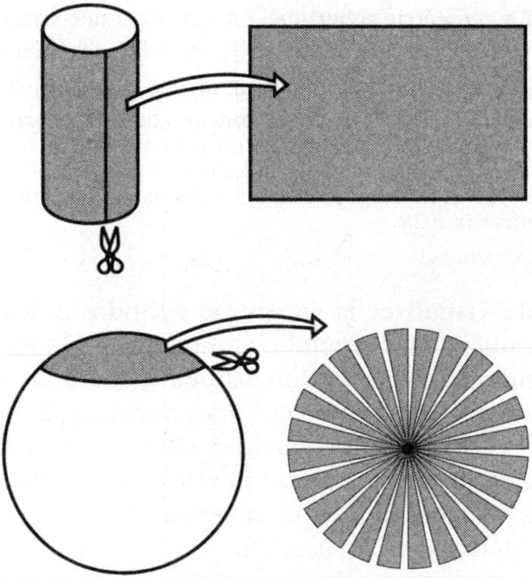

Figure 10 : Le cylindre et la sphère. La courbure intrinsèque du cylindre est nulle : on peut le découper et le poser à plat sur une feuille de papier. La courbure de la sphère est strictement positive ; si l'on découpe une calotte selon un cercle et si l'on essaie de l'aplatir, la surface découpée se déchire et son aire est inférieure à celle du cercle de même rayon découpé dans un plan.

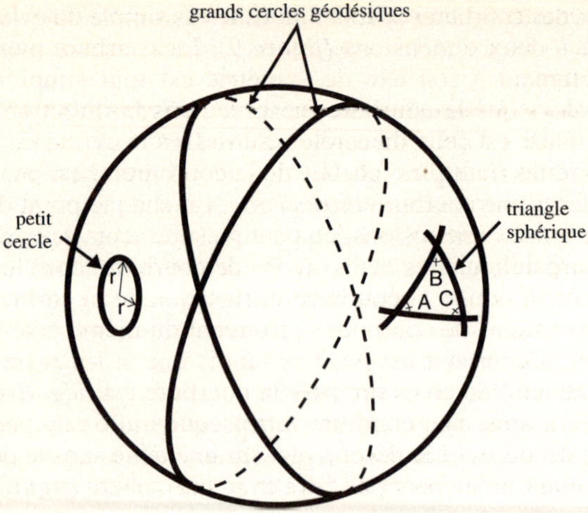

Figure 11 : La géométrie sphérique. La sphère est une surface fermée à deux dimensions, de courbure uniforme (la même en chaque point) et positive. Les géodésiques (trajectoires les plus courtes, l'équivalent des droites du plan) sont les grands cercles, tous centrés sur l'origine et de même rayon que la sphère. Il n'existe donc pas de géodésiques parallèles. La géométrie intrinsèque de la sphère n'est pas euclidienne. La somme des angles d'un triangle sphérique ABC est supérieure à celle des angles d'un triangle plan (180°). Le rapport de la circonférence d'un petit cercle à son rayon r est inférieur à 2π.

Le fait de visualiser la sphère, le cylindre et les surfaces bidimensionnelles en général comme étant « plongées » dans l'espace euclidien à trois dimensions incite à attribuer une signification à l'« intérieur » et à l'« extérieur », à dire qu'une surface est courbée « dans quelque chose ». Pourtant, sur le strict plan de la géométrie, on peut mesurer toutes les propriétés des surfaces à deux dimensions en ignorant parfaitement l'existence de l'espace contenant. Il en va de même à un nombre quelconque de dimensions. *On peut parler de la géométrie courbe de l'Univers à quatre dimensions sans avoir besoin de le quitter ni de se référer à un hypothétique espace encore plus vaste*. Voyons comment.

La théorie mathématique des espaces courbes a été développée au XIXe siècle, principalement par Bernhard Riemann.

Les géométries courbes donnent lieu à des propriétés inconnues dans la géométrie euclidienne, même dans les cas les plus simples.

Revenons à la surface de la sphère *(figure 11)*. Il s'agit d'un espace à deux dimensions, dont la courbure est positive et uniforme (la même en chaque point), puisque les deux rayons de courbure sont égaux au rayon de la sphère. Le plus court chemin reliant deux points distincts de la sphère est un arc de *grand cercle*, c'est-à-dire une portion de cercle tracé sur la surface et de même centre que la sphère. Les grands cercles sont donc à la sphère ce que les droites sont au plan : des *géodésiques*, c'est-à-dire des lignes de plus court trajet. Un aviateur pressé se déplaçant de Paris à Tokyo sans escale (et ignorant les zones aériennes interdites !) ira d'abord au Nord, survolera la Sibérie puis redescendra vers le Sud pour réaliser le plus court trajet. Puisque tous les grands cercles sont concentriques, deux grands cercles quelconques se coupent toujours en deux points (par exemple, les méridiens se coupent aux pôles). Autrement dit, à la surface de la sphère il n'existe pas de « droites » parallèles.

Voilà la géométrie d'Euclide bien malmenée ! C'est que les lois bien connues de la géométrie euclidienne sont celles des espaces sans courbure, « plats ». Dès lors qu'il y a courbure, ces lois qui nous sont familières sont bouleversées. La propriété géométrique la plus évidente de la sphère est la suivante : alors que toute droite du plan échappe à l'infini, si l'on se déplace en ligne droite sur la sphère (c'est-à-dire le long d'un grand cercle), on revient par-derrière à son point de départ. La surface sphérique est donc *finie*, *fermée*, bien que sans limite ni bord (aucun grand cercle ne s'interrompt). La sphère est le prototype idéal des espaces finis à un nombre quelconque de dimensions[2].

Examinons maintenant le cas d'un espace de courbure négative. Toujours à deux dimensions pour simplifier, l'exemple classique est *l'hyperboloïde*, dont une portion se

2. La surface de la Terre, déformée par la rotation, le relief, les marées, n'est pas exactement sphérique mais a des propriétés identiques.

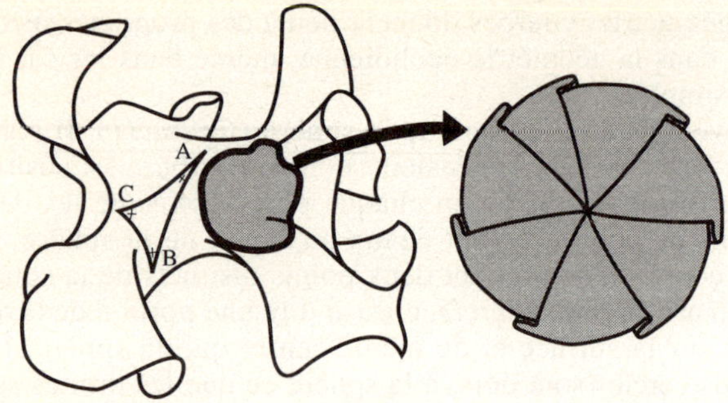

Figure 12 : La géométrie hyperbolique. Sa courbure est négative. La somme des angles d'un triangle hyperbolique ABC est inférieure à 180°. Si l'on découpe un morceau de la surface selon un cercle et si l'on tente de l'aplatir, le morceau se plisse et son aire est supérieure à celle du cercle de même rayon découpé dans un plan.

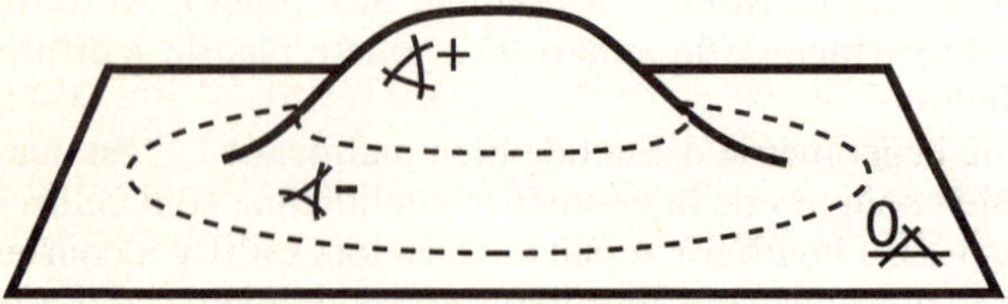

Figure 13 : Surface de courbure variable.

visualise sous la forme d'une selle de cheval *(figure 12)*. Si l'on se déplace en ligne droite tout en épousant les contours de la surface, on ne revient en général pas à son point de départ mais on s'éloigne indéfiniment. Comme le plan, l'hyperboloïde est une surface *ouverte*, mais là s'arrête la ressemblance, car, étant courbé, l'hyperboloïde n'est pas du tout euclidien !

Les surfaces les plus générales n'ont aucune raison d'avoir une courbure uniformément positive ou négative, comme la sphère et l'hyperboloïde. La valeur de la courbure varie de point en point, et son signe peut changer d'une région à l'autre *(figure 13)*.

Géométrie et matière

Où il y a la matière, il y a la géométrie.
JOHANNES KEPLER

Passons maintenant à la géométrie quadridimensionnelle de la Relativité Générale. Il est essentiel de bien comprendre que c'est *l'espace-temps* qui est courbé, pas seulement l'espace. Riemann avait déjà tenté de rendre compatibles électromagnétisme et gravitation en tordant l'espace ; il avait échoué car il fallait aussi « tordre le cou » au temps.

Supposons que nous voulions lancer divers projectiles sur une cible située à 10 mètres de distance sur le sol. Soumis à la seule gravitation terrestre, les projectiles ont tous des trajectoires paraboliques, passant par le tireur et la cible, mais dont la hauteur de l'arc dépend de la vitesse d'impulsion initiale *(figure 14 a)*. S'il s'agit d'un ballon lancé à 10 m/s, la cible peut être atteinte en une seconde et demie par une arche de 3 mètres. S'il s'agit d'une balle de fusil, tirée à la vitesse de 500 m/s, la cible peut être atteinte en deux centièmes de seconde avec une arche de 0,5 millimètre, ou encore au bout de cent secondes en tirant vers le haut jusqu'à douze kilomètres d'altitude et en laissant retomber la balle[3]. A la limite, on peut même atteindre la cible par un rayon lumineux, à la vitesse de 300 000 km/s. L'arche est dans ce cas totalement imperceptible, la trajectoire dans l'espace est quasiment rectiligne. Il est évident que les rayons de courbure de tous ces arcs de paraboles sont extrêmement différents.

Ajoutons maintenant la dimension temporelle *(figure 14b)*. Les rayons de courbure mesurés *dans l'espace-temps* deviennent *tous les mêmes*, qu'il s'agisse du ballon, de la balle de fusil ou du photon, de l'ordre d'une année-lumière ! Il est donc plus judicieux de dire que les trajectoires dans l'espace-temps sont « droites » et que c'est l'espace-temps lui-même qui est incurvé par la gravitation terrestre. Les projectiles,

3. On néglige dans ce cas les perturbations atmosphériques et la rotation de la Terre !

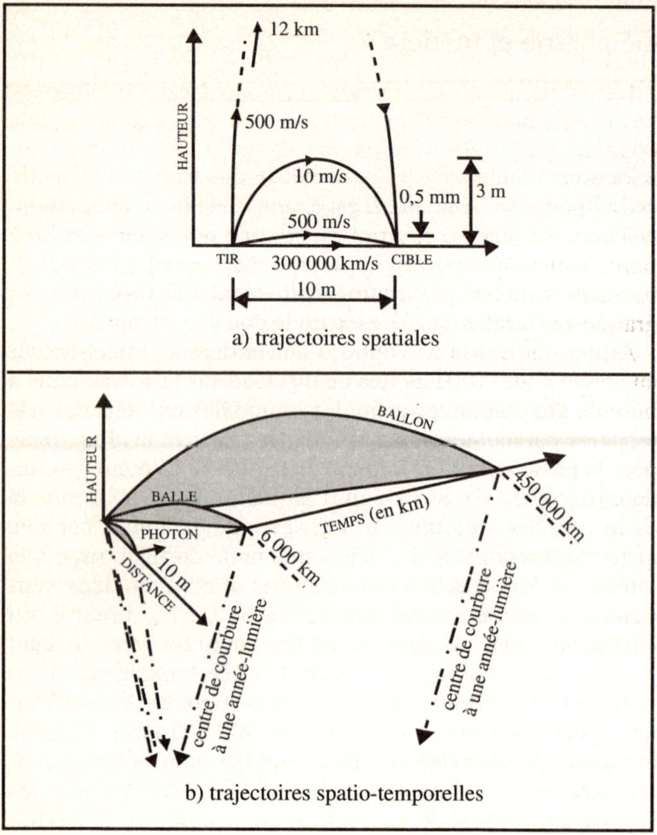

Figure 14 : La courbure de l'espace-temps. En a) sont représentées les trajectoires purement spatiales ; leurs courbures sont très différentes. En b) sont représentées les trajectoires dans l'espace-temps. Puisque la lumière parcourt 300 000 km/s, on peut mesurer le temps en kilomètres : le ballon atteint la cible au bout d'un temps de 450 000 km (c'est-à-dire 1,5 seconde), la balle au bout d'un temps de 6 000 km (0,02 seconde). Les courbures des trajectoires du photon, de la balle et du ballon deviennent identiques. C'est le champ gravitationnel de la Terre qui engendre la courbure.

n'étant soumis à aucune force, se contentent de suivre les géodésiques (« aller en ligne droite ») dans une géométrie courbe.

L'exemple précédent montre aussi que l'espace-temps est beaucoup plus courbé dans le temps que dans l'espace. Cette courbure temporelle, nous la ressentons dès que notre vitesse augmente.

Une bosse sur une route, petite irrégularité de la courbure spatiale, est à peine remarquée par un piéton qui marche à faible allure. Mais pour une automobile filant à 120 km/h la bosse devient un danger ; elle introduit une distorsion plus grande dans la dimension temporelle.

Arthur Eddington a calculé qu'une masse de 1 tonne placée au centre d'un cercle de 5 m de rayon ne modifierait la courbure de l'espace qu'au point de changer la 24e décimale du rapport circonférence/diamètre (le nombre π dans la géométrie euclidienne). Ceci montre bien qu'il faut une masse énorme pour déformer l'espace-temps de façon appréciable. Si le rayon de courbure de l'espace-temps à la surface de la Terre est si grand (une année-lumière, c'est-à-dire plus d'un milliard de fois le rayon de la planète), c'est que le champ de pesanteur terrestre, accélérant localement les corps de 9,8 m/s chaque seconde, est très modeste. Pour commenter l'immense majorité des expériences de physique au voisinage de la Terre, on peut continuer à utiliser l'espace-temps plat de Minkowski et la Relativité Restreinte, voire l'espace euclidien et la Mécanique Newtonienne si les vitesses sont faibles.

Malgré ses apparences de platitude locale, l'Univers est réellement déformé par la matière, mais les effets de la courbure ne deviennent significatifs qu'au voisinage des grandes concentrations de masse (par exemple les trous noirs), ou bien à très grande échelle (plusieurs millions d'années-lumière), lorsque des amas de milliers de galaxies sont pris en compte. La découverte récente des *quasars multiples* (voir chapitre 15) est la parfaite démonstration de la réalité de l'espace-temps courbe : les rayons lumineux émis par l'un de ces astres lointains nous parviennent après avoir emprunté des chemins optiques différents dans l'espace-temps courbe, et nous offrent des images démultipliées d'une source unique.

Le mollusque de lumière

De la lumière... plus de lumière.
Derniers mots de GOETHE, 1832

La structure rigide de l'espace-temps de la Relativité Restreinte – *a fortiori* celle de l'espace newtonien – s'est désormais complètement effondrée sous le choc de la gravitation. L'espace-temps est *mou*, déformé par la matière qu'il contient, et la matière s'y déplace au gré de la courbure.

Les trajectoires des rayons lumineux continuent toutefois à y emprunter les chemins les plus courts. La trame du « mollusque » espace-temps reste tissée par la lumière, et sa représentation en termes de *cônes de lumière* résume l'essence de la théorie de la Relativité Générale *(figure 15)*.

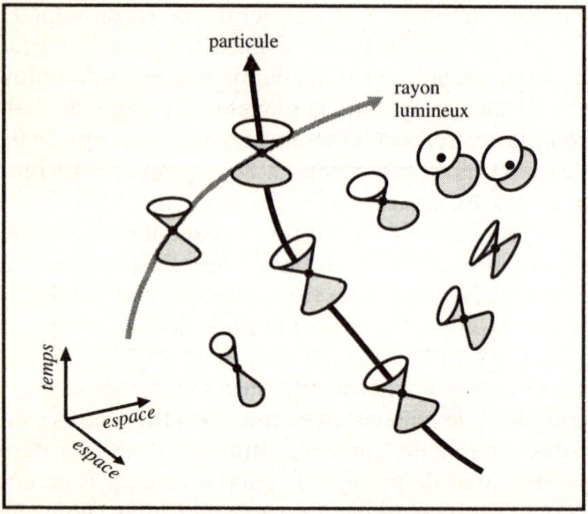

Figure 15 : L'espace-temps mou de la Relativité Générale. Les cônes de lumière s'inclinent et se déforment au gré de la courbure, traduisant le Principe d'Equivalence et l'influence de la gravitation sur toutes les formes d'énergie. Mais la Relativité Restreinte reste valide localement : les trajectoires d'espace-temps des particules sont confinées à l'intérieur des cônes de lumière.

Une autre visualisation très didactique de l'espace-temps courbe, et de son influence sur le mouvement de la matière, est celle du *ruban élastique*. Imaginez un morceau d'espace-temps réduit à deux dimensions, sous forme d'un tissu extensible. En l'absence de tout objet, le tissu reste plan. Si l'on pose une bille, le tissu se déforme, fait un creux autour de la bille, d'autant plus prononcé que la masse de la bille est plus grande. Ce mode de représentation, qui semble fantaisiste, peut être rendu mathématiquement rigoureux dans ce que l'on appelle les *diagrammes de plongement*, sur lesquels je reviendrai en détail pour expliquer certaines propriétés étranges des trous noirs (voir chapitre 12). La *figure 16* utilise cette représentation pour illustrer la déviation des rayons lumineux passant près du Soleil, et ses conséquences sur la position apparente des étoiles lors d'éclipses.

a) position apparente des étoiles pendant une éclipse du Soleil

b) position des étoiles en l'absence du Soleil

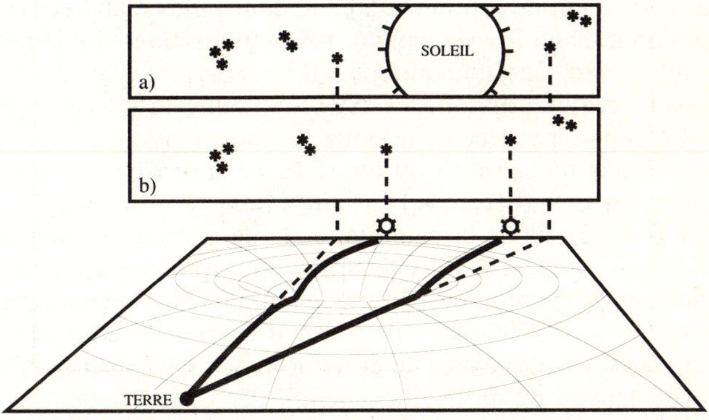

Figure 16 : La déviation des rayons lumineux par le Soleil. Lorsque le Soleil se projette devant un fond lointain d'étoiles, il courbe l'espace-temps intermédiaire et dévie les rayons lumineux, contraints à épouser la courbure. La direction apparente des étoiles est décalée par rapport à leur position réelle.

Les équations d'Einstein

> *L'idée que les physiciens auraient à étudier dans le futur la théorie des tenseurs créa une véritable panique parmi eux lorsque fut annoncée pour la première fois la vérification des prédictions d'Einstein.*
>
> A. WHITEHEAD, 1920

Toute théorie a ses équations. Les *équations du champ gravitationnel* d'Einstein relient le degré de la distorsion de l'espace-temps à la nature et au mouvement des sources de gravitation. La matière dicte à l'espace-temps comment il doit se courber, l'espace-temps dicte à la matière comment elle doit se mouvoir.

La complexité des équations d'Einstein est extrême. C'est que les quantités impliquées ne sont plus seulement des forces ou des accélérations, ni même des distances et des durées. Ce sont des *tenseurs*, sortes de tableaux à plusieurs composantes contenant toute l'information sur la géométrie et sur la matière.

L'action de la gravitation sur la matière est en effet plus compliquée que celle d'un champ électrique et requiert pour sa description des entités mathématiques plus élaborées que les nombres ou les vecteurs à trois composantes. Le lecteur voudra bien s'en convaincre s'il se souvient que, dans la théorie gravitationnelle de Newton, seule la masse grave d'un corps est source de gravitation, cette masse étant représentée par un nombre unique attaché intrinsèquement au corps. Dans la théorie d'Einstein, la masse grave n'est que l'un des aspects de la quantité totale de gravitation attachée au corps. Déjà la Relativité Restreinte (toujours applicable dans une petite région de l'espace-temps où la gravitation est uniforme) a révélé que toute forme d'énergie est équivalente à de la masse, donc gravite et fait graviter. Or, l'énergie d'un corps dépend du mouvement relatif des observateurs qui la mesurent. Dans un corps « immobile », toute l'énergie est contenue dans sa « masse au repos » ($E = mc^2$!) ; mais dès que le corps est en mouvement son énergie cinétique de déplacement va créer de la masse, donc de la gravitation. Pour évaluer l'effet gravitationnel d'un corps, il faut par conséquent combiner son énergie au repos avec un « vecteur d'impulsion » décrivant son mouvement. C'est la raison pour laquelle les sources de gravitation sont complètement décrites par le « tenseur impulsion-énergie ».

De même, en chaque point de l'espace-temps il faut connaître 20 nombres pour décrire complètement la courbure. Les déformations géométriques de l'espace-temps requièrent donc l'usage d'un « tenseur de courbure » (on se souvient que la courbure se complique lorsque le nombre de dimensions augmente). Les équations d'Einstein ne font que mettre en correspondance le tenseur de courbure et le tenseur d'impulsion-énergie, les plaçant de part et d'autre d'un signe « égale » : la matière crée la courbure, la courbure fait bouger la matière !

Il n'est pas question dans ce livre d'expliciter davantage toute la richesse des équations d'Einstein. Elles enchevêtrent de façon si complexe les composantes des tenseurs de courbure et d'impulsion-énergie *qu'il n'est en général pas possible d'en trouver une solution exacte*, ni même de définir globalement ce qu'est l'espace et ce qu'est le temps. Aussi faut-il simplifier les sources de gravitation pour pouvoir calculer « quelque chose », à tel point que la plupart du temps les solutions trouvées (c'est-à-dire des espaces-temps courbes) n'ont aucun rapport avec l'espace-temps réel. Les équations d'Einstein sont en quelque sorte trop prolifiques, elles engendrent une infinité d'univers théoriques aux propriétés bizarres.

Cette prodigieuse fécondité a peut-être nui à la crédibilité de la théorie d'Einstein. Il ne faut toutefois pas croire que la Relativité Générale ne prédise que des propriétés inaccessibles à l'observation ou à l'entendement humain. Bien au contraire, Einstein était avant tout physicien et philosophe et à ce titre il prétendait décrire le monde, à commencer par l'environnement planétaire. Usant de solutions approchées de ses équations, il calcula en préalable de sa théorie trois effets particuliers de la gravitation non prévus par la loi d'attraction newtonienne et mesurables dans le Système Solaire : la déviation des rayons lumineux frôlant le Soleil, les anomalies du mouvement de Mercure et le ralentissement des fréquences électromagnétiques dans un champ de gravitation. Je parlerai au paragraphe suivant du succès de ces trois prédictions de la Relativité Générale.

D'autre part, il est des situations naturelles où les simplifications imposées aux sources de gravitation sont parfaitement justifiées, et par conséquent où les solutions exactes des équations d'Einstein qui en résultent donnent une description satisfaisante de telle ou telle portion d'univers. C'est paradoxalement dans deux échelles de distance extrêmes que ces simplifications sont les plus fructueuses. On peut ainsi calculer le champ gravitationnel engendré par un corps isolé dans le vide (c'est-à-dire les déformations de l'espace-temps autour du corps). L'environnement d'une étoile – par exemple le Système Solaire – ou celui d'un trou noir s'accordent gracieusement à ce calcul, car la matière y est effectivement concentrée dans une petite région de l'espace-temps entourée pratiquement de vide. A l'autre extrême, on peut aussi calculer le champ gravitationnel moyen de l'Univers tout entier (sa géométrie), parce qu'à très grande échelle la matière est à peu près répartie uniformément, les galaxies se comportant comme les molécules d'un gaz cosmique homogène. La Relativité Générale permet donc de faire de la *Cosmologie*, c'est-à-dire d'étudier la forme et l'évolution de l'Univers dans son ensemble. D'ailleurs, jusqu'à l'avènement de l'astrophysique relativiste dans les années 1970, c'est en Cosmologie que la Relativité Générale avait trouvé son unique application – sans doute, avec les trous noirs, la plus fascinante de toutes.

La troisième application capitale de la Relativité Générale devra probablement attendre le XXIe siècle pour s'imposer : il s'agit des *ondes gravitationnelles*. Les équations d'Einstein jouent dans la gravitation un rôle analogue à celui des équations de Maxwell dans l'électromagnétisme. Or, on se souvient que le mouvement des charges électriques engendre des ondes électromagnétiques. Par conséquent, la Relativité Générale prédit également que le mouvement des sources de gravitation engendre des ondes, vagues de courbure se propageant dans le tissu élastique de l'espace-temps à la vitesse de la lumière. Je reparlerai en détail des ondes gravitationnelles au chapitre 18.

La Relativité Générale à l'épreuve

Sous beaucoup d'aspects, le physicien théoricien est un philosophe en habit d'ouvrier.

P. BERGMANN, 1949

Les trois observations proposées par Einstein pour éprouver sa théorie de la Relativité Générale sont la déviation des rayons lumineux au voisinage du Soleil, les anomalies de l'orbite de Mercure et le décalage vers le rouge des raies atomiques dans un champ de gravitation.

La déviation de la lumière passant près du Soleil (illustrée dans la *figure 16*) a été mesurée lors de l'éclipse de 1919 et concorde avec la valeur calculée par Einstein.

Le deuxième test a trait au mouvement des planètes. La Mécanique Céleste newtonienne dit qu'une planète unique tournant autour du Soleil a une orbite elliptique « fixe » (dont le grand axe ne tourne pas). Mais en présence des autres planètes son mouvement est perturbé, et l'orbite elliptique avance peu à peu au cours du temps. C'est l'astronome fran-

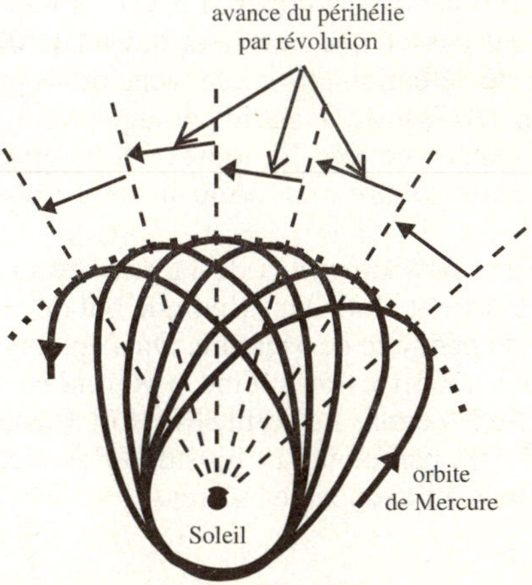

Figure 17 : L'avance du périhélie de Mercure.

çais Urbain Le Verrier qui, en 1859, découvrit que le *périhélie* de la planète Mercure (c'est-à-dire le point de l'orbite le plus rapproché du Soleil) avance plus vite que ce qui est prédit par la théorie de Newton *(figure 17)*. Le calcul détaillé des perturbations causées par les planètes extérieures (essentiellement Jupiter) donne en effet une avance de 5 514 secondes d'arc par siècle, alors que Mercure avance de 5 557 secondes d'arc par siècle, soit 43 « en trop »[4]. L'anomalie est certes faible (à ce rythme, il faut trois millions d'années pour que Mercure prenne un tour complet d'avance), mais la théorie de Newton est tellement précise dans son domaine d'application qu'elle se devait d'en donner une explication.

L'hypothèse la plus naturelle consiste à invoquer l'existence d'un corps perturbateur : anneau de matière en orbite autour du Soleil, ou planète encore inconnue. Ce genre de considérations avait déjà apporté la gloire à Le Verrier, puisque l'analyse des perturbations de l'orbite d'Uranus lui avait permis de prévoir en 1846 l'existence de la planète Neptune – aussitôt découverte. Aussi Le Verrier, espérant renouveler son exploit, inféra-t-il l'existence d'une planète supplémentaire, encore plus proche du Soleil que Mercure, et judicieusement baptisée Vulcain. Le Verrier calcula que Vulcain ne devait passer que rarement devant le disque solaire (seul espoir de détection grâce à la tache noire projetée) mais il mourut en 1877, juste avant le passage prédit. Il ne connut jamais son échec ; ce jour-là, toutes les lunettes furent braquées sur l'astre solaire mais Vulcain refusa obstinément de se montrer !

Des théories newtoniennes de la gravitation légèrement modifiées fleurirent alors dans l'unique but de rendre compte de l'avance du périhélie de Mercure. On s'aperçut que d'autres planètes sont soumises au même phénomène d'avance de leur périhélie : Vénus, la Terre, Mars et l'astéroïde Icare, mais les théories parvenant à s'ajuster à l'avance de l'une ne s'ajustaient pas à l'avance des autres.

4. Le cercle sous-tend un arc de 360 degrés et chaque degré contient 3 600 secondes d'arc.

Remarquant enfin que les planètes « en avance » étaient les plus proches du Soleil, les astronomes furent conduits à chercher la cause perturbatrice dans le Soleil lui-même. Après tout, notre étoile n'est pas exactement sphérique, et son aplatissement est en principe capable de « faire tourner la tête » aux périhélies. En réalité, le Soleil est trop rond. Les théories newtoniennes de la gravitation, modifiées ou non, restèrent obstinément bafouées par les caprices d'une poignée de planètes.

En 1916, la Relativité Générale d'Einstein offrit enfin une explication cohérente et unifiée à l'avance du périhélie des planètes. Celles-ci ne sont plus attirées par une mystérieuse force d'attraction émanée du Soleil, mais se déplacent *librement* dans l'espace-temps incurvé par la masse de notre étoile. Leurs trajectoires sont des géodésiques, et les géodésiques d'un espace-temps courbé par une masse solaire ne sont plus exactement des ellipses ou des hyperboles ; leur axe avance peu à peu au cours du temps, d'une quantité justement égale à celle observée *(figure 18)*.

Le troisième test proposé par Einstein traduit le « ralentissement » apparent de la lumière dans un champ gravitationnel. La diminution de la fréquence d'un rayonnement électromagnétique équivaut à une augmentation de sa longueur d'onde, un « rougissement » de son spectre (la couleur rouge étant la partie de plus grande longueur d'onde du spectre visible). Mais, appliqué au Soleil, cet effet n'est pas véritablement probant pour la Relativité Générale, en raison de sa faiblesse et de l'imprécision des mesures spectrales. Même pour des étoiles beaucoup plus condensées que le Soleil et devant de ce fait retenir davantage les rayons lumineux – comme les naines blanches, voir chapitre 5 –, les spectres sont tellement affectés par des champs magnétiques ou des mouvements de matière inconnus dans l'étoile qu'il est difficile de faire la part entre les différents phénomènes parasites.

Le troisième test n'est en fait qu'une version de l'élasticité du temps dans un champ gravitationnel. Déjà la Relativité Restreinte démontre que les accélérations ralentissent les horloges (paradoxe des jumeaux). Par la vertu du Principe d'Equivalence, on en conclut que la gravitation ralentit éga-

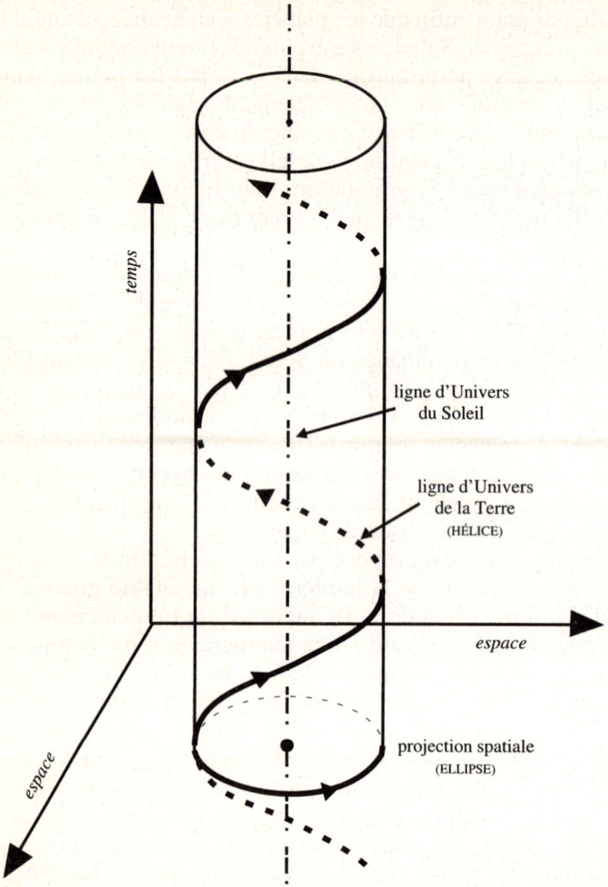

Figure 18 : Le mouvement de la Terre dans l'espace-temps. La ligne d'univers de la Terre représentant son mouvement autour du Soleil est une hélice s'enroulant sur une surface cylindrique ; sa projection spatiale est une ellipse dont le grand axe tourne lentement.

lement les horloges : celles du rez-de-chaussée battent plus lentement que celles du premier étage.

Ce n'est qu'après la mort d'Einstein que l'on a su construire des horloges suffisamment précises pour mesurer l'élasticité du temps dans un champ de gravitation aussi faible que celui de la Terre. En 1960, des physiciens de l'université de Harvard ont détecté avec une précision du millième le décalage en fréquence de rayons gamma (radiation électromagnétique de très haute énergie) voyageant de haut en bas d'une hauteur de 23 mètres. Alors que pour observer la déviation des rayons lumineux passant près du Soleil il faut attendre une éclipse, et que pour s'apercevoir que Mercure avance trop vite il faut accumuler pendant un siècle les observations de son mouvement, il s'agissait là d'une mesure de laboratoire, donc renouvelable à volonté. Une ère florissante s'ouvrait pour la gravitation expérimentale.

A partir de 1976, des horloges extraordinairement stables, précises au *millionième de milliardième*, ont pu être placées à bord de fusées volant à haute altitude, là où le champ de pesanteur est sensiblement plus faible qu'au sol. Le tic-tac électromagnétique des horloges volantes est comparé à celui d'horloges identiques restées au laboratoire. L'écart entre les rythmes est mesurable et s'accorde parfaitement avec les prédictions de la Relativité Générale.

L'effet – plus important – du champ gravitationnel *solaire* sur l'élasticité du temps a pu être mesuré avec l'avènement des sondes spatiales. Un radar transmet une onde radio en direction d'un satellite situé de l'autre côté du Soleil ; l'onde radio est réfléchie et retourne sur Terre, où l'on mesure la durée de son périple. La géométrie courbée par la gravitation solaire cause un écart par rapport au temps de propagation de l'onde en espace-temps vide et plat. L'expérience fut réalisée en 1971 avec une sonde Mariner et confirma une fois de plus le ralentissement gravitationnel.

Le lecteur doit se demander ici à quoi sert d'accumuler tant de tests coûteux pour vérifier une théorie qui semble si bien marcher. La raison est que dans toutes ces expériences la Relativité Générale n'est confrontée qu'au champ gravitationnel régnant dans le Système Solaire, qui est partout très faible et stationnaire (il ne varie pas au cours du temps). Or, l'époque de la floraison de la gravitation expérimentale a excité l'imagination des théoriciens et a vu l'émergence de nombreuses théories de la gravitation rivales de celle d'Einstein. La plupart d'entre elles contiennent des paramètres supplémentaires, ajustables à la discrétion de leur inventeur. C'est notamment le cas de la plus célèbre, due au physicien allemand Paul Jordan et au Français Yves Thiry, que les Américains se sont appropriée sous le nom de deux de leurs compatriotes, Carl Brans et Robert Dicke (ce dernier ayant joué un rôle de premier plan dans le développement de la gravitation expérimentale).

Grâce à la liberté introduite par leurs paramètres, les théories alternatives peuvent être ajustées de façon à rendre compte de tous les effets mesurés dans le Système Solaire. Comment alors décider quelle est la « bonne » ?

Seule l'analyse de leur comportement dans les champs gravitationnels forts et dynamiques (c'est-à-dire variant rapidement au cours du temps) pouvait apporter une réponse. Mais jusqu'à une époque très récente, la Nature ne nous offrait aucun site favorable. La découverte en 1974 du *pulsar double* (voir chapitre 7) a tout changé. Le déclin observé de la période orbitale de ces deux étoiles à neutrons vivant en couple serré est en accord avec la théorie d'Einstein, et en désaccord avec pratiquement toutes les autres théories restant en concurrence.

Une théorie magique

> *La magie de cette théorie est telle qu'à peu près personne ne peut y échapper pourvu qu'il l'ait bien comprise.*
>
> ALBERT EINSTEIN

La Relativité Générale est certainement l'un des plus spectaculaires progrès intellectuels de tous les temps accomplis par un seul individu. En 1911, alors qu'il travaille à l'université de Prague, Einstein calcule pour la première fois la déviation de la lumière dans un champ de gravitation. Les vérifications doivent être faites lors de l'éclipse de 1914, mais la guerre est déclarée et le projet annulé. Heureusement pour Einstein : sa théorie n'est pas encore tout à fait mûre et sa prédiction se révélera fausse. Toutefois, un échec ne l'eût sans doute pas découragé. De son propre aveu, il est un « monomaniaque » de la science. Le physicien anglais Paul Dirac dira plus tard de lui : « Les idées scientifiques dominaient toutes les pensées d'Einstein. Il vous offrait le thé et pendant que vous étiez en train de le remuer il cherchait une explication scientifique au déplacement des feuilles de thé dans la tasse. »

Einstein met définitivement au point les équations de la Relativité Générale en novembre 1915 et publie ses résultats dans les numéros des *Berliner Berichte* des 4, 11, 18 et 25 novembre. Dès lors, sa théorie prend un départ foudroyant. Les deux premiers livres qui lui sont consacrés paraissent en 1918, l'un à Londres par Arthur Eddington[5], l'autre à Berlin par Hermann Weyl. La déviation des rayons lumineux au bord du Soleil est mesurée, grâce au zèle de Frank Dyson et d'Eddington, lors de l'éclipse du 29 mai 1919 à Sobral (Brésil). Les prédictions d'Einstein sont confirmées au cours d'une séance mémorable de la Royal Society de Londres, le 6 novembre 1919.

La Grande Guerre vient de s'achever. Tout le monde est las, désabusé, à la recherche d'un nouvel idéal. La théorie d'Einstein, avec ses idées bizarres d'espace courbe, fait parfaitement l'affaire, bien que pratiquement personne n'en comprenne un traître mot. D'innombrables articles de vulgarisation paraissent dans les journaux, d'ordre général et philosophique ; le grand public s'enthousiasme et la Relativité devient le sujet de conversation à la mode. Einstein est désormais le savant le plus célèbre du monde, son opinion est sollicitée sur toutes choses. Les Etats-Unis l'accueillent en grande pompe et il devient une vedette populaire.

5. En ces années, la science allemande était devenue « maudite » et les bibliothèques anglaises avaient suspendu leurs abonnements aux périodiques de ce pays. Eddington n'eut connaissance des articles d'Einstein que par l'intermédiaire d'un ami hollandais, qui lui expédiait des copies par courrier. C'étaient probablement les seules copies disponibles en Angleterre !

Dans la communauté scientifique, l'enthousiasme est plutôt mitigé. Certains savants sont pétrifiés d'admiration pour la création solitaire d'Einstein, et surenchérissent sur les éloges jadis adressés à Newton. « Un des plus beaux exemples du pouvoir de la pensée spéculative », affirme Hermann Weyl, qui n'hésite pas à ajouter : « comme si un mur nous séparant de la Vérité s'était effondré ». « Le plus grand exploit de la Nature humaine », dira encore Max Born en 1955. Force est de constater que, parmi les physiciens, les plus ardents partisans de la Relativité Générale sont ceux-là mêmes qui sont aptes à la comprendre.

A l'opposé, ceux pour qui la théorie reste hermétique se déchaînent. Difficile de passer sous silence cette ahurissante réflexion du physicien H. Bouasse : « La raison de cette gloire que je crois éphémère est que la théorie d'Einstein ne rentre pas dans le cadre des théories physiques : c'est une hypothèse métaphysique qui, par-dessus le marché, est incompréhensible, double raison pour justifier son succès [...]. En définitive, nous, les physiciens de laboratoire, aurons le dernier mot : nous acceptons les théories qui nous sont commodes ; nous refusons celles que nous ne pouvons comprendre et qui par cela même nous sont inutiles. »

Un autre farouche adversaire de la Relativité Générale, Allvar Gullstrand, ophtalmologiste et mathématicien suédois, prix Nobel de Physiologie en 1911, est membre du Comité Nobel de Physique. C'est probablement la raison pour laquelle le prix 1921 est attribué à Einstein « spécialement pour sa découverte de la loi de l'effet photo-électrique », et non pas pour la théorie de la Relativité !

Comme le fait justement remarquer le physicien français Jean Eisenstaedt : « C'est le fanatisme qui anime les honnêtes gens et qui leur fait haïr les tableaux cubistes, dadaïstes, non figuratifs du début du siècle. Ces honnêtes gens qui se vantent de ne pas entendre l'art nouveau que les snobs applaudissent sans y entendre rien. »

Ici, la comparaison entre création scientifique et création artistique est judicieuse. La Relativité Générale a maintes fois été comparée à une magnifique œuvre d'art abstraite. Mais, comme la beauté esthétique d'une théorie ne garantit pas sa validité, la communauté des physiciens pragmatistes mettra du temps à l'admettre en son giron. L'Union Astronomique Internationale (rassemblant tous les trois ans les astronomes du monde entier) créa avec enthousiasme une commission « relativiste » dès 1922 ; elle se réunit une fois... puis estima inutile de reprendre ses travaux !

Aujourd'hui, la partie n'est toujours pas gagnée. Mais elle est bien engagée depuis presque trente ans, plus précisément depuis le jour où la lumière clignotante d'astres insolites et lointains est venue frapper à la porte des grands radiotélescopes.

DEUXIÈME PARTIE

Cadavres exquis

Les étoiles sont le fruit doré d'un arbre hors d'atteinte.

GEORGE ELIOT

Préambule

La Science remplace du visible compliqué par de l'invisible simple.

JEAN PERRIN

Il y a quelques années, un astrophysicien entama sa conférence en déclarant : « Une étoile est quelque chose de très simple. » L'un de ses auditeurs rétorqua aussitôt : « Vous-même, vous paraîtriez très simple à une distance de cent années-lumière ! »

Cette remarque est profondément juste. Notre étoile Soleil ne nous montre que sa « peau », mais nous offre déjà un fabuleux éventail de phénomènes : des granules, des taches, des éruptions, des protubérances. Ce n'est que le fantastique éloignement des autres étoiles qui les réduit à de simples lueurs scintillantes dans la nuit. Seul leur rayonnement nous parvient, sorte de cri lointain et atténué de leur prodigieuse activité interne, et si son analyse permet déjà des miracles, il faut bien à un moment ou un autre des théoriciens des étoiles pour tenter de comprendre comment tout cela « marche ». Qui dit théorie dit abstraction, c'est-à-dire savoir oublier les « épiphénomènes » pour ne s'attacher qu'à l'essentiel. C'est le parti que j'adopterai dans cette introduction au monde foisonnant des étoiles.

Dans cette optique simplificatrice, une étoile se résume en quelques mots : une énorme boule de gaz chaud. Mais chacun de ces mots a son poids, appelle des commentaires.

Qui dit boule de gaz sous-entend équilibre de cette boule. On sait par exemple que le Soleil n'a pratiquement pas « bougé » depuis cinq milliards d'années. Or, ceci peut surprendre ; sur Terre, nous sommes habitués au fait qu'une masse de gaz libre ait tendance à se disperser, à occuper tout l'espace environnant. Au contraire, le gaz d'une étoile, loin de s'éparpiller, reste confiné dans un volume bien déterminé. Le qualificatif « énorme » donne la clé de cette première énigme : sur une échelle de masse aussi grande que celle d'une étoile, la gravitation devient le maître d'œuvre absolu de l'organisation de la matière. Chaque atome de l'étoile est attiré vers le centre et l'attraction mutuelle entre tous les atomes de l'étoile assure la cohésion du gaz ; par là même elle sculpte sa forme, sphère quasi parfaite si la rotation n'est pas trop grande.

A ce stade, on peut encore être surpris : si toutes les particules de l'étoile sont attirées au centre, pourquoi l'étoile ne se contracte-t-elle pas ? Là intervient le qualificatif « chaud » : de la chaleur, c'est-à-dire de l'énergie, est fabriquée au centre d'une étoile. Cette énergie se propage vers la surface et parvient à supporter le poids de l'étoile. Parvenue à la surface, elle s'évacue sous forme de rayonnement.

C'est ainsi que lorsqu'on parle des étoiles un mot est omniprésent : la gravitation, qui préside à leur enfantement mais en est aussi le germe de mort. La vie d'une étoile n'est qu'une lutte permanente et désespérée contre son propre poids. Permanente car à chaque étape de son évolution, l'étoile trouve des ressources nouvelles pour se supporter. Désespérée car le combat est perdu d'avance : tôt ou tard, la gravitation triomphera et l'étoile s'effondrera sur elle-même.

Cette mainmise absolue de la gravitation sur le destin des étoiles s'exerce aussi à plus vaste échelle, façonnant toutes les grandes structures de l'Univers. C'est dans l'effondrement gravitationnel que naissent étoiles, amas d'étoiles et galaxies ; c'est dans l'effondrement gravitationnel que tous meurent.

Le trou noir est l'un des cadavres stellaires possibles. C'est même, à mes yeux, le plus exquis d'entre eux, en tant qu'aboutissement extrême – presque poussé à l'absurde – de l'effondrement gravitationnel. C'est pourquoi je ne veux pas parler des trous noirs sans avoir raconté le destin des étoiles, comment elles naissent, flambent et meurent.

4. Chronique des années de braise

Accouchement d'étoiles

Comme la pluie, une étoile est une goutte condensée au sein d'un nuage de gaz. Comparé cependant aux conditions régnant sur Terre, on peut presque dire qu'une étoile se forme à partir de rien : l'air que nous respirons contient trente milliards de milliards d'atomes par centimètre cube, un nuage interstellaire n'en compte guère plus de quelques dizaines. En contrepartie, il s'étend sur des centaines d'années-lumière et rassemble des masses équivalant à plusieurs milliers de soleils. Le nuage interstellaire se distingue aussi du nuage atmosphérique par sa composition chimique : il comprend en moyenne seize atomes d'hydrogène[1] pour un atome d'hélium, plus quelques traces d'éléments plus élaborés tels que le carbone, l'azote ou le fer.

Le nuage interstellaire est non seulement raréfié mais froid : au plus cent degrés Kelvin[2]. Un tel nuage resterait indéfiniment stable dans la mesure où les vitesses d'agitation de ses atomes, responsables de la température, suffisent à compenser la gravitation qui voudrait les regrouper. Par conséquent, des gouttes d'étoiles ne peuvent se condenser que si le nuage est *perturbé*.

1. Qui se regroupent le plus souvent en molécules.
2. Les degrés Kelvin mesurent la température par rapport au zéro *absolu,* qui est la température la plus basse qui puisse être théoriquement atteinte ; elle est égale à moins 273 degrés centigrades. 100° Kelvin valent donc moins 170° centigrades.

Plusieurs mécanismes sont connus pour comprimer un nuage et y déclencher l'accouchement d'étoiles. Dans les galaxies dites *spirales*, les étoiles sont principalement rassemblées dans de gigantesques bras émanant d'un renflement central appelé le *bulbe*. Les bras tournent lentement autour du bulbe ; c'est ainsi que le Soleil, dans les bras d'Orion, effectue le tour complet du Centre de notre Galaxie en deux cents millions d'années. Comme les bras transportent de la matière, ils propagent un excès de densité dont le déplacement dans le milieu interstellaire s'accompagne d'une *compression* et y provoque la condensation d'étoiles.

Un autre modèle de formation d'étoiles repose sur la belle idée selon laquelle la naissance ou la mort d'une étoile peuvent déclencher à elles seules la condensation d'une myriade d'étoiles nouvelles. En effet, lorsqu'une étoile naît au centre d'un nuage, son rayonnement intense chauffe et comprime la périphérie du nuage jusqu'à y semer une véritable « contagion » de condensations. La mort cataclysmique d'une grosse étoile en supernova[3] a des effets analogues ; propulsés à des vitesses de plusieurs dizaines de milliers de kilomètres par seconde, les débris de l'étoile balaient tout sur leur passage et transforment les nuages interstellaires en viviers de jeunes étoiles.

Au début de sa compression, le nuage interstellaire devient opaque. Dès lors qu'il n'absorbe plus la lumière des autres étoiles, il se refroidit presque jusqu'au zéro absolu. Les atomes du nuage sont alors tellement ralentis, presque figés, que l'attraction gravitationnelle mutuelle l'emporte sur leur mouvement d'agitation interne. Or, la répartition de matière dans le nuage n'est pas parfaitement homogène ; il y a toujours des grumeaux, là où il y a un peu plus d'atomes qu'ailleurs, et des trous là où il y en a un peu moins. Et comme la matière engendre la gravitation, il y a un excès de gravitation autour de chacun des grumeaux. Ceux-ci attirent irrésistiblement les atomes voisins, lents parce que froids, leur pouvoir attracteur augmentant à la mesure des atomes capturés. Les grumeaux se transforment alors en *globules* plus condensés, mesurant quelques milliards de kilomètres

3. Voir chapitre 6.

et rassemblant l'équivalent de plusieurs masses stellaires.

C'est à ce moment-là qu'intervient un mécanisme clé, *l'instabilité de Jeans*, voulant que, dans un milieu dispersé, une ondulation de densité devienne instable si elle rassemble une certaine masse critique. La perturbation se découple alors du milieu pour former un système stable, lié par sa propre gravitation. C'est ce qui arrive au globule : trop froid pour supporter son propre poids, il se contracte et s'isole du reste du nuage. En se contractant, il comprime davantage le gaz en son centre à des pressions, des températures et des densités sans cesse plus élevées. Le gaz chauffé se met à rayonner de l'énergie ; du noir, le globule vire au rouge...

Un « astre » est né, mais on ne l'appelle pas encore étoile car il ne rayonne toujours pas assez d'énergie pour se supporter. La proto-étoile continue donc à se contracter, bien qu'à vitesse plus réduite. Ce n'est que lorsque sa température centrale atteint dix millions de degrés que l'hydrogène commence à brûler par le jeu de *réactions thermonucléaires*. Une énergie nouvelle est insufflée dans le cœur de l'astre qui se stabilise : c'est une étoile.

La Guerre du Feu

O Soleil c'est le temps de la raison ardente.
GUILLAUME APOLLINAIRE

Dans sa lutte permanente contre la gravitation, l'arme principale d'une étoile est l'arme nucléaire. Son cœur est une bombe qui a tendance à faire exploser l'étoile, et ce n'est que parce que la puissance nucléaire s'ajuste de façon à compenser presque exactement la gravitation que l'étoile parvient à se stabiliser pour une longue période d'accalmie, pouvant durer des milliards d'années.

Comme leur nom l'indique, les réactions thermonucléaires ont lieu entre des noyaux atomiques portés à très haute température, et à ce titre concernent la structure intime de la matière. Au centre d'une étoile comme le Soleil, la température atteint quinze millions de degrés et la pression est égale à trois cents milliards de fois la pression atmosphérique terrestre[4]. Dans de telles conditions, les atomes de gaz sont non seulement dépouillés de leur cortège électronique, se réduisant à leurs noyaux, mais sont catapultés à des vitesses telles que les noyaux peuvent surmonter la répulsion électrique et s'interpénétrer, *fusionner*. Voyons pourquoi.

Engendrée au sein d'un grand nuage d'hydrogène moléculaire, l'étoile est principalement constituée d'hydrogène. C'est l'élément chimique le plus simple, composé seulement d'un noyau porteur d'une charge électrique positive, le *proton*, et d'un *électron* porteur d'une charge électrique négative. Dans une étoile, la température est telle que les protons sont séparés des électrons et zigzaguent dans tous les sens comme les molécules d'un gaz. Puisque les charges électriques de même signe se repoussent, chaque proton est « protégé » par une sorte d'armure électrique tenant à distance ses partenaires. Mais au cœur d'une jeune étoile, à quinze millions de degrés, les protons vont si vite que lorsqu'ils se rencontrent, au lieu de rebondir comme des balles de caoutchouc, ils cassent leurs armures et restent collés les uns aux autres.

Lorsque quatre protons fusionnent, ils forment un noyau d'*hélium*. L'hélium est le deuxième élément le plus abondant dans la Nature[5]. Le noyau d'hélium pèse moins que la somme des quatre protons dont il est constitué. Certes, la différence de masse n'est qu'une fraction minuscule du total (sept millièmes) ; mais, en vertu de l'équivalence masse-énergie découverte par Einstein, cette perte de masse minime se traduit par une libération d'énergie colossale. La conversion d'un kilogramme d'hydrogène en hélium fournit la même énergie que la combustion de 200 tonnes de charbon et suffirait à alimenter une ampoule de 100 watts pendant un

4. Qui est déjà d'un kilogramme par centimètre carré.

5. Sur notre planète, l'hélium a pratiquement disparu ; il n'est que l'un des gaz rares de l'air et sert à gonfler les ballons dirigeables. Si par ailleurs l'hélium est abondant dans l'Univers, ce n'est pas parce qu'il est fabriqué dans les étoiles ; tout comme l'hydrogène et quelques autres éléments très légers, il s'est essentiellement formé au cours des premières minutes de l'Univers.

million d'années. Or, les étoiles semblables au Soleil ont le cœur gros. Ce ne sont pas quelques kilogrammes mais six cents millions de tonnes d'hydrogène qui, chaque seconde, se convertissent en hélium. Le débit d'énergie nucléaire est dès lors gigantesque et sa ruée vers l'extérieur de l'étoile est capable d'interrompre la contraction gravitationnelle.

Il existe plusieurs chaînes de réactions possibles pour transformer de l'hydrogène en hélium. Les deux réactions les plus courantes sont la chaîne proton-proton (car elle fait intervenir exclusivement des noyaux d'hydrogène) et le cycle C-N-O (car c'est une chaîne fermée qui utilise des éléments plus lourds tels que le carbone C, l'azote N et l'oxygène O comme catalyseurs). Dans le Soleil, l'essentiel de l'énergie nucléaire provient des réactions proton-proton mais dans les étoiles plus mûres, au cœur plus chaud, c'est l'inverse : le cycle C-N-O fonctionne mieux dès que la température s'élève. Néanmoins, même chauffé, l'hydrogène a du mal à brûler : un proton doit attendre en moyenne... quatorze milliards d'années pour fusionner avec trois de ses partenaires par la réaction proton-proton[6]. Ce temps « astronomique » explique la longue durée de vie des étoiles en combustion nucléaire et laisse soupçonner le nombre prodigieux de noyaux d'hydrogène contenus dans leur cœur.

Le 16 juillet 1945 à Alamogordo, au Nouveau-Mexique, l'homme faisait exploser pour la première fois une bombe atomique. Ce n'était pas vraiment un « morceau d'étoile » car il ne s'agissait encore que d'une bombe à « fission », dans laquelle l'énergie nucléaire est libérée par rupture de certains noyaux plus lourds que les protons. Depuis, l'homme s'est rapproché des étoiles en construisant la bombe à hydrogène, qui fusionne réellement des protons. Mais la comparaison avec les astres s'arrête là. Le détail des réactions nucléaires est différent. Dans une bombe, il n'est pas question d'attendre dix milliards d'années pour que les protons veuillent bien se rencontrer ; les éléments intermédiaires nécessaires à la chaîne de réactions sont donc fournis de l'extérieur, tandis que dans une étoile ils sont fabriqués sur place à un rythme extrêmement lent.

6. Treize millions d'années « seulement » dans la réaction C-N-O.

Mais surtout l'homme est encore incapable de contrôler la fusion de l'hydrogène pour l'utiliser à des fins pacifiques. Il ne sait pas fabriquer de récipient pouvant résister aux températures et aux pressions gigantesques requises par les réactions. Les étoiles, elles, réalisent tout naturellement les creusets cherchés par l'homme : leur masse est si grande que la gravitation confine les protons dans le volume adéquat ; leur réacteur nucléaire géant est stable et la production d'énergie régulée...

La vie devant soi

Brillante étoile, que n'ai-je ta constance ?

JOHN KEATS

Libérée au centre, l'énergie du Soleil est rayonnée sous forme de photons (particules de lumière). Mais un photon a encore un long chemin à parcourir avant d'atteindre la surface et de s'échapper librement dans l'espace interplanétaire, où il ira ébouriffer la chevelure des comètes et réchauffer la croûte glaciale des planètes. Contrairement à ce que l'on pourrait penser, un photon émis au centre du Soleil et voyageant à la vitesse de près de 300 000 km/s ne met pas deux secondes et trois dixièmes pour franchir les 700 000 kilomètres qui le séparent de la surface. Il met en moyenne dix millions d'années ! La lumière que nous recevons à l'instant sur Terre a quitté la surface du Soleil huit minutes auparavant, mais a été engendrée en son cœur à une époque où primates et mastodontes arpentaient une Afrique encore séparée de l'Eurasie.

L'explication est simple : au lieu de filer directement en ligne droite, le photon est constamment dévié de sa trajectoire en rencontrant les innombrables électrons qui, avec les protons, composent principalement la matière stellaire. Si le cœur du Soleil s'éteignait brusquement, sa lumière continuerait à nous parvenir pendant dix millions d'années.

Les étoiles mènent ainsi une vie de routine parfaitement réglée. Presque tous les astres que l'on aperçoit dans le ciel, à l'œil nu ou au télescope, sont, à l'image du Soleil, des étoiles en pleine maturité, brûlant vigoureusement leur hydrogène au centre. Cette phase de grande stabilité durant 99 % de la vie nucléaire d'une étoile porte le nom de *Séquence Principale* (voir Appendice 1). C'est sur elle que le Soleil suit paisiblement son cours depuis cinq milliards d'années, convertissant son hydrogène en hélium. Il a parcouru la moitié du chemin.

Psaume rouge

Car le chemin du Soleil « constant » a une fin. Toute histoire qui parle de combustible s'achève dans la cendre et l'extinction. Lorsque l'hydrogène s'est épuisé à se transformer en hélium, le feu central perd son aliment et le cours paisible de la vie de l'étoile sur la Séquence Principale arrive à son terme. Vient alors l'époque des grands bouleversements.

L'épuisement du carburant se traduit immédiatement par une chute du débit des réactions thermonucléaires. L'équilibre entre gravitation et pression de radiation est de nouveau rompu en faveur de la première. L'étoile, au cœur d'hélium et à l'enveloppe d'hydrogène, s'affaisse sous son propre poids. La pression, la densité et la température augmentent ; l'hydrogène resté intact dans les couches externes commence à brûler et, à l'inverse du cœur qui se contracte, l'enveloppe se dilate.

Dans la savante alchimie de la Nature, de nombreux éléments sont susceptibles de se transmuter en d'autres éléments par le jeu de réactions thermonucléaires. Mais, plus encore que les protons porteurs d'une charge électrique élémentaire, les noyaux plus complexes ont tendance à se repousser parce qu'ils portent des charges électriques positives plus nombreuses[7]. Par conséquent, les noyaux lourds requièrent des vitesses d'agitation très élevées pour briser leurs armures électriques et fusionner entre eux. En d'autres termes, leur transmutation requiert une température plus élevée que quinze millions de degrés.

C'est ainsi que lorsque le cœur de l'étoile en contraction atteint cent millions de degrés les noyaux d'hélium fusionnent trois par trois et fabriquent des noyaux de carbone. A leur tour, ceux-ci capturent d'autres noyaux d'hélium pour fabriquer des noyaux d'oxygène. La rapidité de ces nouvelles réactions de fusion est sans commune mesure avec la patiente destruction de l'hydrogène. Elles commencent dans un véritable éclair[8] auquel l'étoile tente tant bien que mal d'ajuster sa structure. Elle met un million d'années pour y parvenir. Puis le débit d'énergie nucléaire se régularise. Pendant quelques centaines de millions d'années, la vie nucléaire de l'étoile retrouve quelque répit. L'hélium se consume en son centre et l'hydrogène dans les couches plus superficielles. Mais l'ajustement a demandé un certain prix. Plus que la grenouille de la fable, l'étoile a dû gonfler démesurément pour adapter sa structure à l'augmentation de sa luminosité. Son volume s'est accru d'un milliard. Ce faisant, elle a changé de couleur, car en s'éloignant de plus en plus du foyer central les couches superficielles se sont refroidies. L'étoile est devenue une *géante rouge*.

Malgré leur faible température de surface, les géantes rouges sont extrêmement lumineuses car leur extension spatiale est gigantesque. Le panthéon des étoiles les plus brillantes à l'œil nu est rempli de géantes rouges : Bételgeuse, Aldébaran, Arcturus, Antarès. Le Soleil lui-même deviendra un « monstre » rouge dans cinq ou six milliards d'années. Dès que son cœur aura brûlé l'hydrogène, notre étoile commencera à gonfler ; la petite planète Mercure, à soixante millions de kilomètres seulement, sera vaporisée, l'atmosphère de Vénus sera soufflée, les océans de la Terre

7. Plus un atome est lourd, plus son noyau contient de protons et plus il est chargé. Les noyaux contiennent aussi des particules non chargées, les *neutrons,* voir chapitre 6.

8. Que l'on appelle le « flash de l'hélium ».

entreront en ébullition. Puis le Soleil se dilatera encore et ravagera la Terre. Le rayon maximal du futur Soleil dans sa phase de géante rouge englobera les cent cinquante millions de kilomètres de l'orbite terrestre. Le résidu calciné de notre planète circulera dans l'atmosphère torride mais extraordinairement ténue du Soleil géant : la densité des couches extérieures d'une géante rouge est plus faible que celle du meilleur vide obtenu en laboratoire terrestre !

5. Cendre et diamant

L'histoire d'une étoile est loin de s'achever au stade de la géante rouge, car la gravitation y est plus que jamais à l'œuvre. Le destin d'une étoile est tout entier inscrit dans sa masse[1]. Plus celle-ci est grande, plus l'étoile évolue vite, dépensant sans compter ses réserves nucléaires. Si la vie nucléaire du Soleil dure douze milliards d'années, celle des étoiles dix fois plus massives est mille fois moindre. De plus, leur production n'est pas la même. Les plus massives sont les plus prolifiques en éléments lourds, j'y reviendrai au chapitre suivant. Pour l'instant, suivons le destin des étoiles plus modestes. Le Soleil est l'une d'elles.

Leur cœur de carbone et d'oxygène, forgé dans la phase de géante rouge, est voué à rester thermonucléairement inerte. Il n'est pas suffisamment comprimé par le poids de l'enveloppe. Mais tout autour l'activité continue. Les couches d'hydrogène et d'hélium entrent tour à tour en combustion, rongent peu à peu la totalité de l'étoile en se propageant vers la périphérie pour y trouver du combustible. Dans ce « grignotement » parcimonieux, le débit d'énergie ne peut plus supporter le poids des couches que par intermittence. L'étoile agonisante, déstabilisée, entre en pulsations pendant plusieurs milliers d'années. Elle qui avait été un modèle de régularité se met à varier inconsidérément, se gonflant et se dégonflant comme un ballon de baudruche, éjectant à chaque pulsation une bouffée de gaz. Enfin, elle se débarrasse de son enveloppe et laisse son cœur, carbonisé et oxygénisé, à nu.

Le gaz abandonné – la cendre – forme une *nébuleuse pla-*

1. Tout au moins le destin d'une étoile « célibataire », celui des étoiles doubles étant soumis à d'autres facteurs dont je parlerai plus loin.

nétaire. Le cadavre stellaire recroquevillé, promis à un destin de diamant, forme une *naine blanche.*

Les nébuleuses planétaires

Le dégazage spectaculaire en nébuleuse planétaire guette non seulement le Soleil mais n'importe quelle étoile *moyenne* dont la masse est comprise entre une et huit masses solaires[2]. Les étoiles plus petites sont si économes qu'elles n'ont pratiquement pas évolué depuis leur naissance, tandis que les étoiles plus massives brûlent à toute allure pour achever rapidement leur existence en une titanesque explosion.

La première nébuleuse planétaire fut découverte en 1779 par Antoine Darguier, dans la constellation de la Lyre. Il la décrivit comme un corps « aussi grand que Jupiter » et ressemblant à une planète. D'autres astres semblables furent rapidement répertoriés. William Herschel, musicien et découvreur d'Uranus, donna à cette nouvelle catégorie de corps célestes le nom de « nébuleuses planétaires », d'une part parce qu'ils étaient nébuleux, d'autre part parce que Herschel croyait qu'ils pouvaient expliquer la formation des planètes. Il se trompait sur ce point, mais l'adjectif « planétaire » est resté et fait partie des anomalies de la nomenclature astronomique. Le nom même de nébuleuse, pour le moins imprécis, ne reflète que les performances modestes des instruments de l'époque. C'était encore le temps où l'astronomie se réduisait à une sorte de botanique du ciel, consistant à épeler le contenu d'un monde où l'homme savait à peine lire. L'un de ces grands botanistes fut Charles Messier. Intéressé au premier chef par les comètes (Louis XV ne l'avait-il pas surnommé « le Furet des Comètes » ?), il établit en 1781 un catalogue de 103 astres nébuleux ressemblant plus ou moins à des comètes mais ne se déplaçant pas, comme elles, dans le ciel. Grâce à lui, les chasseurs de comètes ne confon-

2. Par la suite, le symbole $M_\odot$ désignera la masse du Soleil, 2×10^{33} grammes, considérée comme unité de masse astronomique.

draient plus leur gibier avec ces taches floues et fixes, à la nature mystérieuse.

On sait aujourd'hui que le catalogue de Messier – encore utile aux astronomes amateurs – rassemble des objets de natures très diverses, allant de nébuleuses planétaires (celle de la Lyre y porte le numéro 57) à de véritables galaxies extérieures composées chacune de centaines de milliards d'étoiles, en passant par des nuages interstellaires et des amas d'étoiles appartenant à notre propre Galaxie.

Une palette de couleurs

Pour quelle raison les nébuleuses planétaires, résidus de gaz éjecté par une petite étoile agonisante, comptent-elles parmi les astres les plus spectaculaires ? Parce que leur gaz intercepte le rayonnement émis par la surface incandescente de l'étoile centrale. Un corps chauffé à plus de vingt mille degrés ne rayonne pas de la lumière visible, mais *ultraviolette*. Ce type de rayonnement transporte plus d'énergie que la lumière visible[3] et il est capable d'exciter les atomes de la nébuleuse ; sous le bombardement incessant des photons, les électrons sautent sur des orbites d'énergie supérieure puis retombent en émettant un rayonnement à la couleur caractéristique : le gaz devient *fluorescent*. Chaque atome qui le constitue (hydrogène, carbone, oxygène) absorbe la radiation ultraviolette et la réémet dans d'autres longueurs d'onde dont la couleur est en quelque sorte une signature de l'élément.

C'est dans les régions internes de la nébuleuse, les plus proches de l'étoile centrale, donc les plus exposées au rayonnement ultraviolet, que l'oxygène et l'azote sont excités et rayonnent dans leur couleur caractéristique qui est verte. Dans les régions périphériques, le rayonnement ultraviolet est affaibli par l'absorption et ne parvient plus à exciter que l'hydrogène, qui réémet dans sa couleur rouge.

Une nébuleuse planétaire est un astre qui évolue rapide-

3. Voir *Tableau 1*.

ment. Son diamètre maximal ne dépasse pas une année-lumière. Son gaz, en expansion à des vitesses de 10 à 30 km/s, finit par se diluer totalement dans l'espace interstellaire en moins de cent mille ans. C'est une durée si brève à l'échelle astronomique que l'on estime à 20 000 ou 50 000 seulement le nombre total de nébuleuses planétaires dans notre Galaxie, nées au rythme d'une ou deux par an. Et encore n'en observe-t-on qu'un millier, les autres étant cachées par la poussière du disque galactique.

Le jardin des naines blanches

> *Des objets étranges, qui persistent à montrer un type spectral sans rapport avec leur luminosité, mais qui peuvent finalement nous en apprendre plus que les astres rayonnant selon la règle.*
>
> ARTHUR EDDINGTON, 1922

Si la cendre des nébuleuses planétaires intéresse à plus d'un titre les astronomes, ne serait-ce que parce qu'elle ensemence le milieu interstellaire en carbone, azote ou oxygène, le sort de l'étoile résiduelle est encore plus passionnant, tant pour des raisons observationnelles que théoriques.

Après l'énorme dilatation caractéristique de la phase de géante rouge et la chute irréversible du débit des réactions thermonucléaires, l'étoile dégaze et se recontracte jusqu'aux dimensions de la Terre : quelques milliers de kilomètres de diamètre. Concentrée sur une surface aussi réduite, la température devient si ardente que l'étoile est littéralement *chauffée à blanc*. Ces deux caractéristiques, taille minuscule et température de surface élevée, lui donnent son nom de *naine blanche*.

L'irruption des naines blanches dans l'histoire de l'astronomie remonte à 1834, lorsque Friedrich Bessel étudia en détail le mouvement propre de Sirius, l'étoile la plus brillante du ciel. Superposées à son lent mouvement de rotation autour du Centre de la Galaxie, de légères perturbations périodiques prouvent que Sirius appartient à un système *double*, la masse de son compagnon étant très voisine de celle du Soleil. A cette distance, un partenaire de type solaire aurait dû être visible ; or, il ne l'était pas. L'étoile mystérieuse, baptisée Sirius B, ne fut découverte que trente ans plus tard par Alvan Clarke. Son éclat, dix mille fois plus faible que celui de son partenaire, n'est qu'un lampion noyé dans une aveuglante lumière.

Avec une luminosité aussi modeste, tout laissait supposer que la température régnant à la surface de Sirius B devait être faible. Or, en 1917, Walter Adams prit son spectre et lui trouva une couleur blanche (soit 8 000 °K), au lieu de la couleur rouge attendue (1 300 °K). Comment concilier faible éclat et forte température ? En se souvenant que la luminosité d'un astre dépend non seulement de sa température mais aussi de sa taille. L'explication la plus plausible du pâle éclat de Sirius B est donc un rayon extrêmement petit pour une étoile : trois fois le diamètre de la Terre seulement.

On retrouve ici une situation typique de la recherche scientifique (qui ne la rend que plus excitante) : sitôt un problème résolu, d'autres, jusqu'ici ignorés, surgissent. Dans le cas du compagnon de Sirius, on résout le problème de la luminosité en réduisant la taille de l'étoile à celle d'une planète. Mais un corps aussi petit qu'une planète et aussi massif que le Soleil doit avoir une densité moyenne de... *huit cents kilogrammes par centimètre cube*, soit quarante mille fois plus que les métaux les plus denses connus sur Terre tels que l'or ou le platine ! Pour obtenir en laboratoire une telle concentration de matière, il faudrait enfermer la tour Eiffel dans un cube de trente centimètres de côté...

Ces nombres étaient tellement surprenants pour les physiciens des années 1920 qu'ils furent qualifiés d'« absurdes » par Arthur Eddington lui-même[4]. Pourtant, les faits les attestaient et la théorie doit toujours s'accommoder de l'évidence de l'observation. D'autant plus que Sirius B n'était pas la pre-

4. La nouvelle décrivant les extraordinaires caractéristiques de Sirius B, parue dans les grands quotidiens, fut colportée en Afrique par des missionnaires jésuites. Quelques années plus tard, un anthropologue français, Marcel Griaule, apprit avec stupeur que Sirius B jouait un rôle-pivot dans la cosmologie des Dogon, une peuplade vivant au Mali. Griaule crut naïvement qu'il s'agissait d'un mystérieux savoir très ancien.

mière étoile connue à s'écarter de la « norme » : le compagnon de l'étoile 40 Eridan s'était déjà signalé par une température de surface sans rapport avec son éclat. Alors, au cours des années suivantes qui virent la liste des naines blanches s'allonger rapidement, il devint urgent de trouver une explication à ce mystère : de quoi sont faites les naines blanches ?

La matière dégénérée

Jusqu'au début du XXe siècle, les physiciens n'envisageaient même pas l'existence d'états de la matière beaucoup plus concentrés que ceux que l'on observe sur notre planète. De l'eau aux rochers, en passant par le bois ou le corps humain, les densités ont toutes le même ordre de grandeur : quelques grammes par centimètre cube. Il fallut attendre l'éclosion de la théorie de la Mécanique Quantique pour comprendre pourquoi la matière usuelle a cette propriété.

Dans un atome, les électrons négatifs sont liés au noyau positif par des forces d'attraction électriques et sont animés d'un mouvement incessant. De même que les chocs répétés des molécules d'un gaz contre les parois d'un récipient exercent une pression, les électrons liés au noyau sont responsables d'une pression empêchant la matière de se contracter au-delà d'une certaine limite. Celle-ci est déterminée par le *Principe d'Exclusion*, découvert par Wolfgang Pauli en 1925.

En termes imagés, ce principe fondamental de la physique des particules établit l'existence de cellules élémentaires ne pouvant contenir au plus que deux habitants. Dans la matière « ordinaire » (celle dont la densité est voisine de celle de l'eau), la plupart des cellules sont inoccupées. C'est en ce sens que l'on peut dire qu'il y a beaucoup de « vide » dans la matière : chacun de ses atomes est constitué d'un noyau qui rassemble pratiquement toute la masse, entouré d'électrons circulant sur des orbites si lointaines que, si le noyau avait la taille d'une bille, l'atome mesurerait deux kilomètres.

Mais, en même temps qu'elle explique une propriété de la matière remarquée depuis toujours, la Mécanique Quantique prédit l'existence possible d'états de la matière dits *dégénérés*, caractérisés par le fait que toutes les cellules élémentaires sont occupées par des particules.

Tous les types de matière ne se prêtent pas à la dégénérescence. Les particules élémentaires se divisent en deux catégories dont les comportements collectifs diffèrent complètement à grande densité ou à très basse température : les *fermions* (du nom du physicien italien Enrico Fermi) et les *bosons* (du physicien indien S. Bose, qui collabora avec Einstein sur le sujet). La caractéristique essentielle qui différencie ces deux vastes familles de particules élémentaires est leur *spin*. Le spin est une propriété intrinsèque d'une particule élémentaire associée à son moment angulaire[5]. La Mécanique Quantique a notamment révélé que le spin des particules est *quantifié*, c'est-à-dire qu'il ne peut prendre que des valeurs discrètes, multiples entiers ou demi-entiers d'une unité fondamentale appelée « constante de Planck normalisée » $\hbar$. Dans la vie de tous les jours, la discrétion du spin passe totalement inaperçue pour la bonne raison que, $\hbar$ étant une quantité extrêmement petite, les objets macroscopiques qui nous entourent ont un spin gigantesque. Le spin d'une simple toupie d'enfant s'élève déjà à $10^{30}\,\hbar$! Ce n'est donc qu'à l'échelle atomique que se manifeste la discontinuité du spin, ainsi que celle d'autres grandeurs physiques quantifiées comme l'énergie.

La distinction entre fermions et bosons vient de ce que les fermions ont des spins demi-entiers ($1/2\,\hbar$, $3/2\,\hbar$, etc.) tandis que les bosons ont des spins entiers ($0\,\hbar$, $1\,\hbar$, $2\,\hbar$, etc.). Les constituants fondamentaux des atomes : protons, neutrons et électrons, sont des fermions de spin $1/2\,\hbar$, tandis que le photon, particule de lumière, est un boson de spin $1\,\hbar$. Pauli a démontré cette propriété capitale : *deux fermions identiques ne peuvent pas se trouver dans le même état quantique*, la règle ne s'appliquant pas aux bosons. Il s'agit là d'une loi profonde excluant les regroupements trop serrés de fermions. Voyons plus en détail comment elle fonctionne.

Dans un atome, l'état quantique d'un électron est défini par son énergie (fixée par l'orbite sur laquelle il se trouve) et par

5. En gros, le produit de son rayon par sa vitesse de rotation propre.

l'orientation de son spin. Ce dernier peut prendre deux orientations, « haut » ou « bas », selon qu'il tourne dans le même sens ou non que son orbite. En vertu du Principe d'Exclusion de Pauli, on en déduit qu'une orbite d'énergie donnée peut tout au plus être occupée par deux électrons, prenant les deux orientations de spin possibles. La présence sur la même orbite de tout électron supplémentaire est interdite par la Nature.

Considérons maintenant un gaz d'électrons contenu dans une boîte. Un état quantique de l'électron est cette fois défini par son énergie, son moment linéaire[6] et son spin. Selon la Mécanique Quantique, l'énergie et le moment sont aussi des grandeurs « quantifiées », ne pouvant prendre que des valeurs discrètes. On en déduit que, si l'on confine des électrons dans un volume de plus en plus réduit, il arrive un moment où tous les niveaux d'énergie et de moment sont occupés par des électrons ayant toutes les orientations de spin possibles. Le Principe d'Exclusion entre alors en action et interdit de peupler davantage le volume. En conséquence, les électrons se mettent subitement à résister à toute compression extérieure supplémentaire en exerçant une pression « quantique » interne colossale, appelée *pression de dégénérescence*. La propriété caractéristique de cette pression est d'être indépendante de la température, contrairement à la pression d'un gaz ordinaire qui est d'autant plus grande que le gaz est plus chaud.

Les naines blanches dévoilées

La pression était sur moi, mais j'ai bien résisté !

Une étoile du tennis mondial

C'est l'Anglais Ralph Fowler qui sut le premier appliquer les prédictions de la Mécanique Quantique à l'Astrophysique. Dès 1925, il suggéra que la force de compression gravitationnelle d'une étoile non soutenue par une pression de radiation

6. Produit de sa masse par sa vitesse.

interne est capable de forcer les électrons à occuper tous les états possibles, et que l'effondrement des naines blanches doit être arrêté par la pression de dégénérescence des électrons.

Peu après, William Anderson prouva que pour des densités dépassant une tonne par centimètre cube la vitesse d'agitation des électrons approche celle de la lumière ; on dit dans ce cas que les électrons sont *relativistes*, pour signifier que leur mouvement n'obéit plus aux lois de la Mécanique Galiléenne mais à celles de la Relativité Restreinte. Or, toujours d'après la Mécanique Quantique, pour une densité donnée les particules relativistes exercent moins de pression que les particules lentes. C'est la raison profonde pour laquelle les naines blanches ne peuvent pas être arbitrairement massives.

C'est à l'astrophysicien indien Subrahmanyan Chandrasekhar que l'on doit cette découverte capitale qui allait révolutionner l'astrophysique théorique. Dans un célèbre article de 1931, il prouva l'existence d'une masse maximum des naines blanches et la calcula : 1,4 $M_\odot$. Cette solution souleva une vive controverse, Eddington la jugea absurde ; avec le résultat de Chandrasekhar[7], le sort ultime des étoiles beaucoup plus massives que le Soleil devenait mystérieux. Mais Chandrasekhar avait raison. On estime aujourd'hui que les étoiles rassemblant à leur naissance jusqu'à 8 $M_\odot$ forment quand même des naines blanches de 1,4 $M_\odot$, car au cours de leur vie elles perdent tant de gaz sous forme de vent stellaire qu'elles finissent par réduire leur masse à la limite de Chandrasekhar. Quant au destin des étoiles encore plus massives, il sera élucidé peu après la théorie des naines blanches avec celle prédisant les *étoiles à neutrons* et les *trous noirs*.

7. Chandrasekhar fut également l'auteur des premiers travaux importants sur la structure interne de ces extraordinaires étoiles. Par la suite, il aborda avec le même succès de nombreux domaines de l'astrophysique théorique et il obtint le prix Nobel en 1983.

Chaud et froid

Point final de l'évolution des étoiles peu massives, les naines blanches sont nombreuses dans notre Galaxie. On estime qu'elles représentent actuellement dix pour cent de toutes les étoiles (soit une dizaine de milliards), et cette proportion ne peut que croître au cours de l'évolution.

Dans cette multitude, à peine quelques milliers sont répertoriées. Leur luminosité est si faible que seules les naines blanches très proches de nous peuvent être détectées. L'une des méthodes pour découvrir des naines blanches isolées consiste justement à recenser les étoiles à grand mouvement propre – donc voisines –, puis de prendre leur spectre pour en déterminer la couleur. Leur position sur un diagramme couleur-luminosité (voir Appendice 1) indique alors sans ambiguïté s'il s'agit bien de naines blanches ou d'étoiles de faible masse.

Approchons-nous maintenant d'une naine blanche. Plus elle est massive (jusqu'à la valeur limite de 1,4 $M_{\odot}$), plus son rayon est petit ; cela revient à dire que la gravitation favorise la contraction et le resserrement de la matière dégénérée. A l'intérieur d'une naine blanche, les structures atomiques sont détruites et les électrons, déliés des noyaux, se meuvent librement au sein d'une « mer dégénérée ». Malgré l'entassement extrême des électrons, il reste encore beaucoup de place ; les noyaux restent tellement distants par rapport à leur dimension propre qu'ils se comportent comme les molécules de l'air !

La structure mécanique d'une naine blanche dépend essentiellement du comportement de la mer d'électrons, tandis que sa structure thermique dépend du mouvement des noyaux. Comme les électrons dégénérés conduisent très bien la chaleur, l'intérieur d'une naine blanche ressemble à un morceau de métal incandescent. La température interne atteint cent millions de degrés pour les naines blanches fraîchement formées et tombe à quelques millions pour les naines blanches âgées. L'énergie thermique, bien qu'associée à une température très élevée, reste beaucoup plus petite que l'énergie de masse au repos des électrons. Cela prouve que la température joue un rôle tout à fait négligeable dans l'équilibre d'une naine blanche. En fait, bien que plus chaude que le Soleil, une naine blanche se modélise correctement comme si elle avait une *température strictement nulle*. A ce titre, les naines blanches représentent l'un des états d'équilibre *froids* de la matière (voir Appendice 2).

L'intérieur d'une naine blanche est protégé du froid interstellaire par un manteau mince de quelques kilomètres, très opaque et isolant, constitué de matière non dégénérée dont la température n'excède pas cent mille degrés. C'est cette température de surface, dix fois supérieure à celle du Soleil, qui est responsable de la luminosité ; mais comme la surface émissive s'est rétractée comme une peau de chagrin, l'éclat total reste faible, ce qui rend les naines blanches semblables à de pâles fantômes bien difficiles à déceler à grande distance.

L'âge de cristal

Puisque aucune réaction thermonucléaire ne lui insuffle d'énergie nouvelle, une naine blanche se refroidit à mesure qu'elle émet du rayonnement. Mais la naine blanche est de nature économe. Une fois formée, elle met des milliards d'années à se rafraîchir. Au début, les noyaux non dégénérés se déplacent librement, comme dans un gaz ordinaire, et c'est leur énergie cinétique qui est responsable de la température. Lentement dissipée par le rayonnement, il arrive fatalement un moment où cette énergie devient plus petite que l'énergie électrostatique des noyaux, qui a tendance à les emprisonner dans les mailles d'un réseau rigide. Les mouvements commencent à se figer, les noyaux se réordonnent en *réseau cristallin*, tandis que les électrons dégénérés continuent à errer librement au sein du cristal. La naine blanche vieillie cesse pratiquement d'émettre et se transforme en un cristal géant plus dur que le diamant. Elle est devenue une *naine noire*.

Le noircissement d'une naine est si lent qu'il est bien possible qu'aucune naine noire ne se soit encore formée depuis le début de l'Univers et l'apparition des premières étoiles, il y a quinze milliards d'années. Tout est affaire de patience. Le Soleil, actuellement à mi-chemin sur la Séquence Principale, abordera dans cinq milliards d'années son « troisième âge » sous forme de nébuleuse planétaire. Il s'agitera brièvement pendant cent mille ans, se consumera paisiblement en l'état de naine blanche pendant encore dix milliards d'années et finalement s'éteindra doucement en un interminable âge de cristal.

Des lendemains qui scintillent

Les astres célibataires, à l'instar du Soleil, sont minoritaires. Plus de la moitié des étoiles de la Galaxie vivent en couple. Certaines entretiennent même des relations (gravitationnelles) très étroites avec deux, trois, voire quatre partenaires. La naine blanche Sirius B a un compagnon, mais leur liaison est trop distante pour influencer sa destinée ; comme une naine blanche isolée, elle est probablement vouée à un inexorable refroidissement. Mais lorsque la vie de couple est plus serrée l'évolution à long terme d'une naine blanche peut être transfigurée.

La cause essentielle de ce bouleversement est le *transfert de matière* entre les deux partenaires. Le compagnon d'une naine blanche, qu'il soit très proche ou qu'il se trouve dans une phase de grande extension spatiale (géante rouge), peut se faire progressivement soutirer son enveloppe par la naine blanche. Généralement, le gaz arraché ne peut choir directement à la surface de la naine blanche du fait des forces centrifuges engendrées par le mouvement orbital. Il s'accumule plutôt dans une structure plus ou moins aplatie, en orbite autour de la naine blanche, que l'on appelle un *disque d'accrétion (figure 19)*. L'impact sur le disque du courant gazeux en provenance du compagnon produit un échauffement local très important, une *tache chaude*, qui peut à elle seule briller comme une étoile et révéler indirectement la présence de la

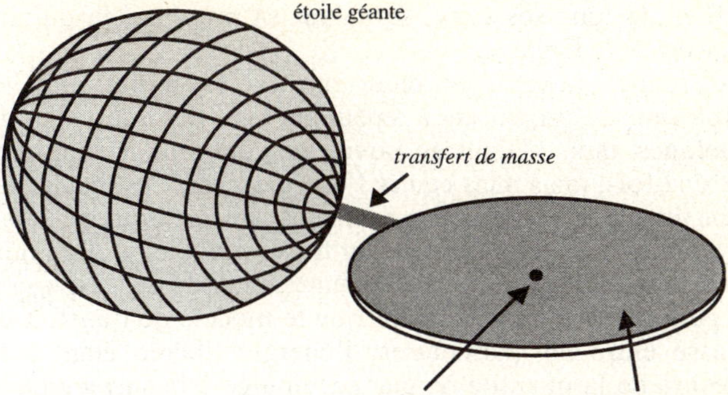

Figure 19 : Disque d'accrétion dans un système binaire composé d'une étoile géante et d'une étoile compacte.

naine blanche. Dans d'autres cas, notamment si la naine blanche est fortement magnétisée, le disque ne parvient pas à se former et le gaz est canalisé le long des lignes de champ magnétique en direction des calottes polaires de la naine blanche. Là, il vient s'écraser et produit un rayonnement optique, ultraviolet ou même X qui illumine erratiquement la naine blanche. Celle-ci devient visible sous forme de *variable cataclysmique*.

A cet état de stabilité toute relative se superposent souvent des épisodes de fièvre intense et subite, connus sous le nom de *novæ*, les « étoiles nouvelles ». A l'origine, l'expression désignait la classe des astres dont la luminosité se mettait à augmenter brusquement pour décroître ensuite lentement. En fait, les novæ regroupent des catégories de phénomènes assez divers, mais dont le point commun est de mettre en jeu un astre compact dans un système binaire.

Le mécanisme de la nova est vraisemblablement une *explosion thermonucléaire de surface*. Du gaz se dépose continuellement sur la naine blanche, où il est comprimé et chauffé par le champ gravitationnel. A un certain stade critique, l'hydrogène – son principal constituant – fusionne de façon brutale et la couche superficielle de la naine blanche explose. Durant quelques semaines, la naine blanche se met à briller de tous ses feux, signalant sa présence jusqu'aux confins de la Galaxie.

Certaines novæ sont récurrentes, c'est-à-dire que les explosions se produisent à répétition, avec des intervalles de quelques mois. D'autres novæ au contraire n'explosent qu'une fois, mais dans ce cas l'énergie libérée est beaucoup plus grande. L'une des plus brillantes jamais observée, Nova Cygni 1975, a dispensé pendant trois jours l'éclat d'un million de soleils. Cette corrélation entre intensité de l'explosion et période de récurrence confirme le modèle de transfert de masse entre les partenaires, l'énergie libérée étant à la mesure de la quantité de gaz accumulée à la surface de la naine blanche.

Le mécanisme de transfert de masse entre une étoile « normale » et un compagnon « compact » joue un rôle crucial dans la plupart des phénomènes astronomiques très énergétiques. Ce point sera abordé plus en détail dans la 4e partie, car il s'avère qu'une vie de couple très étroite peut aussi permettre à certains trous noirs de manifester avec éclat leur existence, alors qu'isolés ils resteraient parfaitement invisibles...

6. Supernova

L'escalade nucléaire

La Nature ne réduit pas son inventaire chimique à l'hydrogène, l'hélium, le carbone et l'oxygène. La matière vivante, le bois, la terre ou le roc ont aussi besoin du silicium, du magnésium, du phosphore, du soufre, du fer et de quantité d'atomes « lourds », dont le noyau contient plus de vingt protons et neutrons. Quel est le forgeron de ces éléments, si le Soleil et la plupart des étoiles échouent ?

Ce sont des étoiles encore, mais seulement une minuscule frange d'entre elles : les plus grosses. Ce n'est qu'au-dessus de 8 $M_{\odot}$ qu'une étoile, quittant la Séquence Principale, dispose de ressources suffisantes pour fabriquer des noyaux lourds. Le creuset, c'est le cœur de l'étoile écrasé par le poids de l'enveloppe. Le matériau de départ est la cendre de l'hydrogène et de l'hélium, c'est-à-dire le carbone et l'oxygène. L'amorce, c'est la montée de la température à six cents millions de degrés.

Là, le carbone ne résiste plus ; les noyaux se ruent les uns sur les autres, s'agglutinent et fabriquent du néon et du magnésium. Toute une chaîne de fabrication s'instaure alors, car chaque réaction thermonucléaire nouvelle libère de l'énergie, augmente la température et permet d'autres transmutations. A un milliard de degrés, le néon s'empare d'un noyau d'hélium et se change en magnésium. A un milliard et demi de degrés, l'oxygène brûle à son tour, engendrant toute une gamme de noyaux plus lourds : soufre, silicium, phosphore. A trois milliards de degrés, le silicium se consume et déclenche plusieurs centaines de réactions nucléaires qui aggravent la fournaise. Et ainsi de suite... Dans la folle agitation de plusieurs milliers de réactions, des noyaux de plus en plus lourds, de plus en plus riches, sont forgés. Les dernières étapes de la vie d'une étoile massive s'intensifient au paroxysme car plus les noyaux formés sont lourds, plus leur combustion est brève. Pour une étoile « modèle » de 25 $M_{\odot}$, la combustion du carbone dure 600 ans, celle du néon un an, celle de l'oxygène 6 mois, celle du silicium un jour.

L'oignon géant

A ce rythme, l'escalade nucléaire ne peut pas continuer indéfiniment. Le « flot » des éléments transmutés converge vers un noyau atomique bien précis : le *fer*. Or, ce noyau est magique ; les cinquante-six protons et neutrons qui le constituent sont tellement soudés entre eux qu'aucune énergie de fusion ne peut plus leur être arrachée. Le fer est la cendre finale du cœur des étoiles massives.

Composée d'un cœur thermonucléairement inerte et de couches entrant successivement en combustion, l'étoile doit constamment réajuster son équilibre en dilatant son enveloppe. Elle s'enfle démesurément et se transforme en *supergéante rouge*.

Les supergéantes rouges sont les plus grosses étoiles de l'Univers. Si l'on en plaçait une au centre du Système Solaire, elle engloberait l'orbite de toutes les planètes jusqu'à Pluton, à cinq milliards de kilomètres. La structure interne d'une supergéante rouge est parfois appelée *pelure d'oignon*, pour signifier en termes imagés qu'elle est constituée d'un amoncellement de couches concentriques brûlant des éléments chimiques différents *(figure 20)*. Les plus légers brûlent à la périphérie, là où la température est la plus basse, les plus lourds dans les couches internes, juste autour du cœur inerte de fer.

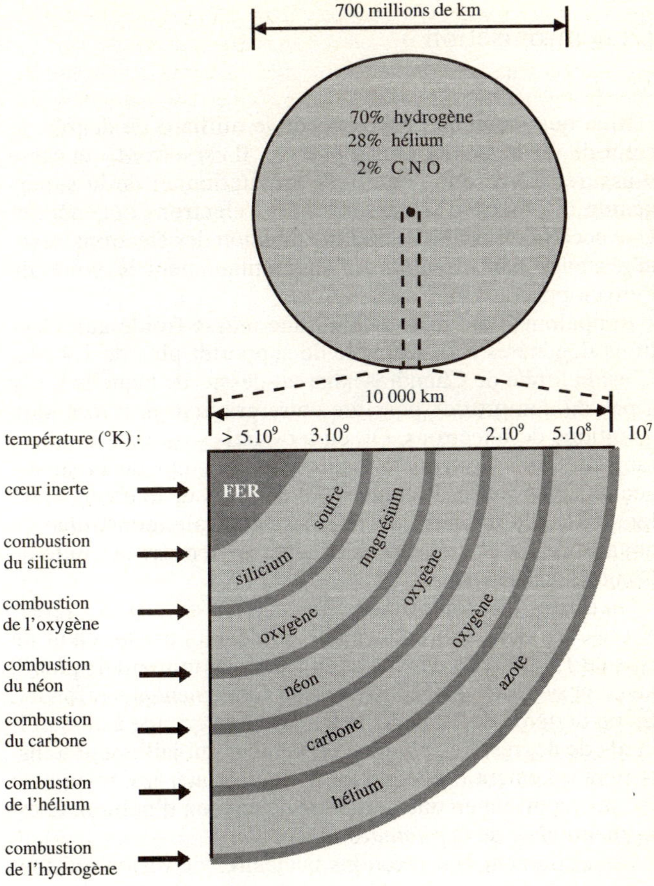

Figure 20 : Structure en « pelure d'oignon » d'une étoile massive super-géante avant l'explosion en supernova. La composition chimique de chaque couche est le produit des réactions thermonucléaires se déroulant à des régimes de température et de densité croissantes à mesure que l'on s'enfonce dans l'étoile.

La neutronisation

Bien que sa température excède le milliard de degrés, le cœur de fer ne débite plus d'énergie. Il est « froid » et cesse d'assurer à lui seul l'équilibre gravitationnel de la supergéante. Sa matière se resserre et les électrons dégénèrent. Une accalmie survient, l'énorme pression des électrons dégénérés parvenant à supporter momentanément le poids de l'enveloppe.

Rappelons-nous maintenant : une masse froide aux électrons dégénérés est incapable de supporter plus de 1,4 $M_{\odot}$. C'est la limite de Chandrasekhar au-dessus de laquelle il n'y a pas de compromis possible entre gravitation et pression quantique des électrons. Or, du fer « frais » est constamment fabriqué dans les couches entourant le cœur de la supergéante. Plus lourd, il coule et se dépose sur le cœur. Vient fatalement le moment où la masse centrale, constituée de noyaux de fer et d'électrons dégénérés, dépasse la limite de Chandrasekhar.

On estime que toute étoile plus massive que 10 $M_{\odot}$ (cœur et couches compris) est capable de développer un cœur de plus de 1,4 $M_{\odot}$. La densité atteint alors un milliard de g/cm^3. Le cœur de matière dégénérée lâche subitement et s'effondre. En un dixième de seconde, la température grimpe à cinq milliards de degrés. Les photons de lumière qui jaillissent transportent tellement d'énergie qu'ils font éclater les noyaux de fer, les réduisant en une poussière de noyaux d'hélium. C'est le phénomène de la *photodésintégration*.

Contrairement aux réactions nucléaires de fusion qui font grossir les noyaux et libèrent l'énergie, la photodésintégration *brise* les noyaux et *absorbe* l'énergie. Il ne peut rien arriver de plus catastrophique pour l'équilibre du cœur ; de moins en moins apte à faire face à l'écrasement, sans cesse tassé, il voit sa température encore augmenter, jusqu'à ce que les noyaux d'hélium eux-mêmes se désintègrent en leurs constituants les plus élémentaires : protons, neutrons et électrons. Mais à de telles températures les électrons sont agités de vitesses proches de celle de la lumière. Alors, bien que dégénérés, ils deviennent incapables de résister davantage à la compression. En un dixième de seconde ils sont poussés à l'intérieur même des protons. Leurs charges électriques se neutralisent. Des *neutrons* sont créés, accompagnés d'une copieuse bouffée de *neutrinos*.

Le neutrino (qui signifie « petit neutre ») est une particule élémentaire dont l'existence fut prédite en 1931 par Pauli avant d'être détectée expérimentalement en 1956. Le neutrino a d'ordinaire si peu d'interactions avec la matière qu'il peut en traverser de larges épaisseurs sans être arrêté ni même dévié de sa course. Mais dans le cœur d'une étoile massive en implosion le déluge de neutrinos libérés par la neutronisation transporte tant d'énergie que l'enveloppe stellaire « encaisse » le choc et en recueille une partie substantielle. Le reste s'échappe de l'étoile à la vitesse de la lumière et va parcourir sans plus aucune résistance le milieu interstellaire.

Quant au neutron, c'est avec le proton le constituant des noyaux atomiques (un *nucléon*). Il n'a été découvert qu'en 1932 car il ne sait pas vivre seul. Dès qu'il se trouve exilé d'un noyau, son existence est très limitée ; en une dizaine de minutes il se désintègre spontanément, abandonnant sa neutralité électrique pour engendrer un proton, un électron et un antineutrino[1].

Venons-en maintenant au point capital : son spin étant demi-entier, le neutron est un *fermion*. Tout comme l'électron, il obéit donc au Principe d'Exclusion de Pauli. Son « volume d'occupation » est toutefois beaucoup plus réduit : la séparation entre deux neutrons peut descendre jusqu'à 10^{-13} centimètre, c'est-à-dire que les neutrons peuvent se toucher. Par conséquent, la neutronisation s'accompagne d'une véritable *implosion* de la matière, un accroissement prodigieux de la densité vers un état dégénéré. Un quart de seconde après le début de l'effondrement gravitationnel du cœur, la densité de 10^{14} g/cm^3 est atteinte (cent millions de tonnes dans un dé à coudre). C'est la densité des noyaux ato-

1. L'antineutrino est l'antiparticule du neutrino. La désintégration d'un neutron célibataire n'est autre que la réaction inverse de la capture électronique par un proton, qui se produit dans le cœur des étoiles effondrées.

miques, un peu comme si dans la matière ordinaire on enlevait tous les électrons pour ne garder que les noyaux que l'on mettrait en contact. En termes imagés, on peut dire qu'il n'y a plus de « vide » dans le cœur de l'étoile, devenu une sorte de noyau atomique géant constitué principalement de neutrons. Ce nouvel état dégénéré de la matière, beaucoup plus condensé qu'une naine blanche, est une *étoile à neutrons*.

Blow out

Lorsque la matière atteint la densité nucléaire, elle devient pratiquement incompressible. Les couches extérieures de l'étoile, non neutronisées, qui s'effondraient sur le cœur à la vitesse de 40 000 km/s, s'écrasent sur un mur incroyablement dur. Leur effondrement est stoppé net et la matière rebondit sous forme d'une *onde de choc*[2].

Dans l'effondrement gravitationnel suivi du rebond de l'enveloppe, l'onde de choc se propage depuis le centre vers l'extérieur et atteint la surface de l'étoile après quelques jours. Transportant avec elle une énergie gigantesque, elle emporte tout sur son passage et souffle littéralement l'enveloppe de l'étoile. C'est ainsi que l'« étoile modèle » de 25 $M_\odot$ dont j'ai parlé plus haut éjecte 24 $M_\odot$ et laisse un résidu de 1 $M_\odot$ sous forme d'étoile à neutrons. C'est le phénomène de la *supernova*.

L'esprit humain a du mal à se représenter le cataclysme que représente une explosion de supernova. Elle fait jaillir en quelques jours autant d'énergie que l'étoile au cours des centaines de millions d'années de sa vie antérieure sur la

2. Une onde de choc est la propagation dans un milieu matériel d'une discontinuité, c'est-à-dire d'une modification abrupte de certaines de ses propriétés physiques telles que pression, température ou densité. Dans la Nature, toutes les situations explosives s'accompagnent d'ondes de choc, qui se produisent notamment lorsque la vitesse d'expansion de la matière devient plus grande que la vitesse locale du son. Le franchissement du « mur du son », qui a lieu lorsque la vitesse d'un avion dépasse 330 m/s, s'accompagne d'une onde de choc qui se propage dans les couches atmosphériques et engendre un « bang » acoustique.

Séquence Principale. Sa luminosité s'accroît de plusieurs milliards, de sorte que pendant plusieurs jours l'étoile « nouvelle » peut briller autant qu'une galaxie tout entière.

Par comparaison, le phénomène de la nébuleuse planétaire, accompagnant la condensation d'une étoile en naine blanche, semble une mort paisible, sorte d'enterrement de seconde classe, tandis que l'explosion d'une supernova est une mort paroxystique, éjectant plus de cendre et laissant un cadavre stellaire plus concentré.

En enrichissant le milieu interstellaire de tous les éléments lourds formés dans la « pelure d'oignon », le gaz soufflé par les supernovæ joue un rôle encore plus important que celui des nébuleuses planétaires dans l'évolution des galaxies. Les vastes nuages moléculaires au sein desquels des générations entières d'étoiles se condensent sont ensemencés par les explosions des supernovæ proches. Il y a cinq milliards d'années, lorsque le Soleil et son cortège d'astéroïdes, de météorites, de comètes et de planètes se sont dégagés du nuage primitif, la Galaxie était déjà vieille de dix milliards d'années et nombre d'étoiles massives avaient déjà brûlé, dispersant leurs cendres aux quatre coins de l'espace galactique. La Terre n'a fait que recueillir les éléments lourds fabriqués dans le cœur de ces étoiles depuis longtemps disparues.

L'observation sous toutes ses coutures

Le phénomène de la supernova n'est bien entendu pas particulier aux étoiles massives de notre seule Galaxie. Mais comme la luminosité apparente d'un astre diminue rapidement avec sa distance, il a fallu attendre les grands télescopes du XXe siècle pour pouvoir détecter des supernovæ explosant dans les galaxies extérieures. A ce jour, plusieurs centaines de supernovæ sont cataloguées, apparues au rythme moyen de deux par mois, disséminées parmi les quelques milliers de galaxies voisines. On en déduit que la fréquence d'explosions de supernovæ dans une galaxie donnée doit être d'environ quatre par siècle.

L'observation du ciel à l'œil nu n'embrasse que les étoiles de notre Galaxie. Elle est consignée par écrit depuis deux mille ans. Au cours de cette période, une centaine de supernovæ a dû exploser. Pourtant, seul un petit nombre d'entre elles a été répertorié.

La raison majeure de cette rareté vient de ce que le Soleil est situé dans le disque de la Galaxie, de même que la très grande majorité des étoiles massives pourvoyeuses de supernovæ. Or, la pénétration optique en direction du disque galactique (qui, sous la voûte nocturne, correspond à la traînée claire de la Voie Lactée) est extrêmement réduite à cause des nombreuses poussières qui absorbent la lumière visible. On ne peut sonder le disque galactique que jusqu'à une distance de quelques centaines d'années-lumière, de sorte que l'on n'a accès qu'à une fraction minuscule du volume intéressant de notre Galaxie[3].

Mais les développements récents et futurs de l'astronomie observationnelle permettent ou permettront de s'affranchir de cette censure. L'explosion d'une supernova dispense non seulement des photons de lumière, mais aussi d'autres rayonnements qui peuvent franchir sans encombre l'obstacle des poussières. En particulier, des *neutrinos* sont émis à profusion et ils sont capables de traverser des années-lumière sans interagir avec la matière. Les capter sur Terre revient à entrer en possession d'une mine d'informations entièrement nouvelle sur la nature des sources qui les ont produits. Le problème est justement de les détecter ; puisqu'ils sont si peu sociables avec la matière, ils n'interagissent guère non plus avec les instruments de mesure usuels, eux aussi bien matériels !

Les réactions thermonucléaires se déroulant au cœur du Soleil produisent un flux permanent de neutrinos, dont une infime fraction est détectée sur Terre au moyen d'un vaste réservoir contenant six cents tonnes de tétrachloréthylène (C_2Cl_4), enfoui dans une mine d'or du Dakota. Un neutrino frappant un atome de chlore de cette étrange piscine se transforme en argon, lequel peut être extrait du mélange (une

3. On le verra par la suite, les rayonnements radio, infrarouge et X sont beaucoup moins absorbés et parviennent à la Terre.

variante européenne plus récente utilise le gallium pour cible). Les neutrinos des supernovæ sont plus énergétiques que les neutrinos solaires. Leurs détecteurs ont été initialement conçus à d'autres fins. Les physiciens des particules ont en effet construit de gigantesques piscines d'eau souterraines (à l'abri du rayonnement cosmique) afin d'enregistrer éventuellement la mort naturelle du proton et les éclairs de lumière qui en résultent. La question de la pérennité du proton, soulevée par les théories récentes d'unification des interactions, est d'importance puisque le proton est le constituant fondamental des noyaux atomiques. Jusqu'à ce jour, aucun proton n'a donné signe d'expiration. En revanche, les détecteurs aqueux chargés de sa surveillance sont sensibles au passage d'antineutrinos énergétiques, tels ceux émis par une supernova proche ; en interagissant avec un proton de la piscine, un antineutrino produit un neutron et un anti-électron, lequel provoque un éclair de lumière Cerenkov qui est enregistré par les milliers de capteurs photosensibles immergés dans la piscine. Cette technique a connu un succès triomphal en février 1987, lors de l'apparition de la supernova SN 1987A sur laquelle nous reviendrons plus loin.

Un autre type de rayonnement émis par les supernovæ est peut-être encore plus prometteur ; il ne s'agit plus de rayonnement électromagnétique mais *gravitationnel*[4]. Puisque la théorie de la Relativité Générale d'Einstein prédit la propagation d'ondes de courbure lorsqu'un champ gravitationnel varie rapidement, de telles ondes doivent être engendrées lors de l'effondrement d'une étoile. Vers l'an 2000, des télescopes gravitationnels pourraient être capables de détecter les signaux émis par les supernovæ explosant dans un rayon de cent millions d'années-lumière. A une telle distance, plusieurs milliers de galaxies sont accessibles et les télescopes gravitationnels pourraient déceler une fois par mois une bouffée de rayonnement.

4. La question des ondes gravitationnelles est développée au chapitre 18.

Les supernovæ historiques

En rêvant à cette astronomie de demain, il ne s'agit pas d'attendre avec résignation l'agonie d'une étoile proche. L'astronomie du passé est aussi une précieuse mine d'informations : dans la mémoire écrite de l'humanité gît un véritable trésor astronomique encore peu exploité.

Les morts cataclysmiques d'étoiles massives ont laissé des traces dans les annales de l'astronomie observationnelle bien avant l'invention des télescopes. En Extrême-Orient, les astronomes professionnels – faisant surtout office d'astrologues – étaient chargés par le Pouvoir de surveiller le ciel en permanence, afin de rapporter et d'interpréter tous les événements inhabituels. Nombre d'entre eux sont notamment consignés dans des traités astronomiques remarquablement détaillés de plusieurs dynasties chinoises, remontant à deux cents ans avant J.-C. Les traités plus anciens ont malheureusement disparu. Cette perte irréparable est due à l'orgueil démesuré d'un seul homme, Ch'in Shih-Huang, qui se proclama premier empereur « véritable » de la Chine et, considérant que l'Histoire du monde devait commencer avec son règne, ordonna en 213 avant J.-C. un immense autodafé dans lequel disparut la majorité des documents antérieurs.

Par chance, la Chine n'était pas le seul pays féru d'astronomie. Au Japon et en Corée, les observations astronomiques régulières commencèrent vers 1000 avant J.-C. A partir de cette date, il est possible de trouver des relations simultanées des mêmes événements, facilitant l'authentification de phénomènes décrits parfois de façon sibylline.

Le nombre précis de supernovæ « historiques », quelque peu incertain, ne dépasse pas la dizaine. Mais toutes les annales n'ont pas été compilées par des historiens férus d'astronomie, encore moins par des astronomes historiens spécialisés en langues orientales.

Les mentions des trois premières étoiles nouvelles observées en Chine sont plutôt succinctes. L'une serait apparue en 185 pendant vingt mois dans la constellation du Centaure, l'autre en 396 pendant huit mois dans la constellation du

Scorpion, la dernière en 827 dans la constellation du Scorpion.

Avec la supernova de 1006, surgie dans la constellation du Loup, les recoupements entre différents registres sont suffisamment nombreux pour que son authenticité soit avérée. L'étoile nouvelle fut remarquée simultanément par les Européens (chroniques des monastères de l'Europe médiévale), par les Arabes, les Chinois et les Japonais. Elle resta visible à l'œil nu pendant 25 mois et, selon une description recueillie en Irak, sa brillance maximale dépassa celle d'un quartier de Lune.

Identification d'une étoile

Je me prosterne. J'ai observé l'apparition d'une étoile invitée. Sa couleur était jaune irisée [...]. Le pays connaîtra une grande prospérité.

YANG WEI-T'E, astronome impérial, 1054

La supernova historique la plus célèbre (de nos jours en tout cas) a été observée en 1054 par les Japonais et les Chinois. C'est chez ces derniers que la description de l'événement est la plus précise, grâce à la méticulosité de Yang Wei-T'e. Astronome impérial à la Cour chinoise sous la dynastie Sung, il était un familier des constellations. Le jour de Ch'ih Ch'iu de la 5e Lune de la 1re année de la période de Shih-Huo – autrement dit le 4 juillet 1054 ! –, Yang Wei-T'e remarqua dans le ciel l'apparition d'un astre extraordinaire. Précédant le Soleil de quelques minutes, une étoile inconnue s'éleva au-dessus de l'horizon, beaucoup plus éclatante que Vénus et plus que toute étoile jamais vue au firmament. L'astronome impérial la baptisa « étoile invitée » et nota son apparition dans les annales. Il fit son rapport à son maître en ayant le bon sens de l'interpréter comme un présage favorable, puis il maintint soigneusement sa surveillance. L'étoile invitée resta apparente *en plein jour* pendant 23 jours, et sa période totale de visibilité nocturne dura deux années. Enfin, l'étoile nouvelle s'éclipsa. Le spectacle était terminé. Yang

Wei T'e avait assisté à l'explosion d'une supernova à l'éclat fabuleux de 250 millions de soleils[5].

Puis tout fut oublié jusqu'à ce que John Bevis, astronome amateur anglais, découvre en 1731 une nébuleuse dans la constellation du Taureau. Au titre d'objet diffus, elle fut classée en n° 1 dans le célèbre catalogue de Messier. Elle fut plus joliment baptisée « nébuleuse du Crabe » par Lord Ross, qui étudia sa forme en 1844. En 1919, à la faveur d'une traduction d'annales d'astronomie chinoise, le Suédois Lundmark fit pour la première fois le rapprochement entre la nébuleuse du Crabe et la supernova de 1054, situées dans la même région du ciel. Enfin, en 1928, Edwin Hubble – le père de la Cosmologie moderne – mesura la vitesse d'expansion de la nébuleuse du Crabe et en « remontant » le temps lui attribua un âge d'environ 900 ans, en bon accord avec la date d'explosion de 1054. L'identification entre l'étoile en explosion et son résidu gazeux ne faisait dès lors plus de doute.

Les supernovæ de la Renaissance

La supernova de 1572 fut observée en Occident par l'astronome danois Tycho Brahé, dans la constellation de Cassiopée. Pendant plusieurs jours elle fut aussi brillante que Vénus. Première supernova à être observée scientifiquement, elle joua un rôle historique très important. A cette époque régnait encore la conception du Monde héritée des Grecs et des Arabes, centrée sur la Terre, selon laquelle les étoiles étaient accrochées à une lointaine « sphère des fixes ». Tycho Brahé démontra que l'étoile nouvelle de 1572 se trouvait nécessairement au-delà de la Lune, par conséquent dans la sphère des étoiles fixes. Par là même il ébranlait par des faits le dogme de l'immuabilité de la sphère des fixes, déjà mis en doute par la théorie de Copernic, et préparait le terrain pour la grande révolution astronomique de Kepler.

5. Compte tenu de l'éloignement de l'étoile, l'explosion avait en fait eu lieu cinq mille ans plus tôt.

L'explosion de 1572 est en outre à l'origine de l'appellation même de « supernova » qui allait lui être donnée au XXe siècle. S'il s'était agi d'une étoile nouvelle ordinaire (une nova), sa brillance apparente aurait permis de la situer à quelques dizaines d'années-lumière. Mais à une distance aussi faible, une naine blanche – résidu de l'explosion d'une nova – aurait dû être observable au télescope, ce qui n'était pas le cas. Par conséquent, l'étoile nouvelle de 1572 a dû être intrinsèquement beaucoup plus brillante qu'une nova et située à beaucoup plus grande distance. C'est la raison pour laquelle Fritz Zwicky et Walter Baade proposèrent en 1937 le terme de supernova.

La supernova de 1604 dans la constellation d'Ophiuchus fut simultanément observée en Europe, en Chine et en Corée. On l'appelle souvent supernova de Kepler car c'est le célèbre astronome allemand qui détermina sa position exacte. En 1943, Walter Baade découvrit une nébulosité autour de la position de l'explosion.

La liste est close pour les supernovæ répertoriées dans notre Galaxie[6]. La dernière date de quatre siècles. Autant dire que l'apparition inopinée, en février 1987, d'une supernova située non pas dans notre Galaxie mais « presque », c'est-à-dire dans le Grand Nuage de Magellan, a été un événement d'une portée considérable, qui a monopolisé l'attention des astronomes observateurs et théoriciens pendant de longs mois d'activité fébrile. Nous lui consacrerons la fin de ce chapitre.

Les restes du festin

Montre-moi ce que tu laisses dans ton assiette, je te dirai qui tu es.

Dicton populaire

Si l'augmentation d'éclat d'une supernova ne dure que quelques mois, les résidus éjectés par l'explosion et insufflés

6. Hormis, peut-être, celle de Cassiopée A (voir page 126).

dans le milieu interstellaire peuvent être observés sur des périodes beaucoup plus longues. C'est ainsi que les débris gazeux de supernovæ qui ont éclaté à des dates plus reculées peuvent encore être observés dans notre Galaxie. Mais les restes de supernovæ sont évanescents. Nombre d'entre eux sont si dispersés et si faibles que leur lumière visible ne nous parvient pas. Toutefois, au cours de leur expansion, ils entrent en collision avec le milieu interstellaire et rayonnent des ondes radio et X. Au bout du compte, on connaît une vingtaine de restes observables dans le domaine optique et plus de cent dans le domaine radio.

Le reste de supernova le plus célèbre est la nébuleuse du Crabe, engendrée lors de l'explosion de 1054. Mais le reste de supernova baptisé Véla, dans la nébuleuse de Gum, fait remonter l'explosion à une époque où les hommes regardaient sûrement le ciel mais ne consignaient pas par écrit leurs observations : neuf mille ans avant J.-C. A son maximum, l'étoile a dû atteindre la magnitude de la Lune à son premier quartier. Quant aux magnifiques Dentelles du Cygne, l'explosion a dû se situer il y a vingt ou trente mille ans.

L'étude des restes de supernovæ est pleine d'enseignements sur la nature de l'explosion qui leur a donné naissance. On classifie habituellement les supernovæ en deux types différant entre eux par l'évolution de leur éclat. Dans le type I, la luminosité maximale est plus grande que dans le type II et sa décroissance est plus irrégulière, se faisant par paliers.

Les astrophysiciens théoriciens ne sont pas tous d'accord sur l'interprétation à donner à ces deux sortes de supernovæ. Certains, se fondant sur les spectres comparés des deux types de supernovæ, penchent pour une simple différence de composition chimique des étoiles en explosion. On classifie généralement les étoiles en deux « populations » différant par leur composition chimique et par leur âge. La *population II* est constituée d'étoiles vieilles, contemporaines de la formation des galaxies, et qui pour cette raison contiennent peu de « métaux »[7]. Cette population prédomine dans les galaxies elliptiques, qui sont pratiquement dépourvues de gaz et où la

7. Pour l'astrophysicien, un métal désigne cavalièrement un élément chimique autre que l'hydrogène et l'hélium.

natalité stellaire est nulle, ainsi que dans les halos des galaxies spirales. La *population I* est au contraire constituée d'étoiles récentes, formées dans les disques des galaxies spirales et enrichies dès leur naissance en « métaux » forgés par les générations antérieures d'étoiles. Or, les supernovæ de type I sont observées dans tous les types de galaxies (spirales et elliptiques), tandis que celles de type II ne sont observées que dans les spirales. Il est donc séduisant d'assimiler les supernovæ de type II à la population I et les supernovæ de type I à la population II. La correspondance est pour le moins malheureuse, d'autant plus que la situation est probablement plus complexe.

Si les théoriciens s'accordent à penser que les supernovæ de type II sont dues à l'explosion d'étoiles massives (plus de 10 $M_{\odot}$) accompagnée de la formation d'étoiles à neutrons, leurs interprétations du type I sont multiples. Les modèles indiquent que l'effondrement gravitationnel d'une étoile isolée de une à huit masses solaires ne donne pas grand-chose : une nébuleuse planétaire avec naine blanche, à la rigueur une étoile à neutrons mais peu d'énergie. En revanche, les étoiles entre huit et dix masses solaires peuvent exploser en supernovæ de type I, l'énergie étant délivrée par la combustion du carbone.

Liaisons dangereuses

Une autre explication, actuellement très en faveur, invoque un mécanisme d'explosion complètement différent : les supernovæ de type I seraient des naines blanches composées de carbone et d'oxygène, membres d'un système *binaire* fortement lié. Dans ce modèle, de l'hélium est arraché au compagnon et se dépose peu à peu à la surface de la naine blanche ; lorsque la couche atteint une température et une densité critiques, la fusion de l'hélium se déclenche, donnant lieu à un éclair et une décroissance graduelle de la luminosité analogue à celle observée dans les supernovæ de type I. Ce n'est d'ailleurs que dans cette interprétation que les

« supernovæ » méritent réellement leur nom, étant effectivement de grosses novæ[8].

Une variante de ce modèle binaire suppose que la naine blanche est très proche de sa limite de stabilité à 1,4 $M_{\odot}$. Dans ces conditions, le dépôt continu de gaz à sa surface augmente sa masse et finit par lui faire franchir le seuil fatal. La violation de la limite de Chandrasekhar se traduit par une contraction gravitationnelle, légère mais suffisante pour faire réagir le carbone dont est principalement constituée la naine blanche et le transformer instantanément en nickel et en fer. Dans l'explosion, la naine blanche se disloque.

Une autre version de ces « liaisons dangereuses » fait depuis peu sa percée sur la scène astrophysique. Dans un système binaire constitué de deux naines blanches serrées, le rayonnement gravitationnel dissipe l'énergie orbitale du système et provoque le rapprochement des naines blanches en un temps plus court que l'âge de l'Univers. Il est possible que la collision des deux naines blanches donne lieu à une libération d'énergie comparable à celle des supernovæ de type I.

La prolifération des modèles de supernovæ donne en tout cas une idée des difficultés rencontrées par l'astrophysicien théoricien lorsqu'il se trouve confronté à un état extrême de la matière irréalisable en laboratoire.

Rencontre du troisième type

L'étude du reste de supernova baptisé Cassiopée A complique encore l'interprétation des différents mécanismes d'explosion. Cette nébuleuse offre l'avantage d'être observable aussi bien dans le domaine optique qu'en X et en radio. La mesure de sa vitesse d'expansion permet de calculer que la supernova a dû exploser vers 1670, à une distance de 9 000 années-lumière seulement. Or, aucune étoile nouvelle

8. Qui, elles, rappelons-le, brûlent de l'hydrogène à la surface d'une naine blanche dans un système binaire.

n'a été détectée à cette date, alors qu'à l'époque, le ciel était suffisamment scruté par les astronomes occidentaux pour qu'une supernova aussi proche ne pût rester inaperçue ; elle aurait dû surpasser pendant un mois l'éclat de Sirius !

Ce n'est que récemment que des chercheurs en histoire des sciences ont, semble-t-il, retrouvé la trace de l'étoile nouvelle en analysant le célèbre catalogue d'étoiles (accompagné de magnifiques gravures des constellations) de l'astronome « royal » anglais John Flamsteed. Paru en 1725 mais fondé sur des observations effectuées en 1680, l'atlas céleste révèle à la position actuelle du résidu gazeux Cassiopée A une petite étoile de 6e grandeur (limite de visibilité à l'œil nu), baptisée 3 Cassiopeiæ par Flamsteed, absente aussi bien des catalogues précédents que de la compilation suivante datant de 1835. Personne à l'époque, pas même Flamsteed, ne s'était rendu compte que cette petite lueur s'était fugitivement allumée dans le ciel !

Comment expliquer une explosion d'étoile aussi discrète ? Certes, il est possible que des poussières se soient abondamment formées dans l'enveloppe en expansion autour de la supernova, absorbant de ce fait la lumière centrale. Mais d'autres faits troublants affaiblissent cet argument. Par l'absence de fer, la composition chimique de la nébuleuse se distingue de celle des restes de supernova de type I ou II. D'autre part, Cassiopée A ne semble pas avoir laissé d'étoile à neutrons résiduelle : trois cents ans après sa formation, la température de surface d'une étoile à neutrons serait encore de 3 millions de degrés et se manifesterait par une source de rayonnement X détectable.

En d'autres termes, on est peut-être en présence d'une nouvelle espèce de supernova, baptisée « type III »[9], d'occurrence beaucoup plus rare. Il pourrait s'agir d'un autre mécanisme d'explosion stellaire, déclenché non pas par l'effondrement du cœur mais par l'instabilité d'une étoile ultra-chaude appartenant à la classe dite de « Wolf-Rayet ». Un modèle théorique récemment développé au Centre d'Etudes Nucléaires de Saclay prédit effectivement une luminosité maximale qui n'est qu'une centaine de millions de fois

9. Certains auteurs préfèrent l'appeler type Ib.

la luminosité du Soleil, soit dix fois moindre que celle des supernovæ « normales ». Une telle explosion pourrait désintégrer totalement l'étoile et ne laisser aucun résidu compact.

Une autre hypothèse, peut-être encore plus séduisante, est aussi en course : l'effondrement d'un cœur dégénéré se serait bien produit, mais au lieu de former une étoile à neutrons, il aurait donné naissance à un *trou noir*. Comme nous le verrons par la suite, ce dernier ne possède pas de croûte solide ; il n'aurait donc pu provoquer par contrecoup le rebond de l'enveloppe stellaire, l'efficacité de la supernova étant de ce fait largement réduite…

La supernova magellanique

Dans la nuit du 23 au 24 février 1987, l'astronome canadien Ian Shelton, travaillant à l'Observatoire de Las Campanas au Chili, eut l'extraordinaire chance d'être le premier « professionnel » à découvrir une supernova dans le Grand Nuage de Magellan (un assistant de nuit venait de la remarquer à l'œil nu sous forme d'une étoile de 4e grandeur). Le Grand Nuage de Magellan est une galaxie irrégulière, satellite de la Voie Lactée, orbitant à quelque 170 000 années-lumière. Un télégramme fut envoyé d'urgence au Bureau de l'Union Astronomique Internationale, et la communauté astronomique entra aussitôt en ébullition. La supernova, baptisée SN 1987A, était la première discernable à l'œil nu depuis celle observée par Kepler en 1604, et la plus proche. Mais n'étant visible que depuis l'hémisphère Sud, seuls les observatoires du Chili, d'Australie et d'Afrique du Sud purent braquer sur elle leurs télescopes. Dès que la nuit tomba sur l'Australie, un astronome de ce pays identifia l'étoile défunte avec un astre précédemment catalogué sous le nom de Sanduleak – 69 202, une géante bleue de 12e grandeur – ce qui posa un premier problème intéressant aux théoriciens, car ils s'attendaient plutôt à l'explosion d'une géante rouge.

Deuxième énigme : le spectre de l'étoile éclatée exhibant des raies de l'hydrogène l'assimilait à une supernova de type II (explosion d'une étoile massive) ; mais dès les premiers jours, sa « courbe de lumière » (variation de la luminosité au cours du temps) montra des anomalies par rapport aux archétypes de sa classe. En particulier, sa brillance maximale fut près de cent fois inférieure à celle attendue.

Apprenant la découverte de Shelton, des théoriciens de Princeton se mirent aussitôt au travail et rédigèrent en deux jours un article dans lequel ils prévoyaient « à rebours » que les détecteurs de neutrinos disponibles sur Terre avaient dû intercepter des neutrinos plusieurs heures avant l'apparition lumineuse de la supernova. Ils calculaient leur nombre et leur énergie. Dans une supernova de type II, les neutrinos sont produits par le processus de neutronisation, c'est-à-dire la capture des électrons par les noyaux atomiques lors de l'effondrement gravitationnel du cœur. Les neutrinos évacuent ainsi l'essentiel de l'énergie de la supernova. La luminosité neutrinique est égale à l'énergie lumineuse libérée en une seconde par cent millions de galaxies tout entières ! Ce chiffre fabuleux correspond à un flux de cent milliards de neutrinos transperçant chaque centimètre carré de la surface terrestre... ou de votre peau.

Or, le 23 février, près de 22 heures *avant* l'apparition de la supernova en lumière visible, un détecteur aqueux situé au fin fond de la mine de Kamioka, au Japon, clignota onze fois dans un intervalle de onze secondes sous l'impact d'une bouffée d'antineutrinos en provenance de SN 1987A. Le résultat ne put être annoncé par l'équipe de chercheurs travaillant à Kamioka qu'après quinze jours de travail acharné passés à analyser les données. Peu après, une équipe américaine annonça un résultat analogue : au même moment qu'au Japon, huit éclairs avaient illuminé leur détecteur enterré dans une mine de Cleveland. Si l'hémisphère Sud avait reçu la lumière de la supernova magellanique, l'hémisphère Nord avait recueilli ses neutrinos. Dix-neuf en tout, moisson infime, mais de portée majeure : elle confirmait non seulement que la supernova 1987A n'était pas de type I (explosion d'une naine blanche dans un système binaire, qui n'émet pas de neutrinos), mais ouvrait l'ère d'une nouvelle astronomie, non plus dédiée à la détection d'ondes électromagnétiques, mais à celle des neutrinos émis par des astres autres que le Soleil.

Revenons à la courbe de lumière. Son anomalie des premiers jours s'est effacée au bout de quelques mois : la luminosité a rejoint une décroissance exponentielle caractéristique de la désintégration radioactive du cobalt 56. Nouveau succès des modèles théoriques : cet élément est bien le produit majeur de la nucléosynthèse explosive dans les étoiles massives. L'anomalie initiale s'explique à rebours par la nature particulière de l'étoile parente, qui a explosé dans le bleu et non pas dans le rouge. Sanduleak –69 202 aurait bien été jadis une supergéante rouge, démesurément gonflée après la combustion de son hélium ; mais sous l'effet d'un puissant « vent » stellaire soufflant pendant dix mille ans, elle aurait perdu son enveloppe rouge et peu chaude pour se réduire à un brûlant astre bleu de taille plus modeste (40 fois le diamètre du Soleil quand même, au lieu de 500 fois). Les théoriciens se sont évidemment divertis à élaborer de nouveaux modèles s'ajustant aux observations, les modifiant au cours des mois successifs, à mesure que de nouvelles données arrivaient.

Reste la question qui nous intéresse ici au premier chef : le résidu de l'explosion est-il une étoile à neutrons ou un trou noir ? Les deux voies sont offertes car l'étoile parente avait une masse d'environ vingt soleils. Depuis maintenant quatre ans, divers détecteurs sont braqués sur le lieu de l'explosion pour y déceler les traces d'une étoile à neutrons (un trou noir serait « moins intéressant » car il ne laisserait aucun signe détectable). Malgré quelques fausses alertes, les recherches sont pour l'instant restées vaines. Rien d'étonnant à cela. Le résidu est encore masqué au sein des couches internes de la nébuleuse en expansion, mais s'il s'agit d'une étoile à neutrons, tôt ou tard elle devra se manifester lorsque les derniers voiles se seront dilués jusqu'à la transparence. Au bout de quelques années ou quelques dizaines d'années, le rayonnement X de la surface ultra-chaude de l'étoile à neutrons émergera. On peut aussi rêver à la naissance d'un bébé-pulsar radio, si par une chance extraordinaire son faisceau croisait la ligne de visée terrestre (voir chapitre suivant). On peut plus raisonnablement espérer une signature indirecte, telle que le réchauffement de la nébuleuse en expansion par le pulsar central. Quoi qu'il en soit, la supernova magellanique aura été l'un des grands événements astronomiques du siècle.

7. Pulsars

La Science est faite de théories et d'expériences (ou d'observations en astronomie) qui s'affrontent parfois en une salutaire émulation et remportent tour à tour des victoires. Les étoiles à neutrons offrent l'un des plus beaux exemples où la prédiction théorique a précédé la découverte observationnelle.

Le neutron fut détecté au laboratoire par James Chadwick en 1932[1]. On dit que le jour même de la découverte le grand physicien soviétique Lev Landau spéculait avec son entourage sur l'existence d'étoiles entièrement constituées de neutrons. Mais Landau ne publia pas immédiatement le fruit de ses réflexions et ce furent deux astrophysiciens américains, tout aussi attentifs aux développements de la physique des particules, qui cueillirent le fruit mûr deux années plus tard. S'inspirant de l'analogie avec les naines blanches qui, comme l'avait suggéré Ralph Fowler, supportent leur propre poids grâce à la pression de leurs électrons dégénérés, Fritz Zwicky et Walter Baade avancèrent l'idée que les neutrons pouvaient exercer une pression dégénérée encore plus grande, capable de supporter un cadavre stellaire plus massif que la limite de Chandrasekhar. Les deux compères s'étaient aussi intéressés de près à la nébuleuse du Crabe, reste de la supernova de 1054, au centre de laquelle devait bien se trouver un cadavre recroquevillé autre qu'une naine blanche...

C'est à la veille de la guerre que Robert Oppenheimer[2] et G. Volkoff élaborèrent une véritable théorie des étoiles à neutrons. Ils démontrèrent notamment que l'équilibre hydrosta-

1. Il reçut le prix Nobel trois années plus tard.
2. Le futur « père » de la bombe atomique...

tique d'un gaz dégénéré de neutrons est effectivement possible pour des masses d'étoiles de l'ordre de celle du Soleil.

Ces prédictions furent poliment ignorées de la communauté astronomique. L'édition de 1955 de la célèbre *Astronomie populaire* de Camille Flammarion, dans laquelle j'ai contracté ma première fièvre pour l'astronomie, ne consacre que quelques lignes à la théorie « révolutionnaire » de Zwicky : « Il s'agit là encore de vues de l'esprit assez floues, et qui ne peuvent être confrontées à l'observation. » La confrontation allait attendre encore douze ans...

Phares dans le ciel

> *J'essayais de faire un doctorat sur une technique nouvelle et voilà que de stupides petits hommes verts avaient choisi mon antenne et ma fréquence pour communiquer avec nous !*
>
> JOCELYN BELL

En 1967, Jocelyn Bell, jeune étudiante à l'université de Cambridge en Angleterre, fut chargée par son directeur de thèse, Anthony Hewish, de mettre au point de nouvelles antennes radio capables de mesurer la scintillation des radiosources lointaines. En analysant à la main les centaines de mètres de papier millimétré délivrés par les enregistreurs, elle fut intriguée par la présence de signaux périodiques, espacés régulièrement de 1,337 301 13 seconde avec une précision inflexible. J. Bell venait de découvrir par hasard un astre émettant des pulsations radioélectriques : un *pulsar*.

De nouveaux venus s'ajoutèrent rapidement à la liste. Dès 1968, des pulsars furent découverts dans les restes des supernovæ du Crabe et de Véla. Pendant plusieurs mois l'émotion fut vive et déborda même la communauté astrophysique. On fit remarquer que des signaux espacés de façon aussi précise ne pouvaient qu'être artificiels, émis à notre intention par des extraterrestres, les « petits hommes verts » du jargon de la littérature de science-fiction. En l'absence de dénomination officielle, les premiers pulsars furent donc baptisés humoristiquement LGM1, LGM2, etc. (pour « Little Green Man » : « petit homme vert ») ! Ce qui n'était peut-être qu'une boutade d'astronome fut pris très au sérieux par la presse à sensation et la nouvelle du premier contact avec une civilisation extraterrestre se propagea, excitant bien des imaginations...

Pendant ce temps, les astrophysiciens théoriciens se penchaient prosaïquement sur la question. Dès 1968, l'interprétation du phénomène de pulsar en termes d'une étoile à neutrons en rotation rapide fut proposée par Franco Pacini et Thomas Gold. L'idée de base se résume en quelques lignes. Une étoile à neutrons est fortement magnétisée ; ses lignes de champ magnétique canalisent les particules électrisées (électrons et protons) le long de son axe, permettant l'émission, par « effet synchrotron », d'un faisceau d'ondes radio qui tourne en même temps que l'étoile. A chaque tour, une pulsation est reçue sur Terre au moment où le faisceau balaie la ligne de visée du radiotélescope *(figure 21)*. Cet effet de *phare* est permis par le non-alignement de l'axe de rotation et de l'axe magnétique, phénomène commun en astronomie.

L'explication est si naturelle et si harmonieuse qu'elle s'imposa immédiatement, restant aujourd'hui le modèle de travail des spécialistes. Le prix Nobel 1974 fut attribué à Anthony Hewish pour la conception de son radiotélescope, et la découverte des pulsars fut mentionnée en annexe dans la thèse de Jocelyn Bell...

Des étoiles exacerbées

Pourquoi la rotation et le champ magnétique jouent-ils un rôle aussi important dans les pulsars ?

En appliquant la loi de conservation du moment angulaire, on déduit qu'une étoile à neutrons, résultat de l'effondrement du cœur d'une étoile assez massive déjà en rotation, acquiert

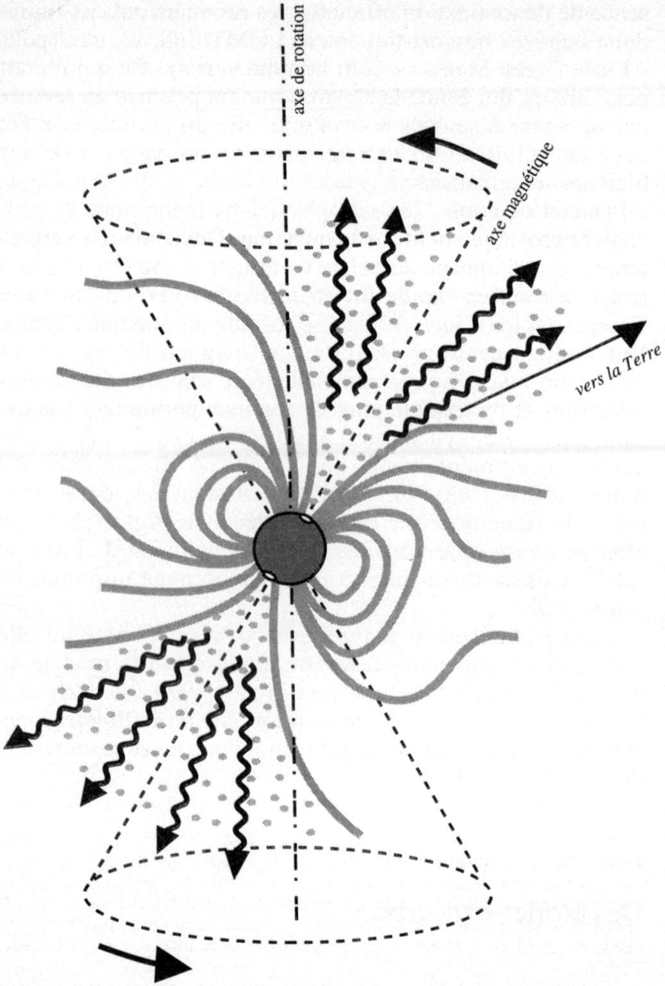

Figure 21: Le modèle de pulsar. Le champ magnétique très élevé de l'étoile à neutrons accélère les électrons qui rayonnent des ondes radio focalisées le long de l'axe magnétique. Ce dernier ne coïncide pas avec l'axe de rotation de l'étoile à neutrons, de sorte qu'à chaque tour le faisceau radio balaie la ligne de visée de l'observateur terrestre.

au cours de la contraction une vitesse de rotation extraordinairement élevée, de la même façon qu'un patineur augmente sa vitesse de rotation en ramenant les bras vers son corps. En ce qui concerne le champ magnétique, les lignes de champ sont en quelque sorte figées dans la matière stellaire et entraînées avec elle dans son mouvement. Lorsque l'étoile s'effondre, les lignes se resserrent et le champ magnétique est amplifié *(figure 22)*.

En fait, l'étoile à neutrons est à maints égards une version astrophysique exagérée de la naine blanche. Son rayon n'est que d'une quinzaine de kilomètres. La réduction de taille

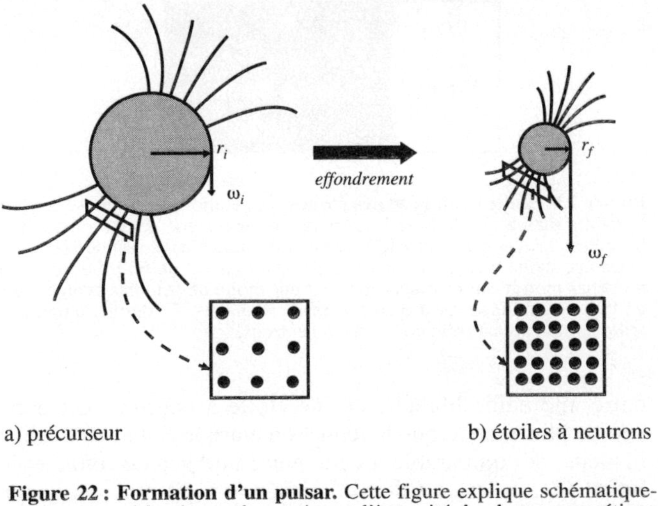

Figure 22 : Formation d'un pulsar. Cette figure explique schématiquement pourquoi la vitesse de rotation et l'intensité du champ magnétique s'accroissent lors de la formation d'une étoile à neutrons par effondrement gravitationnel. Avant l'effondrement, le cœur de la pré-supernova, de masse m, de rayon r_i et de vitesse angulaire ω_i, a un moment angulaire égal à $mr_i^2\omega_i$.
Après l'effondrement, l'étoile à neutrons a approximativement conservé la même masse et le même moment angulaire. Comme son rayon r_f est beaucoup plus petit que r_i, on en déduit que sa vitesse angulaire ω_f s'est accrue en proportion inverse du carré du rayon. De même, si l'on suppose que le champ magnétique reste attaché à la matière en contraction, son intensité, mesurée par le nombre de lignes de champ traversant une unité de surface, croît comme $1/r^2$.

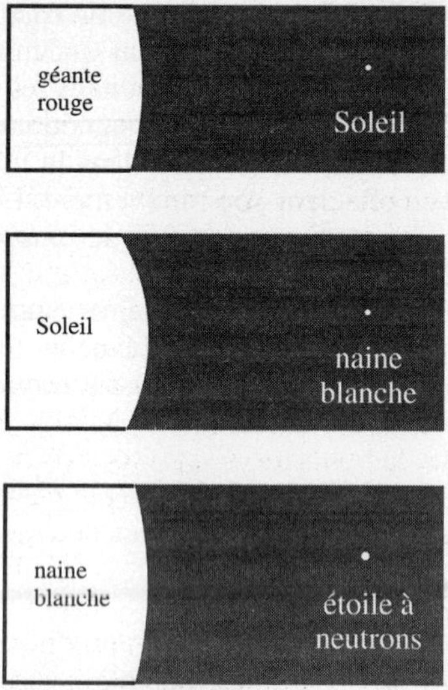

Figure 23 : Taille comparée des étoiles. Les étoiles sont supposées avoir la même masse que le Soleil. La réduction entre une géante rouge et le Soleil est de 250, celle entre le Soleil et une naine blanche est de 100, celle entre une naine blanche et une étoile à neutrons est de 500. Le trou noir n'est pas montré sur ce diagramme car une étoile ne peut pas évoluer vers un trou noir moins massif que trois masses solaires. Ce dernier aurait une taille comparable à celle de l'étoile à neutrons.

entre une naine blanche et une étoile à neutrons est donc encore plus grande que la réduction entre le Soleil et la naine blanche, et comparable à celle entre une géante rouge et le Soleil *(figure 23)*. La densité moyenne n'est plus une tonne mais cent millions de tonnes par cm^3. Alors que le Soleil tourne sur lui-même en 25 jours[3], une étoile à neutrons tourne en moins d'une seconde, en rotation rigide[4]. De même pour le champ magnétique : si celui du Soleil est comparable à celui de la Terre, c'est-à-dire un *gauss*, celui d'une naine blanche peut aller jusqu'à cent millions de gauss, tandis que pour une

3. En rotation différentielle, la vitesse dépendant de la latitude.

4. On pense que les naines blanches isolées tournent lentement, peut-être même pas du tout.

étoile à neutrons il se concentre sur une surface des milliards de fois plus petites et atteint mille milliards de gauss[5] !

Ce sont précisément ces propriétés exacerbées qui permettent aux étoiles à neutrons d'être détectées. Certes pas dans le domaine optique, car la luminosité thermique d'une étoile à neutrons, bien qu'émise par une surface chauffée à dix millions de degrés, est extrêmement faible en raison de l'exiguïté de la surface ; un corps de trente kilomètres à dix millions de degrés ne peut pas être vu à plus de quelques années-lumière, ce qui est bien trop faible au regard des distances interstellaires moyennes. On a découvert néanmoins quelques contreparties optiques de pulsars, dont celui du Crabe et de Véla, les pulsations optiques étant parfaitement synchronisées avec les pulsations radio ; le pulsar de Véla est d'ailleurs l'un des astres les plus faibles détectés à ce jour en lumière visible, son éclat étant vingt milliards de fois moindre que celui de Sirius.

En revanche, rotation et champ magnétique permettent l'émission d'ondes périodiques, détectables non seulement dans le domaine radio mais aussi dans les longueurs d'onde de plus haute énergie : rayons X et gamma, toutes les fréquences étant modulées de la même façon par la rotation de l'étoile.

Cris et chuchotements

On pense que dans certains pulsars un rayonnement de haute énergie est émis par les calottes polaires de l'étoile à neutrons, fortement chauffées par l'impact des particules chargées qui sont canalisées par le champ magnétique et frappent la croûte ultradure à des vitesses proches de celle de la lumière. L'étoile à neutrons n'est pas autre chose qu'un gigantesque aimant tournant qui fonctionne comme une dynamo. A un tour par seconde, une étoile à neutrons peut

5. Les champs magnétiques les plus élevés obtenus artificiellement en laboratoire sont de 300 000 gauss. Pour les engendrer, on utilise des électro-aimants géants pesant plus de dix tonnes.

créer une différence de potentiel de 10^{16} volts ; à ce niveau, les forces électriques surmontent l'énorme gravité régnant à la surface et parviennent à lui arracher les particules chargées, puis à les accélérer. Ces particules produisent immédiatement des rayons gamma énergétiques mais ce rayonnement, piégé par le champ magnétique, a du mal à s'échapper et se transforme en paires électron-positron[6]. A leur tour, ces paires s'annihilent et créent de nouveaux rayons gamma qui, un peu plus loin, produisent des paires électron-positron, et ainsi de suite jusqu'à ce que le rayonnement sorte de la zone de piégeage et s'échappe. Ce processus de multiplication de particules, appelé *cascade*, permet d'en créer plusieurs milliers à partir d'une seule arrachée initialement à la surface.

Dans la tornade électromagnétique délivrée par un pulsar, le rayonnement radio ne représente qu'un faible cri, et c'est lui qui est capté par nos instruments. De nos jours, les théoriciens des pulsars développent des modèles d'atmosphères (appelées magnétosphères en raison de l'importance primordiale du champ magnétique) dont le but est d'expliquer tous les détails de l'émission des pulsars. Cela revient un peu à tenter de comprendre le fonctionnement d'une grosse machine cachée dans une usine en n'écoutant que les quelques bruits sourds qui s'en échappent.

Le Noir de l'Etoile

Les radiotélescopes sont constitués de grandes surfaces métalliques lisses ou grillagées sur lesquelles les ondes radio se réfléchissent. Des antennes transforment les ondes en signaux électriques. On peut amplifier ces signaux et les utiliser pour exciter la membrane d'un haut-parleur. L'oreille humaine peut alors entendre le cliquètement des pulsars. C'est ainsi qu'un pulsar ultra-rapide, tournant par exemple 440 fois sur lui-même chaque seconde, émet la note *la*. Les pulsars moins rapides font entendre un martèlement rappe-

6. Le positron est l'antiparticule de l'électron.

lant celui d'une percussion africaine. En 1990, le musicien français Gérard Grisey a eu l'idée de convier ces tambourineurs célestes dans une œuvre musicale écrite pour percussions ; j'ai eu le plaisir de participer à l'élaboration du spectacle. Etrange musique des sphères que ce *Noir de l'Etoile*... Les six percussionnistes sont juchés sur des estrades disposées en orbite autour du public. Au firmament luisent des champs lumineux et des velums tendus comme les ailes de grands oiseaux blancs. Le chant des pulsars est spatialisé par des haut-parleurs. Ces métronomes spatiaux forgés par le hasard au centre d'étoiles effondrées sont invités à dialoguer *en direct* avec la musique humaine. Un rendez-vous avec un pulsar se prépare avec passion et minutie. Le rythme cosmique, émis il y a plusieurs milliers d'années, doit arriver à l'heure juste dans la salle de concert. Un pulsar n'attend pas les hommes pour jouer. Devant la fenêtre d'un radiotélescope à miroir fixe, tel celui de la station de Nançay en Sologne, un pulsar ne passe qu'une demi-heure. Son passage se décale chaque jour de cinq minutes, et il y a des époques de l'année où le pulsar devient inaudible car il est trop bas sur l'horizon. Le concert ainsi rivé sur cette horloge lointaine, l'auditeur est relié aux forces cosmiques. Les quelque cent vingt percussions, peaux et métaux, développent pendant une heure les idées de rotation, de périodicité, de ralentissement, d'accélération, de brisures. Et de cette forge mystérieuse émergent les lourds battements de cœur du pulsar 0329+54 – quatre-vingt-quatre coups à la minute –, danse et chant de la mort joués par un astre moribond à 7 500 années-lumière.

L'extinction d'un pulsar

De même que le destin d'une étoile isolée est inscrit dans sa masse, celui d'un pulsar (c'est-à-dire l'évolution de sa période de rotation) est inscrit dans son champ magnétique initial. Il est facile de prévoir que la rotation d'un pulsar doit se ralentir peu à peu au cours du temps, à mesure qu'il dissipe son énergie. Et comme c'est le champ magnétique qui permet la libération d'énergie, la mesure du ralentissement des pulsars permet de calculer les champs magnétiques des étoiles à neutrons.

A ce compte, les pulsars jeunes doivent tourner en moyenne plus vite que les vieux. Le pulsar du Crabe, encore enfant puisque né en 1054, est effectivement l'un des plus rapides : il tourne 33 fois sur lui-même chaque seconde, tandis que la période des pulsars les plus anciens atteint plusieurs secondes. La période de rotation d'un pulsar ne peut néanmoins pas être plus courte qu'une milliseconde. A une période inférieure, une étoile à neutrons – aussi rigide soit-elle – ne saurait résister aux forces centrifuges et se disloquerait.

Les ralentissements des pulsars s'échelonnent entre 10^{-12} et 10^{-19} seconde par seconde, valeurs extraordinairement faibles mais néanmoins mesurables sur des temps d'observation de plusieurs années. Lorsque la rotation devient trop lente, le phénomène d'émission pulsée s'éteint. La durée de vie d'un pulsar ne dépasse pas quelques millions d'années.

Supernovæ et pulsars

J'ai plusieurs fois fait allusion aux pulsars du Crabe et de Véla, associés à des restes de supernovæ célèbres. Pourtant, parmi les autres restes très connus, tels que Cassiopée A, les Dentelles du Cygne ou les supernovæ de Tycho Brahé (1572) et de Kepler (1604), aucun pulsar n'a été détecté à ce jour. L'association pulsar-reste de supernova est même exceptionnelle ; sur les 450 pulsars et 200 restes de supernovæ actuellement connus (1992), cinq seulement sont appariés (dont le Crabe et Véla) !

De nombreuses circonstances concourent à ce résultat surprenant. La plus simple est qu'après tout il peut ne pas y avoir d'étoile à neutrons dans un vestige de supernova, soit que l'explosion de la supernova ait donné un autre type de résidu stellaire (dislocation complète ou trou noir), soit que l'étoile à neutrons ait bien été formée lors de l'explosion mais se soit par la suite déplacée. En effet, l'effondrement gravitationnel du cœur de l'étoile génitrice n'est probablement pas exactement sphérique. Dès lors que l'axe de rotation de l'étoile n'est pas aligné avec l'axe du champ magnétique, la matière est éjectée asymétriquement ; or, à des vitesses dépassant 10 000 km/s, l'éjection d'un seul côté de l'étoile d'une quantité de matière dépassant dix pour cent de la masse totale confère au pulsar une vitesse de plusieurs centaines de km/s dans le sens opposé. Ce phénomène analogue au recul du fusil résulte de l'application de la loi de conservation de la quantité de mouvement. Par cet effet de recul, les supernovæ pourraient être dénoyautées de leur étoile à neutrons résiduelle, obligeant les astronomes à aller chercher les pulsars ailleurs.

Il est également possible que de nombreux pulsars, tout comme les autres étoiles, appartiennent ou aient appartenu à des systèmes binaires ; l'explosion en supernova d'un compagnon massif de pulsar peut être suffisamment violente pour rompre le couple et propulser l'étoile à neutrons à des vitesses du même ordre que celles qui sont effectivement observées (entre 10 et 500 km/s).

Une autre explication très plausible de l'absence quasi systématique de pulsar au sein des restes de supernovæ est que, bien qu'une étoile à neutrons soit présente, le phénomène d'émission pulsée n'est pas activé. Une caractéristique essentielle de l'émission d'un pulsar est d'être très anisotrope : un pulsar est un phare dont la lumière est focalisée dans un cône étroit incliné sur l'axe de rotation. Pour peu que l'axe du cône d'émission soit orienté défavorablement, son pinceau lumineux ne balaiera jamais la Terre. Intrinsèquement, l'étoile à neutrons est bien un pulsar mais ne peut être vue comme tel par les astronomes terriens.

Les pulsars sont généralement plus vieux que les restes de supernovæ. La phase d'émission radio pulsée n'occupe qu'une période très limitée de la vie d'une étoile à neutrons, mais néanmoins plus longue que le temps de vie d'un reste de supernova. La durée de vie moyenne des pulsars est en effet estimée, d'après le ralentissement de leur période, à trois millions d'années[7], alors qu'au bout de ce temps les nébuleuses radio de supernova sont complètement dissoutes. Finalement, on observe bien plus de pulsars que de restes de supernovæ. Dans notre Galaxie, le nombre total de pulsars devrait s'élever à plusieurs dizaines de milliers.

Les toupies du ciel

Un pulsar « ultra-rapide » accomplissant 660 tours par seconde[8] a été découvert en 1982. Son ralentissement est si microscopique que ce pulsar est une horloge d'une précision supérieure à celle des meilleures horloges à césium utilisées sur Terre pour « étalonner » le temps[9].

Ce pulsar ultra-rapide, baptisé PSR 1937+21[10], soulève un problème théorique particulièrement intéressant. Si son freinage magnétique est si peu efficace, c'est que son champ magnétique doit être dix mille fois moins intense que celui des pulsars rapides du Crabe ou de Véla ; mais, d'après les vues traditionnelles sur l'évolution des pulsars, la faiblesse relative de son champ magnétique lui assigne un grand âge tout à fait incompatible avec sa fantastique vitesse de rotation. Comment concilier ces contraires ?

Un modèle théorique très séduisant suppose que le pulsar fait partie d'un système *binaire* et que sa rotation a été accélérée par la chute de gaz arraché à son partenaire. Cette idée s'est trouvée confirmée par la découverte d'autres pulsars ultra-rapides (entre 1 et 10 millisecondes), qui montrent ostensiblement des compagnons. En revanche, aucun partenaire de PSR 1937+21 n'a été décelé ; il est possible que le pulsar ait été accompagné dans le passé d'une naine blanche

7. Les plus anciens dépassent quand même le milliard d'années.
8. Sa période est donc 1,5 milliseconde.
9. Le ralentissement du pulsar ultra-rapide est de 10^{-19} seconde par seconde. Autrement dit, en un siècle, sa période de rotation ne varie que d'un milliardième de seconde !
10. Les chiffres indiquent les coordonnées galactiques de l'astre : ascension droite 19 h 37 mn, déclinaison +21°.

en orbite serrée. La radiation gravitationnelle émise par ce système aurait conduit au déclin de l'orbite, à la collision des deux astres et à la disparition de la naine blanche, cassée par de gigantesques forces de marée ; sa chute aurait provoqué l'accélération de la vitesse de rotation de l'étoile à neutrons jusqu'à la valeur observée maintenant.

Ainsi, de même que le destin d'une étoile ordinaire est modifié si elle appartient à un système binaire en raison du transfert de masse d'une étoile à l'autre, l'évolution d'un pulsar accompagné diffère de celle d'un solitaire. L'observation de certains pulsars ayant des valeurs particulières du champ magnétique et de la vitesse de rotation jette des lueurs nouvelles sur la formation des étoiles à neutrons. Certaines d'entre elles, appartenant à des systèmes binaires, ont pu se former non pas directement par effondrement gravitationnel du cœur d'une supernova, mais par croissance continue d'une naine blanche qui, capturant le gaz d'un compagnon proche, finit par violer la limite de Chandrasekhar et se condense en étoile à neutrons... En quelque sorte la goutte qui fait déborder le vase !

Ces fantastiques horloges cosmiques que sont les pulsars ultra-rapides ont permis de détecter en 1991 les premières planètes en dehors du Système Solaire. En effet, le « chronométrage » des pulsars est si précis que la plus légère danse causée par le mouvement orbital d'un compagnon se traduit par un décalage mesurable des temps d'arrivée des impulsions radio. Le pulsar ultra-rapide PSR 1257+12 s'est ainsi révélé accompagné d'au moins deux corps de masse terrestre, gravitant sur des orbites quasi-circulaires en respectivement 67 et 98 jours. Les astronomes aspiraient depuis des siècles à la confirmation observationnelle de ce qu'ils soupçonnaient déjà : il existe d'autres planètes autour d'autres étoiles. Mais les étoiles sont si lointaines que les planètes voisines réfléchissant leur lumière sont trop faibles pour être vues par les télescopes traditionnels. Les espoirs s'étaient focalisés sur le Télescope Spatial, un miroir de 2 mètres placé en orbite au-dessus de l'atmosphère terrestre et dont la puissance laissait espérer la détection optique de grosses planètes (des « jupiters ») autour des étoiles les plus proches. Espoir déçu car, à la suite d'une erreur technique dans le polissage du miroir, les performances du Télescope Spatial se sont dramatiquement réduites. Par l'une de ces ironies du sort que l'on rencontre fréquemment en histoire des sciences, il a fallu que les premières planètes extra-solaires fussent dévoilées là où on ne les attendait absolument pas : autour d'une étoile à neutrons, et par un instrument inattendu : un chronomètre couplé à un radiotélescope !

Cette grande découverte pose un véritable défi aux astrophysiciens qui doivent expliquer comment et pourquoi de telles planètes se sont formées (avant ou après la formation du pulsar ?), et comment elles ont survécu aux divers cataclysmes qui marquent la vie des pulsars ultra-rapides. Elle comble aussi les vœux des partisans de la vie extra-terrestre, en suggérant que dans la Galaxie les systèmes planétaires peuvent être encore beaucoup plus répandus que ce que l'on croyait. Cela dit, je ne parierais pas un centime sur la présence de vie sur *ces planètes-là* !

Les pulsars doubles à la rescousse

On connaît à présent (1992) une douzaine de pulsars radio binaires. L'un de leurs nombreux attraits est qu'ils permettent de peser les étoiles à neutrons. Parmi eux, PSR 1913+16, découvert en 1974, dépasse de loin en intérêt tous les autres. Perché à 17 000 années-lumière dans la constellation de l'Aigle, PSR 1913+16 est réellement un pulsar double puisqu'il est composé d'une étoile à neutrons de 1,4 $M_{\odot}$, qui au moment de sa découverte émettait 16,94 pulsations radio par seconde[11], et d'un compagnon « muet » de même masse qui est aussi une étoile à neutrons. Les deux étoiles compactes virevoltent l'une autour de l'autre en 7 h 45 mn, sur une orbite extrêmement serrée de quelques millions de kilomètres. Dans ces conditions, le pulsar double PSR 1913+16 offre un test idéal pour la théorie de la Relativité Générale, qui prédit qu'une masse accélérée doit rayonner de l'énergie

11. Sa vitesse de rotation s'est depuis ralentie.

sous forme d'*ondes gravitationnelles*[12]. La dissipation de l'énergie orbitale du pulsar double doit par conséquent entraîner un rétrécissement de son orbite, qui se traduit par une lente diminution au cours du temps de la période orbitale.

Les calculs fondés sur la théorie d'Einstein sont en excellent accord avec les observations, minutieusement enregistrées depuis dix-sept ans. De plus, la plupart des théories de la gravitation concurrentes échouent dans la confrontation. La période orbitale de PSR 1913+16 décroît chaque année de 76 millisecondes. Dans environ 300 millions d'années, les deux étoiles à neutrons finiront par fusionner en jetant une ultime bouffée de rayonnement gravitationnel.

Tremblements d'étoile

Un autre phénomène contribue à modifier la rotation des pulsars, mais cette fois de façon plus soudaine et dans le sens d'une accélération. Les *glitches*[13] diminuent la période d'un pulsar (c'est-à-dire augmentent sa vitesse de rotation) d'un dix millionième de seconde en l'espace de quelques jours *(figure 24)*. C'est ainsi que, en février 1969, le pulsar de Véla a subitement accéléré. Deux autres glitches l'ont affecté en 1971 et 1976. Quelques autres pulsars ont des glitches, dont le pulsar du Crabe. L'augmentation soudaine de la vitesse de rotation est néanmoins faible, si bien qu'au bout d'un mois, du fait du ralentissement naturel causé par freinage magnétique, l'étoile à neutrons a déjà retrouvé la vitesse de rotation qu'elle avait juste avant le glitch.

Les glitches pourraient être de gigantesques *tremblements d'étoile*, dus à certaines instabilités qui affectent la croûte d'une étoile à neutrons et modifient brusquement son moment angulaire. Une étoile à neutrons en rotation rapide

12. Voir chapitre 18.
13. Le terme anglo-saxon est intraduisible. Il est emprunté au jargon de l'électronique où il désigne un incident subit et imprévisible dans le fonctionnement d'ordinaire parfait d'un appareil.

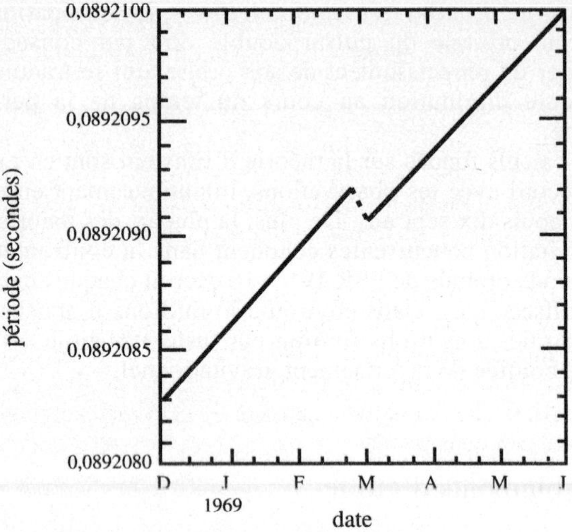

Figure 24 : Le glitch du pulsar Véla. La période des pulsars augmente régulièrement au cours du temps, traduisant le fait que leur mouvement de rotation ralentit. Le ralentissement du pulsar Véla a été brutalement interrompu entre le 24 février et le 3 mars 1969 par un glitch qui l'a accéléré. Au cours du glitch, la période n'a diminué que de deux cents milliardièmes de seconde. Après le glitch, le ralentissement a repris son cours normal.

est légèrement aplatie aux pôles et enflée à l'équateur ; en raison des tensions de surface causées par l'aplatissement, des fissures peuvent lézarder sa croûte et déclencher un réajustement brutal vers une configuration plus sphérique. Ce réajustement, de l'ordre du millimètre seulement, met néanmoins en jeu une énergie colossale. Un tremblement d'étoile à neutrons atteindrait la magnitude 25 sur l'échelle de Richter[14], tandis que les séismes les plus violents enregistrés sur Terre n'ont pas dépassé la magnitude 8,5.

Pour certains astrophysiciens, le fait que le pulsar de Véla ait récidivé jette quelques doutes sur le modèle du tremble-

14. L'échelle de Richter est utilisée pour caractériser l'énergie libérée par un séisme terrestre. Une augmentation d'une magnitude dans l'échelle de Richter correspond à une énergie vingt fois supérieure.

ment de surface, l'intervalle entre deux réajustements successifs prédits par ce modèle se comptant en siècles plutôt qu'en années. Aussi d'autres explications possibles des glitches ont-elles été proposées, faisant intervenir des modifications plus radicales de la structure de l'étoile à neutrons : mouvements turbulents dans les couches profondes, ou même « transition de phase » – analogue au passage de l'état liquide à l'état solide – du cœur à laquelle doit s'adapter l'enveloppe.

Les glitches donneraient ainsi des informations précieuses sur la constitution la plus intime des étoiles à neutrons. On a ici un superbe exemple de l'aide que peut apporter l'observation astronomique à la physique des particules élémentaires. Mais que connaît-on au juste de la constitution interne des étoiles à neutrons ?

L'intérieur d'une étoile à neutrons

A première vue, une étoile à neutrons est un noyau atomique géant. La différence est que l'étoile à neutrons est liée par la gravitation et le noyau atomique par les forces nucléaires.

Dans une étoile à neutrons qui ne mesure en tout et pour tout que quelques kilomètres d'épaisseur, l'emprise de la gravité est si forte qu'elle contraint la matière à des structures très précises. Elle gomme notamment toute irrégularité de surface ; les plus hautes montagnes d'une étoile à neutrons ne doivent pas dépasser quelques centimètres. C'est dans cette couche minuscule chauffée à dix millions de degrés que se produisent les phénomènes responsables de l'émission électromagnétique des pulsars.

La structure interne d'une étoile à neutrons reste assez hypothétique, mais une description plausible est la suivante *(figure 25)*. Sur 1 km d'épaisseur, l'étoile est revêtue d'une carapace de fer, cristal solide de noyaux ferreux baignant dans une mer d'électrons dégénérés. La densité y varie depuis 1 tonne/cm³ – à peine plus qu'une naine blanche – jusqu'à 400 000 tonnes/cm³.

En dessous se trouve le « manteau ». A mesure que l'on s'y enfonce, les noyaux s'enrichissent de plus en plus en neutrons mais corrélativement sont de moins en moins capables de les retenir ; ils deviennent en quelque sorte déliquescents. Vers 5 km de profondeur, les neutrons « lâchent » véritablement les noyaux et se dissolvent dans une mer dégénérée dans laquelle flottent des agglomérats de protons. La densité atteint cent millions de tonnes/cm³.

Plus profondément encore, sur une dizaine de kilomètres d'épaisseur, la matière neutronique constitue la partie la plus importante de l'étoile. Sous l'effet de pressions gigantesques, les structures cristallines se désintègrent et se dissolvent en un liquide composé essentiellement de neutrons, de protons et d'électrons. Ce liquide est probablement *superfluide*, sorte

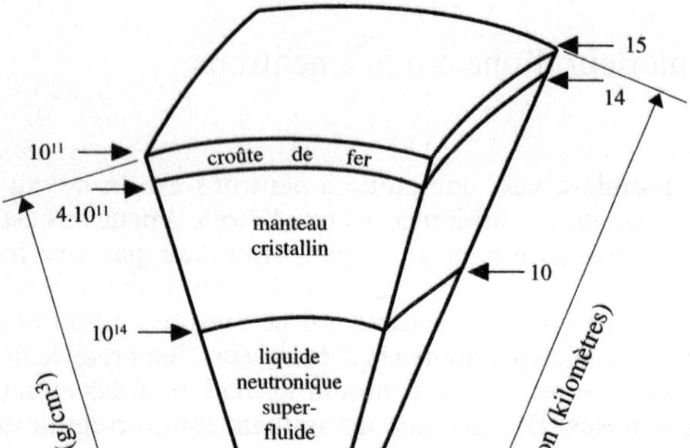

Figure 25 : Structure interne d'une étoile à neutrons.

de liquide parfait aux propriétés déconcertantes, sans aucune viscosité. La viscosité est ce qui tend à faire disparaître les irrégularités dans un fluide. C'est ainsi que le miel est beaucoup plus visqueux que l'eau. Dans un liquide superfluide, un tourbillon peut s'entretenir de lui-même pendant des mois[15].

Pour finir, la composition du cœur solide, d'environ 1 km de rayon, est extrêmement hypothétique car, aux densités supérieures au milliard de tonnes/cm^3, on ignore pratiquement tout des états possibles de la matière. Mais il n'est pas interdit de spéculer sur la nature des particules élémentaires qui constituent le cœur, et divers modèles, aux terminologies étranges, sont actuellement en compétition : cristal solide de neutrons, condensat de pions, matière quarkique, soupe hadronique...

Les mystères de la matière dense

Les étoiles à neutrons offrent un fantastique champ d'application à de nombreux domaines de la physique moderne : nucléaire, atomique, plasmas, relativité, électrodynamique, dans des conditions extrêmes de température, de densité, de pression et de champ magnétique totalement irréalisables en laboratoire.

Nous avons vu notamment que pour décrire l'intérieur d'une étoile à neutrons il faut largement extrapoler la physique expérimentale qui n'a pas livré les secrets de la matière à des densités aussi élevées. *L'équation d'état*[16] de la matière dense est très mal connue. Mais on peut la circonscrire entre deux états limites : d'un côté le gaz libre, dans lequel les particules ne sont soumises à aucune force, de l'autre côté l'état

15. On a réussi à produire en laboratoire un liquide superfluide en refroidissant de l'hélium à une température proche du zéro absolu.

16. C'est-à-dire la loi dictant la variation de certaines quantités thermodynamiques telles que la pression, en fonction d'autres quantités telles que la densité.

« dur », correspondant au maximum de rigidité de la matière, dans lequel la vitesse du son est égale à la vitesse de la lumière[17].

Tous les états permis de toutes les formes de matière sont intermédiaires entre ces deux états extrêmes, mais en ce qui concerne la matière des étoiles à neutrons le choix entre les diverses possibilités dépend des détails d'une physique encore mal connue, celle des interactions nucléaires fortes entre particules élémentaires.

Par bonheur, une propriété capitale des étoiles à neutrons ne dépend pas trop sensiblement des détails de l'équation d'état de la matière dense. Il s'agit de la *masse maximale des étoiles à neutrons*.

Le lecteur se souvient que les naines blanches sont incapables de supporter une masse supérieure à 1,4 $M_{\odot}$, car au-delà les électrons dégénérés qui les composent deviennent relativistes et « craquent » sous le poids. Pour la même raison, les étoiles à neutrons ne peuvent pas supporter une accumulation de matière arbitrairement grande. La limite de stabilité correspond au moment où les neutrons dégénérés, sous l'emprise de l'énorme compression gravitationnelle, deviennent eux-mêmes relativistes.

Pour connaître la masse maximale des étoiles à neutrons avec autant de précision que celle des naines blanches, il faudrait connaître l'équation d'état des neutrons dégénérés avec la même précision que celle des électrons dégénérés, ce qui n'est pas le cas. Mais on peut obtenir une bonne approximation de la masse limite en raisonnant de la façon suivante. La densité de l'étoile à neutrons croît depuis le bord jusqu'au centre ; à un point intermédiaire, elle atteint la densité nucléaire et c'est là que l'équation d'état devient sujette à caution ; on applique donc l'équation d'état de la matière aux densités sous-nucléaires – connue expérimentalement – pour décrire l'enveloppe de l'étoile à neutrons, et pour décrire son cœur on utilise l'équation la plus rigide possible ; enfin, en raccordant les deux solutions, on déduit une masse totale enveloppe + cœur.

17. La vitesse du son dans un matériau est en effet d'autant plus grande que celui-ci est plus rigide ; si elle est de 330 m/s dans l'air, elle atteint 1 500 m/s dans l'eau et 5 km/s dans l'acier.

La limite ainsi obtenue est de 3,2 $M_\odot$. Encore cette limite est-elle surestimée et les modèles les plus sophistiqués indiquent une masse maximale comprise entre 2 et 3 $M_\odot$. Ce résultat est fondamental puisqu'il soulève immédiatement la question : que produit l'effondrement gravitationnel des étoiles très massives ?

8. La gravitation triomphante

A quoi ressemblerait la physique sans la gravitation ?

A. Einstein, 1950

Naines blanches et noires, étoiles à neutrons et pulsars, voilà des cadavres stellaires qui ne sont guère dérangeants. Mais les trous noirs ? Michell et Laplace avaient certes imaginé que de grands astres invisibles pussent exister, mais ils n'avaient aucune idée sur le mécanisme de leur formation et n'avaient même pas envisagé des trous noirs de masse stellaire. Il leur manquait des connaissances bien en avance sur la Science de leur temps : Mécanique Quantique et Relativité Générale.

La réapparition de la théorie des trous noirs en tant que résultat possible de l'effondrement gravitationnel date de 1939, lorsque les physiciens américains Robert Oppenheimer (qui avait déjà élaboré la théorie des étoiles à neutrons) et Hartland Snyder étudièrent l'effondrement d'une étoile « modèle » simplifiée, sphérique et sans pression interne, en utilisant les équations de la Relativité Générale. Ils découvrirent que dans certaines circonstances la pression gravitationnelle est si grande qu'elle ne permet pas la formation d'une étoile à neutrons stable ; au contraire, rien ne peut plus arrêter la contraction de l'étoile sur elle-même, et ce jusqu'à un « point » de volume nul et de densité infinie ; mais à un certain stade antérieur l'étoile en contraction se coupe de toute communication avec l'univers extérieur.

La prédiction théorique de l'existence des trous noirs stellaires repose ainsi sur trois points clés :

• Il n'existe pas de force de la Nature capable de supporter plus de trois masses solaires de matière « froide », c'est-à-dire thermonucléairement inerte.

• Nombre d'étoiles chaudes observées ont une masse largement supérieure à 3 M⊙.

• L'échelle de temps requise pour qu'une étoile massive consomme son carburant nucléaire et subisse l'effondrement gravitationnel se mesurant en millions d'années, de tels événements se sont déjà produits dans la Galaxie vieille de plus de dix milliards d'années.

Le point faible de cette argumentation réside dans la supposition qu'une étoile massive est capable de développer un *cœur dégénéré* – seul soumis à l'effondrement – plus massif que la limite de stabilité d'une étoile à neutrons. Les plus grosses étoiles connues atteignent cent masses solaires[1]. Mais au cours de leur évolution toutes les étoiles perdent de la masse par ce que l'on appelle un « vent stellaire ». Dans le cas du Soleil et des étoiles modestes, cette perte est minime au cours de la Séquence Principale, l'éjection de masse survenant essentiellement à la fin de l'évolution nucléaire, dans la phase de nébuleuse planétaire. Mais on a de bonnes raisons de croire que les étoiles très massives éjectent dès le début de leur existence de grandes quantités de matière. Nos connaissances actuelles sur la question, tant théoriques qu'observationnelles, sont si maigres qu'il n'est pas possible de tirer une conclusion ferme, ni même d'écarter l'hypothèse extrême selon laquelle, quelle que soit la masse initiale d'une étoile, sa perte de masse par vent stellaire suffirait toujours à réduire la masse de son cœur dégénéré en dessous de 3 M⊙. Dans cette optique, la formation des trous noirs dans le cœur des supernovæ serait purement et simplement censurée...

Toutefois, comme nous le verrons dans la 4e partie, on pense avoir détecté réellement des trous noirs de quelques masses solaires dans certaines sources X. Dans l'état actuel des connaissances, il est donc plus raisonnable de croire que tout précurseur de supernova entre dix et cent masses solaires peut finir soit en étoile à neutrons, soit en trou noir. Des modèles détaillés de l'explosion d'une supernova, calculés

1. Le record est actuellement détenu par l'étoile HD 698, dont la masse est de 113 $M_\odot$.

sur de puissants ordinateurs, montrent d'ailleurs qu'un trou noir se forme dans deux cas possibles :

– Lorsque la masse du cœur dégénéré dépasse la limite de stabilité des étoiles à neutrons, l'effondrement conduit directement à un trou noir mais on ignore si sa formation s'accompagne d'éjection de matière (l'enveloppe stellaire ne pouvant plus rebondir sur le noyau dur d'une étoile à neutrons).

– Lorsque la masse du cœur est inférieure à la masse critique mais que peu de masse est éjectée, une étoile à neutrons se constitue en premier lieu ; mais devant supporter le poids de l'enveloppe elle devient instable et s'effondre en trou noir.

A ces deux possibilités de formation d'un trou noir de quelques masses solaires dans une supernova s'ajoute une troisième, réalisable en plusieurs étapes et sur une période beaucoup plus longue. Il s'agit de la formation préalable d'une étoile à neutrons dans une supernova, suivie d'une longue phase de capture et de dépôt de matière à la surface de l'étoile à neutrons – la situation la plus favorable étant bien entendu l'appartenance à un système binaire –, jusqu'à ce que la masse totale viole la limite critique de stabilité. Un tel mécanisme rappelle la transition subite d'une naine blanche en étoile à neutrons, et pour qu'il soit opérationnel il ne faudrait pas que le dépôt gazeux soit régulièrement expulsé par des réactions nucléaires de surface, comme cela se produit dans les novæ.

En conclusion, le trou noir apparaît sur le plan de l'évolution stellaire comme le triomphe ultime de la gravitation dans son rôle de régulateur de la vie d'une étoile (voir Appendice 2). Mais il est bien plus que cela. La gravitation gouverne tous les grands rassemblements de matière dans l'Univers. Nous verrons dans la suite qu'un amas dense d'étoiles évolue aussi en contractant son cœur et pourrait développer des trous noirs non plus de quelques masses solaires mais de mille, un million, voire un milliard de masses solaires ! Nous verrons aussi qu'un trou noir grandit en avalant de la matière et que de nain il peut se transformer en géant, en l'un de ces astres invisibles tels que Michell et Laplace les avaient imaginés. Et puis, il y a aussi des trous noirs minuscules, bien trop légers pour s'être affaissés sous leur propre poids, mais « forcés » par une pression extérieure gigantesque que seul l'Univers primordial a été capable de produire.

Le trou noir est un drôle de cadavre... Car, en fait, rien n'est moins mort que lui. Sitôt formé, il est promis à une grandiose transfiguration, pleine de « bruit et de fureur ». La seconde moitié de ce livre raconte leur histoire.

TROISIÈME PARTIE

La lumière assassinée

Si l'on a l'intention d'abandonner la Relativité, c'est le moment de le faire. Sinon, on est sur le chemin d'un nouveau monde de la physique, à la fois classique et quantique. Allons-y !

B. HARRISON, K. THORNE,
M. WAKANO ET J. WHEELER, 1965

9. L'horizon chimérique

Dans l'immortel ennui du calme sidéral
Le regret d'un soleil dont nous pleurons la perte...

JEAN DE LA VILLE DE MIRMONT,
L'Horizon chimérique

La solution de Schwarzschild

En décembre 1915, un mois après la parution des articles d'Einstein livrant les équations de la Relativité Générale, l'astrophysicien allemand Karl Schwarzschild découvre la solution qui décrit le champ gravitationnel d'une masse sphérique entourée de vide. Depuis le front russe où il combat[1], Schwarzschild communique son manuscrit à Einstein et lui confie le soin de sa publication. Einstein est très impressionné. Il lui répond : « Je ne m'attendais pas à ce qu'une solution exacte du problème puisse être formulée. Votre traitement analytique me paraît splendide. »

L'intérêt de la géométrie d'espace-temps découverte par Schwarzschild est double. D'une part, elle décrit remarquablement bien le champ gravitationnel régnant dans le Système Solaire. Le Soleil est pratiquement sphérique, et l'ensemble de la matière qui lui fait cortège a par rapport à lui une masse si faible qu'on peut l'assimiler à du vide. Les mouvements des rayons lumineux, des planètes, des comètes et de tous les corps en chute libre vers le Soleil suivent donc des géodésiques[2] de l'espace-temps courbe de Schwarzs-

1. Très patriote, Schwarzschild était engagé volontaire dans l'armée prussienne. A l'époque où il découvrit sa solution, il contracta une affection incurable, le pemphigus ; rapatrié d'urgence, il mourut en mai 1916.
2. L'équivalent des droites dans une géométrie courbe, voir page 63.

child. Ces mouvements peuvent être calculés avec précision et s'accordent avec les valeurs observées de la déviation des rayons lumineux frôlant le Soleil et de l'avance du périhélie des planètes, que la force d'attraction de Newton était incapable d'expliquer.

D'autre part, la solution de Schwarzschild présente un intérêt universel car elle est indépendante de la nature de l'astre qui l'engendre. Elle ne dépend que d'une seule grandeur : la masse. Le champ gravitationnel extérieur du Soleil et celui d'une étoile à neutrons sont identiques, pourvu que leur masse soit la même. A la limite, une masse strictement ponctuelle engendrerait aussi l'espace-temps de Schwarzschild.

C'est là que les difficultés commencent. Le comportement de la géométrie devient déroutant dès que l'on s'approche « très près » de la source ponctuelle de gravitation. Plus précisément à la distance critique donnée par $r = 2\,GM/c^2$, où M est la masse de l'astre central, G la constante d'attraction universelle de Newton et c la vitesse de la lumière[3]. On le voit, cette distance est proportionnelle à la masse gravitationnelle. Egale à 3 km pour la masse du Soleil, elle atteint 3 millions de km pour un million de masses solaires et se réduit à 1 cm pour la masse de la Terre. Ce *rayon de Schwarzschild* n'est rien d'autre que la taille critique d'un astre en dessous de laquelle la vitesse de libération à sa surface, calculée « à la Newton », atteindrait la vitesse de la lumière. Sans le savoir, Schwarzschild venait de rouvrir la porte aux spéculations oubliées de Michell et Laplace sur les astres invisibles !

Le cercle magique

A partir de la solution de Schwarzschild, le chemin menant à la théorie des trous noirs est encore semé de deux grosses embûches : l'une d'ordre mathématique, l'autre d'ordre astronomique.

3. J'adopterai par la suite la formule simplifiée $r = 2\,M$, en considérant les constantes fondamentales G et c comme des unités.

Dans la version livrée par Schwarzschild, l'espace et le temps perdent leur identité à l'intérieur du rayon critique r = 2 M. Les « règles » permettant de mesurer distances et durées dans la région extérieure y ont un comportement aberrant ; l'une devient infinie, l'autre nulle. Arthur Eddington décrit cette « singularité » de la géométrie en ces termes : « Il y a un cercle magique à l'intérieur duquel aucune mesure ne peut nous conduire. »

La question du cercle magique fait l'objet de discussions passionnées au Colloque de Paris de 1922. Autour d'Einstein se réunit la plus belle « brochette de relativistes » que l'on puisse imaginer, parmi lesquels Jean Becquerel, Henri Brillouin, Elie Cartan, Jacques Hadamard et Paul Langevin. Pourtant, cette armada de physiciens théoriciens ne parvient pas à résoudre le problème mathématique posé par le rayon critique. Tout au plus pressentent-ils l'éventualité de l'effondrement gravitationnel.

Le cercle magique restera longtemps considéré comme une incohérence de la Relativité Générale et freinera le développement de la théorie des trous noirs. Ce n'est que dans les années 1950 que les théoriciens s'accorderont à résorber la singularité du rayon de Schwarzschild. Le comportement « pathologique » de la géométrie n'est qu'un artifice mathématique. David Finkelstein a démontré qu'il ne résulte que d'un mauvais choix du système de coordonnées[4]. Bien des années plus tôt, Eddington avait découvert la clé de l'énigme en construisant pour la première fois un système de coordonnées dans lequel la géométrie de Schwarzschild perd sa magie au rayon critique. Mais Eddington n'avait pas su ou voulu en tirer les conséquences, car il était préoccupé par un problème astronomique : celui des astres gravitationnellement condensés.

4. Je rappelle qu'en Relativité Générale tous les systèmes de coordonnées sont équivalents pour décrire les phénomènes physiques, mais dans certains d'entre eux les calculs s'effectuent plus simplement que dans d'autres.

Réapparition des astres invisibles

L'idée qu'une étoile comme le Soleil puisse se contracter dans une sphère de 3 km de rayon est tout aussi inadmissible au début du XXe siècle qu'au temps de Laplace, dès lors qu'elle implique une densité de matière défiant l'imagination. En 1931, le Japonais Yusuke Hagihara publie un impressionnant travail mathématique dans lequel il calcule toutes les géodésiques de l'espace-temps de Schwarzschild, y compris celles pénétrant dans le « cercle magique ». Mais il conclut : « En fait, il est tout à fait improbable que dans une étoile réelle la distance $r = 2M$ mesurée à partir du centre soit plus grande que son rayon. Pour que le rayon d'une étoile de masse comparable à celle de notre Soleil soit égal à la distance $r = 2M$, il faudrait que sa densité soit environ 10^{17} fois celle de l'eau, alors que l'étoile la plus dense, le compagnon de Sirius, une naine blanche, a une densité d'environ 6×10^4 fois celle de l'eau[5]. Il n'y a pas une telle diversité dans les masses des étoiles pour permettre une valeur aussi effarante de la densité critique. Par conséquent, une orbite pénétrant à l'intérieur de $r = 2M$ est physiquement très improbable. »

Cette citation résume parfaitement l'attitude pragmatique qu'adoptent la plupart des astrophysiciens. Ils ne s'intéressent qu'aux régions lointaines de la géométrie de Schwarzschild, applicables au Système Solaire, et ignorent son comportement bizarre au rayon critique.

Certains osent quand même aller plus loin. Dès 1920, A. Anderson s'interroge sur le sort qui attend une étoile s'amenuisant réellement vers un volume aussi petit que celui de son cercle magique : « L'astre solaire irait en se contractant et il viendrait un moment où il serait enseveli dans les ténèbres, non pas parce qu'il n'aurait plus de lumière à émettre, mais parce que son champ gravitationnel serait devenu imperméable à la lumière. » Un an plus tard,

5. Les observations ultérieures ont révélé que les naines blanches ont une densité dix fois supérieure à celle indiquée par Hagihara, voir chapitre 5.

Sir Oliver Lodge reprend presque mot pour mot le vieux raisonnement de Michell et Laplace : « Si la lumière a du poids, un corps suffisamment massif et concentré serait capable de retenir la lumière et l'empêcher de s'échapper. Le Soleil devrait se concentrer dans une sphère de 3 km, ce qui est au-delà du raisonnable, et la Terre dans un globe de 1 cm. Mais si pour une masse isolée cette condition est à peine envisageable, un groupe d'étoiles de masse égale à 10^{16} M⊙ pourrait avoir un rayon de 1 000 années-lumière avec une densité moyenne de 10^{-15} g/cm^3, sans que beaucoup de lumière puisse s'en échapper… Ce ne semble pas être une concentration de matière tout à fait impossible. »

On le voit, si les astrophysiciens achoppent encore sur les densités fabuleuses impliquées par des astres de quelques masses solaires condensés en dessous de leur rayon de Schwarzschild, certains sont prêts à admettre leur existence sur des échelles de masses beaucoup plus grandes simplement parce que la densité correspondante devient « raisonnable », c'est-à-dire comparable à celles déjà connues dans la Nature.

Parallèlement, la toute jeune théorie de la Mécanique Quantique accrédite la thèse de l'effondrement gravitationnel en prédisant l'existence d'états « dégénérés » de la matière, d'une densité que personne n'avait jusqu'ici osé imaginer. Le terrain semble prêt pour la réhabilitation des astres invisibles. Mais leur heure n'a pas encore sonné. Arthur Eddington, le grand astrophysicien anglais, est paradoxalement le plus zélé défenseur de la Relativité Générale et le plus farouche opposant à l'idée d'un astre condensé en dessous de son rayon de Schwarzschild : « Je pense qu'il doit y avoir une loi de la nature qui empêche une étoile de se comporter de façon aussi absurde ! » Pour les besoins de sa cause, Eddington doit modifier artificiellement la loi de dégénérescence découverte par Fermi, afin que n'importe quelle masse froide, aussi grande soit-elle, puisse rester en équilibre. Il développe ses idées à l'Union Astronomique Internationale de 1935 – dont il deviendra le président trois années plus tard. Un jeune astrophysicien d'origine indienne du nom de Chandrasekhar glisse une note au président de la session pour lui demander la permission d'exposer un point de vue contraire. Permission refusée ; la notoriété d'Eddington est telle que son opinion ne peut pas être mise en doute !

Malgré ces péripéties, l'histoire des sciences est en marche. Chandrasekhar devient célèbre en bâtissant les premiers modèles d'astres condensés : les naines blanches. La théorie de l'effondrement gravitationnel naît véritablement en 1939, grâce au travail d'Oppenheimer et Snyder (voir chapitre 8). En utilisant les équations de la Relativité Générale, ils réussissent à calculer l'effondrement d'une masse sphérique en dessous de son rayon de Schwarzschild. Ils démontrent rigoureusement que la matière, et avec elle l'espace-temps, s'effondrent pour former une région dont même la lumière ne peut s'échapper.

Le terme de *trou noir* est utilisé pour la première fois le 29 décembre 1967, lors d'une conférence donnée à New York par John Archibald Wheeler. Il entre un temps en compétition avec l'appellation française d'« astre occlus », puis s'impose définitivement. La fulgurante carrière des trous noirs peut commencer...

Plus noir que vous ne pensez

L'astrophysicien indien Jayant Narlikar a rapporté l'anecdote suivante. Au XVe siècle se trouvait à Calcutta une forteresse appelée Fort William, abritant une cellule obscure connue comme le « trou noir de Calcutta ». Cette cellule de cinq mètres sur quatre était conçue pour enfermer trois prisonniers. En 1757, une révolte terrible ensanglanta le Bengale. En manière de représailles, le cruel gouverneur de la province fit enfermer dans le trou noir de Calcutta cent quarante-six prisonniers de l'armée ennemie. Ils y restèrent pendant dix heures, à la période la plus chaude de l'été. Vingt-deux d'entre eux survécurent.

Certains historiens mettent en doute l'authenticité de cet épisode macabre. Il symbolise en tout cas le mythe du trou noir glouton dévorant tout ce qui passe à sa portée. Cette connotation lugubre, répandue dans le grand public par une certaine presse, n'est pourtant que l'un des multiples aspects du trou noir. Le trou noir est un « objet » à la fois simple et extrêmement déroutant par les distorsions qu'il imprime à l'espace-temps. Commençons par décortiquer l'image traditionnelle du trou noir, celle de la *prison cosmique*.

Pour cela, il faut remonter à la source et rappeler la définition élémentaire du trou noir : *une région de l'espace-temps à l'intérieur de laquelle le champ gravitationnel est si intense qu'il empêche toute matière et tout rayonnement de s'échapper*. Qui dit champ gravitationnel fort dit concentration de matière importante. Pour « fabriquer » un trou noir, il faut donc qu'une certaine masse soit enfermée dans un certain volume critique, dont la taille est donnée dans le cas sphérique par le rayon de Schwarzschild. Comme l'indique le *tableau 3* (voir page 168), le trou noir est un astre véritablement exceptionnel dans la mesure où cette condition est loin d'être remplie par les corps usuels, des atomes aux étoiles.

Faisons pour le moment abstraction des mécanismes possibles de formation des trous noirs. Il peut théoriquement exister des trous noirs de toutes les tailles et de toutes les masses. Des trous noirs microscopiques ayant la taille d'une particule élémentaire et la masse d'une montagne, des trous noirs de dix masses solaires et de quelques kilomètres de rayon, des trous noirs géants de plusieurs milliards de masses solaires et aussi gros que le Système Solaire (voir Appendice 2). Par conséquent, contrairement à une opinion couramment répandue, la densité moyenne d'un trou noir n'est pas nécessairement élevée. Elle est inversement proportionnelle au carré de sa masse. S'il est vrai qu'un trou noir de 10 $M_\odot$, formé par effondrement gravitationnel d'une étoile massive au-delà du stade d'étoile à neutrons, requiert une densité « nucléaire » de 10^{14} g/cm^3, un trou noir d'un milliard de masses solaires a une densité moyenne cent fois plus faible que celle de l'eau ! Le trou noir n'est pas un astre forcément dense : c'est un astre assez *compact* pour emprisonner la lumière[6].

6. La notion de densité d'un corps diffère de celle de compacité, dans la mesure où la densité est le rapport de la masse au volume, tandis que la compacité est le rapport de la taille critique à la taille réelle (voir *tableau 3*).

Objet	Masse	Taille R	Rayon de Schwarzschild Rg	Paramètre gravitationnel Rg/R
Atome	10^{-26} kg	10^{-8} cm	10^{-51} cm	10^{-43}
Etre humain	100 kg	1 m	10^{-23} cm	10^{-25}
Montagne	10^{12} kg	1 km	10^{-13} cm	10^{-18}
Terre	10^{25} kg	10^{4} km	1 cm	10^{-9}
Soleil	10^{30} kg = 1 $M_\odot$	10^{6} km	1 km	10^{-6}
Naine blanche	1 $M_\odot$	10^{4} km	1 km	10^{-4}
Etoiles à neutrons	1 $M_\odot$	10 km	1 km	0,1
Galaxie	10^{11} $M_\odot$	100 000 a.l.	0,01 a. l.	10^{-7}
Univers (si fermé)	10^{23} $M_\odot$?	10^{10} a.l.	10^{10} a. l.	1 ?

Tableau 3 : Le paramètre gravitationnel des corps usuels. Le paramètre gravitationnel est le rapport entre le rayon de Schwarzschild d'un corps – qui dépend uniquement de sa masse – et sa dimension réelle. En d'autres termes, il mesure la « compacité » du corps ; plus son paramètre est grand et proche de 1, plus le corps est voisin de l'état de trou noir. Les valeurs numériques données dans la table sont arrondies à la puissance de 10 la plus proche. Les paramètres de l'Univers sont à considérer avec prudence, voir chapitre 19.

L'emprisonnement de la lumière

C'est ici le combat du jour et de la nuit…

Derniers mots de Victor Hugo

Supposons qu'une étoile, parfaitement sphérique et entourée de vide, s'effondre sans aucune distorsion en dessous de son rayon de Schwarzschild. Sa surface est chaude et émet du rayonnement. Comment s'effectuent l'emprisonnement progressif de la lumière et la transition vers l'état de trou noir ?

Là où Michell et Laplace répondaient en termes de vitesse de libération, la Relativité Générale répond de façon plus subtile. G. Birkhoff a démontré en 1923 que la solution de Schwarzschild décrit non seulement la géométrie de l'espace-temps extérieur à une masse statique, mais plus généralement celle régnant autour d'un astre en effondrement ou en expansion, à condition que celui-ci reste exactement sphérique. Si le Soleil se mettait à vibrer, se gonflant et se dégonflant au même taux dans toutes les directions, ou même si on le remplaçait par un trou noir sphérique de même masse, la géométrie du Système Solaire ne changerait pas. Les orbites des planètes et des comètes ne seraient nullement affectées. Il n'y aurait simplement plus de lumière. Grâce au théorème de Birkhoff, on sait donc que le comportement des rayons lumineux émis par une étoile en contraction sphérique est fidèlement décrit par des géodésiques de la géométrie de Schwarzschild.

La *figure 26* montre quatre épisodes de l'effondrement gravitationnel d'une étoile sphérique retenant progressivement la lumière. Avant l'effondrement *(figure 26a)*, la masse de l'étoile est répartie dans un volume beaucoup plus grand que

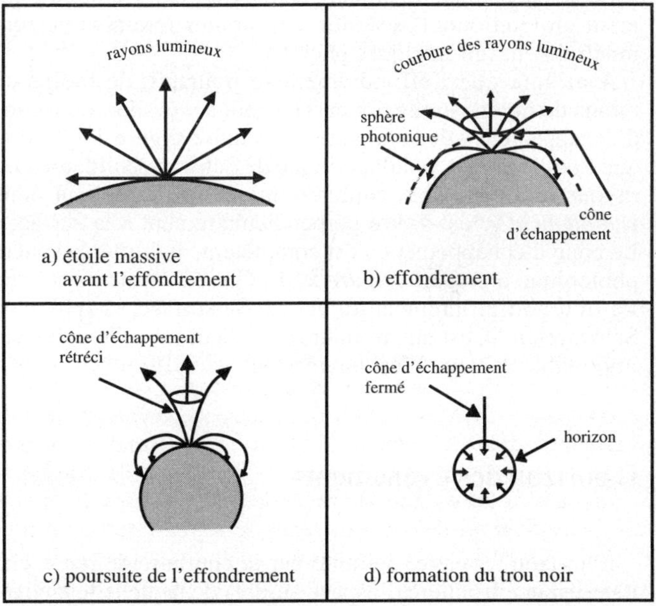

Figure 26 : L'emprisonnement de la lumière en quatre épisodes.

celui délimité par le rayon de Schwarzschild. Selon la théorie de la Relativité Générale, son champ gravitationnel marque d'une empreinte encore légère le « tissu élastique » de l'espace-temps. La lumière quittant un point de la surface de l'étoile peut s'échapper en ligne droite et dans n'importe quelle direction.

Puis l'étoile s'effondre *(figure 26b)*. A mesure que son rayon réel se rapproche du rayon critique de Schwarzschild, le puits gravitationnel se creuse, la courbure de l'espace-temps s'accentue et, en vertu du Principe d'Equivalence, les trajectoires des rayons lumineux, astreintes à épouser la courbure, sont déviées de la ligne droite tout en restant des géodésiques. Lorsque le rayon de l'étoile atteint une fois et demie le rayon de Schwarzschild, les signaux lumineux émis *tangentiellement* « retombent » à la surface comme le jet d'eau d'une fontaine. Ils tissent une « sphère photoniquc », sorte de cocon ténu de lumière entourant l'étoile en effondrement gravitationnel, dont les astronomes lointains verront indéfiniment fuir quelques photons.

A mesure que l'effondrement se poursuit, de moins en moins de rayons lumineux parviennent à s'évader. Le « cône d'échappement » de la lumière s'amenuise *(figure 26c)*. Lorsque l'étoile atteint la taille critique de Schwarzschild, tous les rayons lumineux sont capturés, même ceux qui sont émis *radialement* (c'est-à-dire perpendiculairement à la surface). Le cône d'échappement s'est complètement fermé, la sphère photonique a disparu *(figure 26d)*. C'est l'extinction totale. Le trou noir proprement dit est né. Sa surface, la sphère de Schwarzschild, est une frontière au-delà de laquelle il devient impossible de voir. C'est un *horizon*.

L'horizon des événements

L'horizon terrestre, délimité par la courbure de notre planète, est une frontière d'espace au-delà de laquelle le navigateur ne voit pas. L'horizon terrestre est relatif. C'est un cercle centré sur le navigateur, qui se déplace avec lui.

Par contraste, l'horizon du trou noir est absolu. C'est une frontière de *l'espace-temps*, indépendante de tout observateur, qui partage les événements en deux catégories. A l'extérieur de l'horizon, il est possible de communiquer à des distances arbitrairement grandes par des signaux lumineux. C'est l'univers ordinaire dans lequel nous évoluons. A l'intérieur de l'horizon, les rayons lumineux ne sont plus libres de voyager entre les événements mais sont focalisés vers le centre. La communication entre événements devient soumise à des contraintes sévères. C'est le trou noir.

La *figure 27* est un diagramme d'espace-temps représentant la géométrie de Schwarzschild autour d'une étoile sphérique en contraction gravitationnelle, aboutissant à la formation d'un trou noir. C'est la figure la plus importante de ce livre car elle fournit la première clé d'une compréhension sérieuse des trous noirs. A ce titre elle réclame une attention particulière.

Comme dans tout diagramme d'espace-temps, la courbure est visualisée au moyen des cônes de lumière. On se souvient qu'en chaque événement le cône de lumière est engendré par les trajectoires des ondes électromagnétiques et circonscrit les lignes d'univers de toutes les particules matérielles, qui ne peuvent pas dépasser la vitesse de la lumière. En l'absence de gravitation, tous les cônes de lumière sont « parallèles » entre eux, en ce sens que leurs cônes sont inclinés à 45° et leur ouverture est de 90° (en choisissant convenablement les unités de longueur et de temps, voir *figure 4*). Ils tissent l'espace-temps plat de Minkowski, support de la Relativité Restreinte. En présence d'un champ gravitationnel, c'est-à-dire de courbure de la géométrie sous-jacente, les cônes de lumière sont déviés et leur ouverture s'amenuise.

Pour simplifier le schéma, seuls les rayons lumineux se propageant dans la direction radiale (entrante et sortante) sont représentés. La sphère photonique discutée plus haut n'apparaît donc pas. Loin de la région en effondrement, l'espace-temps est pratiquement plat et les cônes de lumière sont droits. En effet, le champ gravitationnel engendré par la masse centrale s'évanouit à mesure que l'on s'éloigne, et la courbure de l'espace-temps s'estompe. On dit que l'espace-temps de Schwarzschild est *asymptotiquement plat*, pour signifier qu'à très grande distance de la masse il se fond dans l'espace-temps de Minkowski.

Dès qu'on s'approche de la source du champ gravitationnel, la courbure s'accentue et influence les cônes de lumière, qui se ferment et s'inclinent vers l'intérieur de la région en effondrement. Les rayons lumineux ont de plus en plus de mal à s'échapper. Il arrive un moment où les cônes de lumière ont basculé de 45 degrés et l'un de leurs côtés devient vertical, de sorte que toutes les directions de propagation permises sont focalisées vers le centre du champ gravitationnel. C'est l'emprisonnement définitif de la lumière, qui correspond à la formation de l'horizon des événements, à r = 2 M. Au-delà, les cônes de lumière sont encore plus inclinés et leur ouverture est plus réduite. Les trajectoires de toutes les particules matérielles, circonscrites à l'intérieur des cônes de lumière, convergent inexorablement vers la ligne verticale r = 0. Ce centre géométrique du

---

Figure 27 : La formation d'un trou noir par effondrement gravitationnel. Le diagramme d'espace-temps permet d'embrasser d'un coup d'œil l'histoire complète de l'effondrement d 'une étoile sphérique, depuis sa contraction initiale jusqu'à la formation d'un trou noir et d'une singularité. Deux dimensions spatiales sont tracées horizontalement, le temps est tracé verticalement, l'évolution temporelle se lisant de bas en haut. Le centre de l'étoile est en r = 0. La surface de l'étoile à un instant donné, normalement une sphère, se réduit ici à un cercle puisqu'une dimension spatiale a été supprimée.
La courbure de l'espace-temps est visualisée par les cônes de lumière, engendrés par les trajectoires des rayons lumineux. Les rayons sortants sont représentés par les lignes en pointillés, les rayons entrants par les droites en pointillés. Loin du champ gravitationnel central, la courbure est si faible que les cônes de lumière restent droits. Près du champ gravitationnel, les cônes sont déformés et déviés par la courbure. Sur la surface critique de rayon r = 2 M, les cônes ont basculé de 45° et l'un de leurs côtés devient vertical, de sorte que les directions de propagation permises des particules et des ondes électromagnétiques sont orientées vers l'intérieur de cette surface. Il s'agit de l'horizon des événements, frontière du trou noir proprement dit (zone grise). Au-delà, la matière de l'étoile continue à s'effondrer jusqu'à une singularité de volume nul et de densité infinie en r = 0. Une fois le trou noir formé et après que toute la matière de l'étoile a disparu dans la singularité, la géométrie de l'espace-temps lui-même continue à s'effondrer vers la singularité, comme l'indiquent les cônes de lumière.
L'émission de rayons lumineux en E_1, F_2, E_3, E_4, et leur réception par un astronome lointain sont discutées dans le texte page 175. →

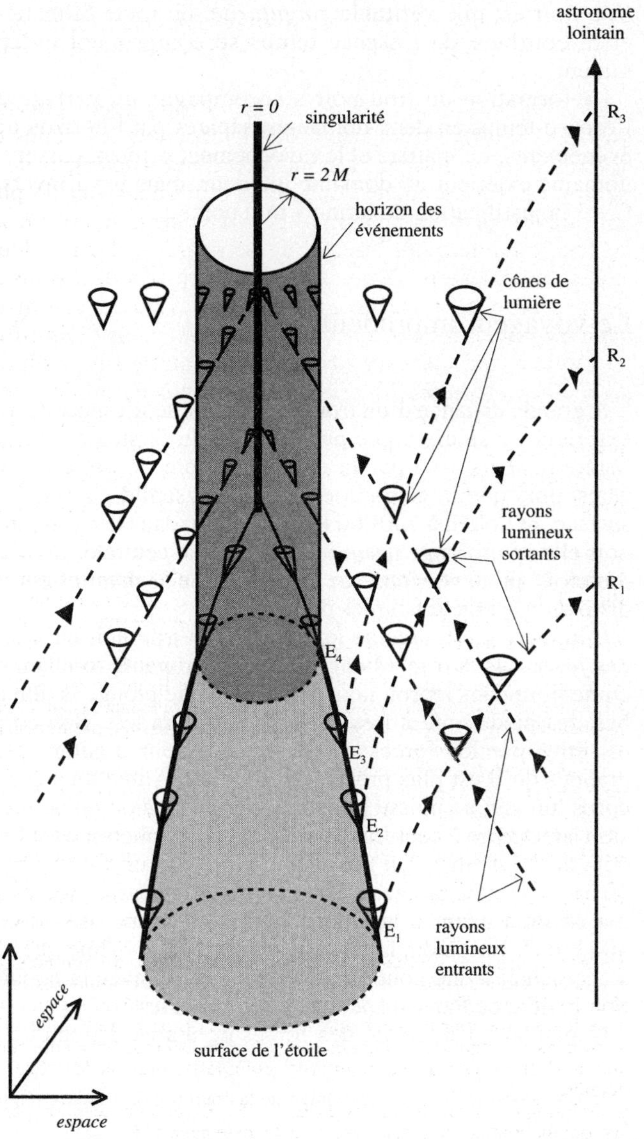

astronome
lointain
r = 0
singularité
r = 2M
horizon des
événements
cônes de
lumière
R3
R2
R1
rayons
lumineux
sortants
E4
E3
E2
E1
rayons
lumineux
entrants
temps
espace
espace
surface de l'étoile

trou noir est une véritable *singularité*, où toute la matière et la courbure de l'espace-temps se compriment indéfiniment.

La formation du trou noir s'accompagne du partage de l'espace-temps en deux domaines, séparés par l'horizon des événements. La matière et le rayonnement peuvent passer du domaine extérieur au domaine intérieur, mais pas l'inverse. C'est la justification du terme « trou noir ».

Le voyageur imprudent

A grande distance d'un trou noir sphérique, l'espace-temps extérieur ne se distingue pas de celui du Système Solaire, légèrement incurvé par la masse centrale de notre étoile. Mais alors que la géométrie de Schwarzschild s'arrête à la surface du Soleil, à 700 000 km du centre, dans le cas du trou noir elle se prolonge jusqu'à la singularité centrale. Ce n'est toutefois qu'au voisinage de l'horizon que se manifestent les distorsions caractéristiques du trou noir.

Comme toute source de gravitation, un trou noir engendre des *forces de marée*[7]. Imaginons un astronaute tombant en chute libre dans le trou noir. Si l'astronaute plonge la tête en bas, ses pieds sont attirés moins vite que sa tête. Son corps est étiré par les forces de marée, qui sont d'autant plus grandes qu'il est plus proche du trou noir. Admettons que le corps humain ne puisse pas supporter de tension ou de pression supérieure à cent fois la pression atmosphérique (qui est déjà de 1 kg/cm^2). Un astronaute attiré par un trou noir de 10 $M_\odot$ – dont le rayon est 30 km – serait tué par les forces de marée bien avant d'atteindre l'horizon, à une altitude de 400 km. A l'horizon, la tension subie serait la même que s'il s'accrochait à une poutrelle de la tour Eiffel avec la population entière de Paris suspendue à ses chevilles !

Cependant, l'intensité des forces de marée dépend de la

7. Traduction en langage newtonien de la courbure de l'espace-temps, voir page 58.

densité de matière qui les engendre. Plus un trou noir est massif, plus faible est sa densité et plus douce est la courbure qu'il imprime à l'espace-temps extérieur. Par conséquent, les abords d'un trou noir beaucoup plus massif qu'une étoile deviendraient fréquentables par un être humain. Notre astronaute-cobaye pourrait atteindre sain et sauf l'horizon d'un trou noir de mille masses solaires, et il pourrait même explorer l'intérieur d'un trou noir géant de cent millions de masses solaires, les forces de marée à l'horizon devenant plus faibles que celles, déjà imperceptibles, engendrées par la Terre. Néanmoins, une fois franchi l'horizon, l'astronaute serait irrésistiblement capturé par la singularité centrale et là, quelle que soit la masse du trou noir, déchiqueté par des forces de marée infinies !

Le temps gelé

La *figure 27* montre en outre quelques rayons lumineux sortant en E_1, E_2, E_3, E_4 de la surface de l'étoile en contraction et parvenant en R_1, R_2, R_3... à un astronome situé à grande distance (dont la ligne d'univers est représentée par une droite verticale). On suppose que les intervalles de temps entre les points d'émission E_1, E_2, E_3, E_4 sont strictement égaux lorsqu'ils sont mesurés par une horloge placée à la surface de l'étoile et participant à son effondrement. Le diagramme d'espace-temps prouve toutefois que les intervalles de réception entre R_1, R_2, R_3... deviennent de plus en plus longs. A la limite, le rayon lumineux émis en E_4, juste au moment où l'horizon des événements se forme, met un temps infini pour parvenir à l'astronome extérieur.

Ce phénomène de « gel temporel » est une illustration extrême de l'élasticité du temps prédite par la théorie de la Relativité d'Einstein, selon laquelle le temps s'écoule différemment pour deux observateurs en accélération relative[8].

8. Ou, ce qui revient au même d'après le Principe d'Equivalence, dans des champs gravitationnels différents.

La surface de l'étoile, en effondrement gravitationnel, est effectivement accélérée par rapport à l'astronome lointain qui ne participe pas au mouvement de chute libre. Par conséquent, le *temps propre* d'effondrement, mesuré par une horloge demeurant à la surface de l'étoile, est distinct du *temps apparent* d'effondrement, mesuré par une horloge lointaine et indépendante. La contraction de l'étoile en dessous de son rayon de Schwarzschild s'effectue en un temps propre parfaitement fini, mais en un temps apparent infini. L'astronome lointain ne pourra *jamais voir* la formation du trou noir proprement dit et, *a fortiori*, il ne pourra jamais voir au-delà.

Le gel du temps apparent, qui se traduit par des intervalles dilatés de réception des signaux, se manifeste également par une diminution de la fréquence apparente du rayonnement sortant de l'étoile, puisque la fréquence compte le nombre de vibrations de l'onde lumineuse par seconde[9]. Si la fréquence apparente du rayonnement diminue, sa longueur d'onde apparente augmente ; on dit qu'elle est *décalée vers le rouge,* pour rappeler le fait que la plus grande longueur d'onde du rayonnement visible correspond à la couleur rouge (voir *Tableau 1*). L'astronome lointain recevra des images de l'effondrement non seulement de plus en plus retardées, mais aussi de plus en plus « rouges » et d'intensité affaiblie.

La *figure 28* est une illustration plus pittoresque du gel temporel. Un vaisseau spatial a pour mission d'explorer l'intérieur d'un trou noir – de préférence un trou noir géant, afin de ne pas être détruit trop tôt par les forces de marée. A son bord, le commandant rend un salut solennel à l'humanité juste au moment où le vaisseau franchit, sans espoir de retour, l'horizon des événements. Son geste est transmis à des spectateurs lointains au moyen d'images télévisées.

Le film A montre la série d'images prises à intervalles égaux dans le temps propre de l'astronaute. Il représente donc la scène telle qu'elle peut être observée par l'équipage à bord du vaisseau. Le salut du commandant débute

9. C'est l'effet Einstein déjà mentionné au chapitre 3.

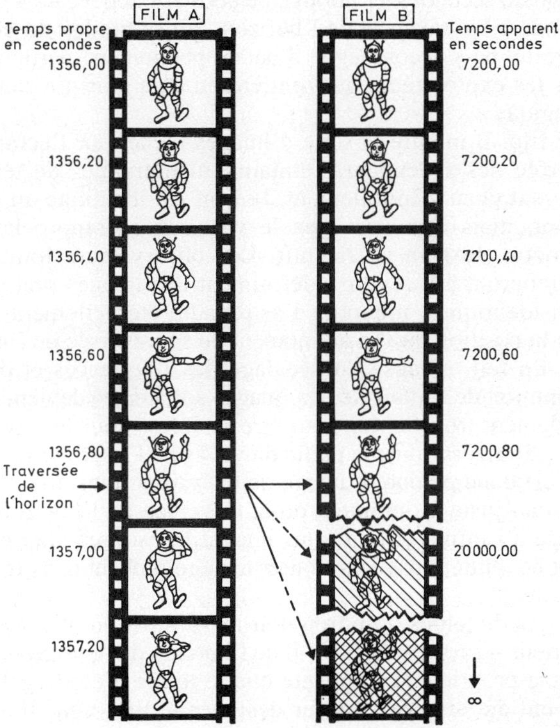

Figure 28 : Le salut de l'astronaute. Le film de gauche montre la scène qui se passe à bord du vaisseau en temps réel, c'est-à-dire mesuré par une horloge à bord du vaisseau et participant avec lui à la chute dans le trou noir. Le salut de l'astronaute est décomposé en instantanés séparés par des intervalles de temps propre égaux à 0,2 seconde. La traversée de l'horizon ne s'accompagne d'aucun événement particulier.
Le film de droite montre la scène reçue par des observateurs lointains au moyen d'images télévisées. Elle est aussi découpée en intervalles de temps apparent égaux à 0,2 seconde. Dès le début du geste, le salut apparent prend un léger retard sur le salut réel mais, initialement, l'écart est trop faible pour être perçu, si bien que les deux films sont pratiquement identiques. Ce n'est que très près de l'horizon que le temps apparent gèle subitement ; le film de droite montre alors l'astronaute éternellement figé au milieu de son salut, se rapprochant imperceptiblement de la position limite correspondant à sa traversée de l'horizon. En outre, le décalage des fréquences dans le champ gravitationnel provoque un affaiblissement des images, qui cessent rapidement d'être visibles.

à 1356,00 secondes à l'horloge de bord et s'achève à 1357,20 secondes. La traversée de l'horizon, qui se produit au cours du geste, ne s'accompagne d'aucun phénomène particulier. Pour les explorateurs, la frontière du trou noir n'a rien de « magique ».

Le film B montre la série d'images reçues sur l'écran de contrôle des spectateurs lointains, à intervalles de temps apparent égaux. Initialement, le film est identique au précédent, mais à mesure que le vaisseau se rapproche de l'horizon, le film se ralentit. Les observateurs lointains continueront à recevoir indéfiniment des images pratiquement identiques, montrant l'astronaute éternellement figé dans la position qu'il a au moment de sa traversée de l'horizon. En fait, à cause du décalage des fréquences et de la diminution de l'intensité, les images apparentes deviendront rapidement trop faibles pour être visibles. Pour les spectateurs extérieurs, toute la partie du voyage à l'intérieur du trou noir est donc perdue. L'image de télévision transmise par le vaisseau juste au moment de la traversée de l'horizon est rejetée à l'infini, et toutes les images transmises ultérieurement ne quittent pas le trou noir mais retombent dans la singularité.

Le gel du temps d'un trou noir mesuré par un observateur extérieur – aussi proche soit-il de l'horizon des événements – est une propriété si frappante que le terme d'étoile gelée a souvent été employé[10] pour désigner le trou noir. Il a été finalement abandonné car il ne décrit qu'un aspect très partiel de la physique des trous noirs. Si l'horizon d'un trou noir est rejeté dans le futur infini des spectateurs extérieurs, le trou noir n'est pas pour autant une chimère. Il est possible d'assister jusqu'au bout à la scène de l'effondrement gravitationnel, à condition d'être un acteur. La théorie de la Relativité Générale permet d'explorer l'intérieur du trou noir (sans crainte des effets de marée !). Allons-y !

10. Surtout par les astrophysiciens soviétiques.

Le monde inverti

Vous qui entrez ici, laissez toute espérance.
DANTE, *La Divine Comédie*

Contrairement aux astres compacts tels que les naines blanches ou les étoiles à neutrons, dont l'effondrement gravitationnel a été interrompu par une résistance interne de la matière et qui ont une surface dure, rien ne peut arrêter l'effondrement gravitationnel une fois que le rayon de Schwarzschild est franchi et qu'un horizon des événements s'est formé. Par conséquent, *l'intérieur d'un trou noir est vide avec une singularité au milieu*[11].

Pour ceux qui rechignaient déjà aux densités moyennes fantastiques impliquées par les trous noirs stellaires, la situation a encore empiré : toute la masse du trou noir est théoriquement enfermée en son centre même, dans une singularité mathématique de volume nul ! Avant de nous pencher sur le casse-tête de la singularité centrale, non encore résolu par la physique moderne, explorons la région qui l'entoure.

Cette région « bouge » car sa géométrie s'effondre. Autrement dit, il est impossible de rester immobile à l'intérieur d'un trou noir. Comme le montrait le diagramme d'espace-temps de la *figure 27*, rester à distance fixe du centre nécessiterait une vitesse supérieure à celle de la lumière (les lignes d'univers de distance r constante sont les droites parallèles à l'axe du temps, qui à l'intérieur du trou noir sortent des cônes de lumière). Or, l'interdiction de dépasser la vitesse de la lumière, imposée par la Relativité, s'applique tout autant à l'intérieur du trou noir qu'à l'extérieur. A l'intérieur de l'horizon, les seules trajectoires permises – confinées dans les cônes de lumière – sont donc inéluctablement focalisées vers la singularité centrale.

On assimile parfois l'intérieur d'un trou noir à un « monde à l'envers ». Cette image est source de bien des confusions,

11. Cette extrapolation de l'effondrement gravitationnel est peut-être naïve. On ignore le comportement dynamique réel de la matière à l'intérieur d'un trou noir ; certaines spéculations sont développées au chapitre 19.

mais elle trouve son origine dans l'analogie suivante. Dans la région extérieure à l'horizon d'un trou noir – par exemple le morceau d'espace-temps dans lequel nous-mêmes évoluons –, il est possible de se déplacer dans l'espacc tridimensionnel dans n'importe quelle direction, d'avant en arrière, de gauche à droite ou de haut en bas. Par contre, le temps s'écoule inexorablement dans une seule direction, du passé vers le futur. Le temps est une coordonnée « directrice », dont le flot s'appelle la *causalité* (voir page 43). A l'intérieur d'un trou noir, les rôles sont inversés. La coordonnée qui décrit la distance au centre du trou noir – qui vaut 2 M à l'horizon et zéro à la singularité – devient directrice, tandis que la coordonnée qui servait à décrire le temps dans l'espace extérieur devient du genre espace. L'espace devient en quelque sorte « inexorable » à l'intérieur d'un trou noir, dans la mesure où toute matière est condamnée à voir sa coordonnée de distance diminuer, de la même façon que dans l'espace-temps extérieur les événements sont entraînés vers des temps sans cesse croissants.

Mais il faut manier ces concepts avec précaution. Ce n'est pas parce que la coordonnée temporelle devient du genre espace à l'intérieur du trou noir que l'on peut y remonter le temps et violer la causalité ! Cette coordonnée, changeant de genre au passage de l'horizon, ne représente pas le temps

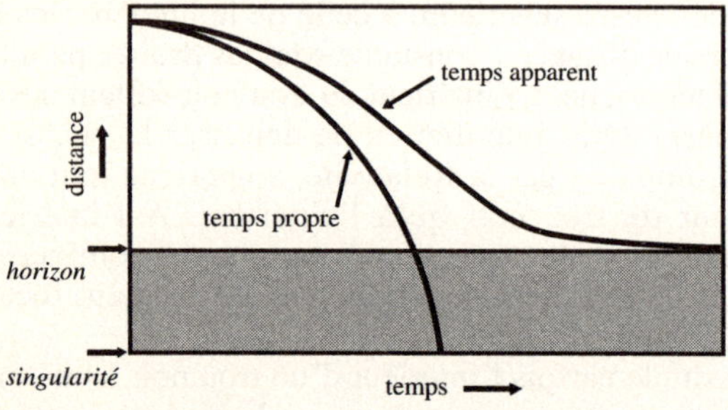

Figure 29 : Les deux temps du trou noir. Un intervalle de temps propre fini s'écoule entre le moment où un corps tombe en chute libre vers le trou noir et le moment où il atteint la singularité centrale. Pourtant, l'approche du trou noir vue par un observateur extérieur prend un temps apparent infini ; la traversée de l'horizon n'a jamais lieu.

vécu, ni à l'intérieur, ni même à l'extérieur du trou noir (où elle décrit le temps apparent mesuré par des horloges infiniment lointaines). Le seul « temps » ayant un sens physique est le *temps propre*, mesuré par les horloges en chute libre vers la singularité. Or, le temps propre à l'intérieur du trou noir dépend simplement de la coordonnée de distance au centre, augmentant lorsque celle-ci diminue. Donc, tout comme à l'extérieur, le vrai temps continue à s'écouler vers le futur. La différence est que ce futur a une fin : la singularité au centre du trou noir. Un intervalle de temps propre fini s'écoule entre l'instant où le vaisseau en chute libre traverse l'horizon et le moment où il est écrasé dans la singularité centrale *(figure 29)*, quelle que soit la puissance de ses moteurs ou sa direction de navigation. Ce temps de « répit » est d'autant plus long que le trou noir est plus massif. Pour un trou noir stellaire de 10 $M_\odot$ il n'est que d'un dix millième de seconde, mais pour un trou noir géant caché dans le cœur d'une galaxie l'exploration peut durer une heure.

10. Illuminations

La plaque du foyer noir, de réels soleils des grèves : ah ! puits des magies.

ARTHUR RIMBAUD, *Illuminations*

Un question d'éclairage

L'une des meilleures façons de se représenter concrètement un objet, c'est de fixer son image, de le photographier. Peut-on envisager de prendre la photographie d'un trou noir ?

La question peut sembler farfelue puisque, par définition, un trou noir ne laisse échapper aucune lumière. Mais c'est aussi le cas de tout corps suffisamment froid pour n'être pas lui-même une source détectable de rayonnement. Les objets de tous les jours doivent être éclairés pour être vus. Dans le domaine astronomique, les planètes, dont le cœur n'est pas alimenté en énergie thermonucléaire, resteraient invisibles si leur surface ne réfléchissait pas la lumière du Soleil[1].

A cet égard, ce qui est vrai pour une planète est vrai pour un trou noir. On ne verra certainement rien d'un trou noir en l'absence de toute source d'éclairage, mais un trou noir convenablement éclairé est capable de renvoyer une image. Le trou noir peut être photographié sous les feux des projecteurs !

1. Jupiter, la planète la plus massive du Système Solaire, possède une source d'énergie interne. En se contractant légèrement, son cœur transforme de l'hydrogène atomique en un hydrogène « métallique » organisé en réseau solide analogue à celui de la glace. Cette « transition de phase » libère un peu d'énergie, qui confère à Jupiter une luminosité propre à peine supérieure à celle provenant de la réflexion de la lumière solaire.

Chaque corps naturel absorbe et réfléchit à sa façon le rayonnement électromagnétique. L'expérience illustrée par la *figure 30* consiste à éclairer d'un faisceau de rayons parallèles diverses espèces de corps sphériques « idéalisés », et à observer la lumière réfléchie dans une direction perpendiculaire à la direction incidente. L'aspect de l'image reçue révèle la façon dont les corps, selon leur nature, réagissent aux ondes électromagnétiques.

Dans le cas d'un corps parfaitement *noir* (par exemple une sphère peinte d'un noir idéalement absorbant), tous les rayons lumineux sont absorbés et, en l'absence de réflexion, l'observateur ne voit strictement rien de la sphère *(figure 30a).*

Dans le cas d'une surface *mate* (celle de la Lune et des planètes), la lumière est réfléchie de façon « isotrope », c'est-à-dire avec la même intensité dans toutes les directions. Par conséquent, en chaque point de la surface, un rayon lumineux et un seul est dévié d'exactement 90° par rapport à sa direction incidente et atteint l'observateur. Le résultat *(figure 30b)* rappelle l'image familière de la demi-Lune.

L'exemple suivant est celui d'une sphère métallique *parfaitement réfléchissante.* Cette fois, un seul point de la surface dévie un rayon incident de 90° et l'envoie en direction de l'observateur. L'image de la sphère *(figure 30c)* se réduit à une tache de lumière unique, située à 0,707 fois le rayon réel de la sphère.

Examinons pour finir le cas du *trou noir.* La différence essentielle avec les corps précédents est que le trou noir n'a pas une surface dure, tangible, sur laquelle les rayons incidents puissent frapper et se réfléchir. C'est le *champ gravitationnel* du trou noir qui dévie les rayons lumineux. La sphère d'influence du trou noir ne se réduit donc pas à sa seule surface – l'horizon des événements – mais s'étend jusqu'à l'infini. Les trajectoires des rayons lumineux ne sont plus des lignes droites brisées au point d'impact avec la surface, mais des lignes incurvées par le champ gravitationnel. Dans l'expérience d'illumination, le champ gravitationnel du trou noir dévie plusieurs rayons lumineux dans la direction de l'observateur. L'image du trou noir est constituée d'une série de taches lumineuses *(figure 30d).* A gauche, à

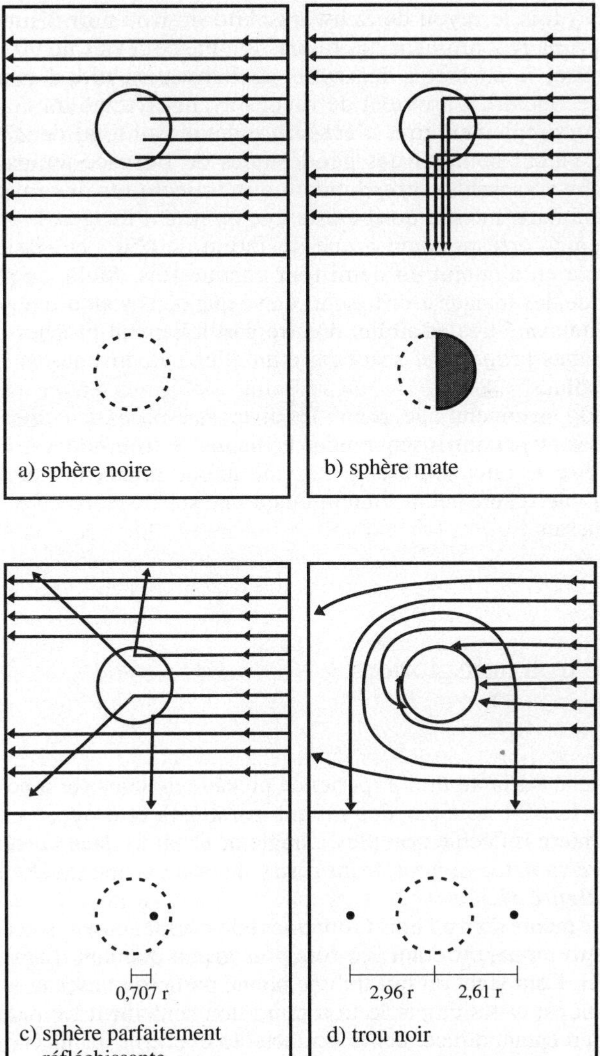

Figure 30 : Illumination de quatre variétés de corps.

2,96 fois le rayon de Schwarzschild du trou noir, l'image « primaire » provient des rayons lumineux déviés de 90°. A droite, à 2,61 fois le rayon de Schwarzschild, l'image « secondaire » provient de rayons ayant effectué un demi-tour supplémentaire, c'est-à-dire déviés au total de 270°. Le calcul complet des géodésiques de l'espace-temps de Schwarzschild, correspondant aux trajectoires des rayons lumineux, montre qu'il existe une *infinité* d'images, la troisième correspondant à une déviation de 450°, et ainsi de suite en ajoutant un demi-tour chaque fois. Mais, en pratique, les images d'ordre plus élevé que deux sont d'une part d'intensité très affaiblie, d'autre part tellement proches des images primaire et secondaire qu'elles ne peuvent pas être résolues.

On en conclut que, parmi les diverses espèces de corps qui ne sont pas intrinsèquement brillants, le trou noir est loin d'être le plus sombre. Il renvoie même mieux la lumière qu'une sphère peinte en noir ou qu'une sphère de métal réfléchissant !

Le trou noir glorieux

Une variante de l'expérience précédente consiste à éclairer le trou noir par des rayons parallèles et à observer la lumière réfléchie non plus à angle droit, mais dans la *même direction*. Ce « retour de lumière » du trou noir est montré sur la *figure 31*.

L'image du trou noir proprement dit est magnifiée, son diamètre apparent étant 2,6 fois plus grand que son diamètre réel. Cela vient du fait qu'une bonne partie du faisceau incident est capturée par le trou noir : non seulement les rayons interceptant directement l'horizon des événements, mais également ceux passant à moins de 5,2 M du centre (le rayon propre du trou noir étant égal à 2 M). D'autre part, le disque noir est entouré d'une sorte d'auréole, constituée d'une série d'anneaux lumineux concentriques. L'anneau extérieur est dessiné par les rayons ayant accompli un demi-tour, les anneaux plus intérieurs par les rayons ayant accompli des demi-tours supplémentaires. L'image évoque *l'effet de gloire* bien connu en optique traditionnelle : lorsque la lumière solaire est diffusée par les innombrables gouttelettes d'eau du brouillard, il est parfois possible d'apercevoir en réflexion

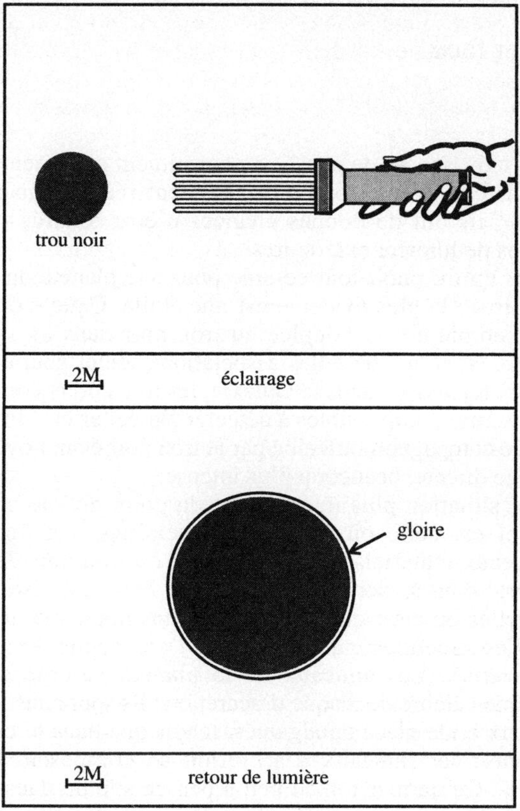

Figure 31 : La gloire d'un trou noir nu. On éclaire un trou noir d'un faisceau de rayons lumineux parallèles et on observe le retour de lumière, formé par les rayons déviés de 180 degrés par le champ gravitationnel du trou noir.

l'ombre de sa propre tête, entourée d'anneaux brillants centrés sur la ligne de visée.

Dans le cas du trou noir glorieux, seul l'anneau extérieur serait visible, la résolution n'étant pas suffisante pour distinguer les retours de lumière d'ordre plus élevé.

Pile et face

Ces expériences de pensée ne constituent nullement un jeu gratuit, car, si les trous noirs existent réellement dans la Nature, ils ont de bonnes chances d'être éclairés par des sources de lumière extérieures.

Pour un trou noir tout comme pour une planète, la source d'éclairage la plus évidente est une étoile. Cette étoile peut par exemple être accouplée au trou noir dans un système binaire. Bien que de telles associations soient peut-être largement répandues dans la Galaxie, les trous noirs correspondants seraient impossibles à détecter par cet effet, l'image de l'étoile compagnon réfléchie par le trou noir étant noyée dans l'image directe, beaucoup plus intense.

Une situation plus intéressante du point de vue observationnel est celle où la source d'éclairage est une série d'anneaux matériels en orbite autour du trou noir. Je développerai dans la dernière partie de ce livre les raisons pour lesquelles on croit que nombre de trous noirs sont entourés de telles structures matérielles, que l'on appelle des *disques d'accrétion*. Les anneaux de la planète Saturne sont un exemple célèbre de disque d'accrétion ; ils sont constitués de cailloux et de glace amalgamés, tandis que dans le cas d'un trou noir les anneaux d'accrétion se composent de gaz chaud[2]. Ce dernier tombe peu à peu en spirale dans le trou

2. Une autre différence importante vient du fait que le disque d'accrétion d'un trou noir est constamment alimenté en gaz, tandis que celui de Saturne n'est qu'un vestige du Système Solaire primitif.

noir, de façon analogue au mouvement de l'eau entraînée dans un tourbillon. La chute du gaz s'accompagne d'une élévation de sa température et d'une émission de rayonnement. C'est la source d'éclairage : les anneaux d'accrétion brillent et illuminent le trou noir central.

La *figure* 32 montre les contours d'un disque circulaire entourant un trou noir sphérique. L'image est photographiée à grande distance, dans une direction légèrement inclinée au-dessus du plan du disque. La forte courbure de l'espace-temps autour du trou noir se manifeste par une distorsion de l'image apparente du disque, qui ne se réduit plus à un ensemble d'ellipses, comme c'est le cas lorsqu'on observe depuis la Terre les anneaux de Saturne à travers un espace-temps pratiquement plat. Ici, l'image se décompose en deux. L'image *primaire* est formée des rayons lumineux émis par le *dessus* du disque, et qui sont déviés de moins de 180°. Une première constatation surprend : *la totalité du dessus des anneaux est visible*, y compris la portion qui serait « normalement » cachée dans une géométrie sans courbure (les anneaux de Saturne observés depuis la Terre sont partiellement cachés par le disque de la planète).

Mais l'étonnement est encore plus grand en constatant que la courbure de l'espace-temps autour du trou noir *permet également de voir le dessous des anneaux*. C'est l'image *secondaire*. Le disque d'accrétion du trou noir peut être vu côté pile et côté face !

En fait, il existe une infinité d'images, car les rayons lumineux émis par le disque peuvent s'enrouler un nombre arbitraire de fois autour du trou noir avant d'échapper à son champ gravitationnel et parvenir à un astronome lointain. L'image primaire montre le dessus, l'image secondaire montre le dessous, l'image tertiaire montre à nouveau le dessus et ainsi de suite. Cependant, les images d'ordre plus élevé que deux sont sans intérêt optique car elles sont littéralement collées sur la frontière du disque noir central, ce dernier représentant l'image agrandie du trou noir proprement dit.

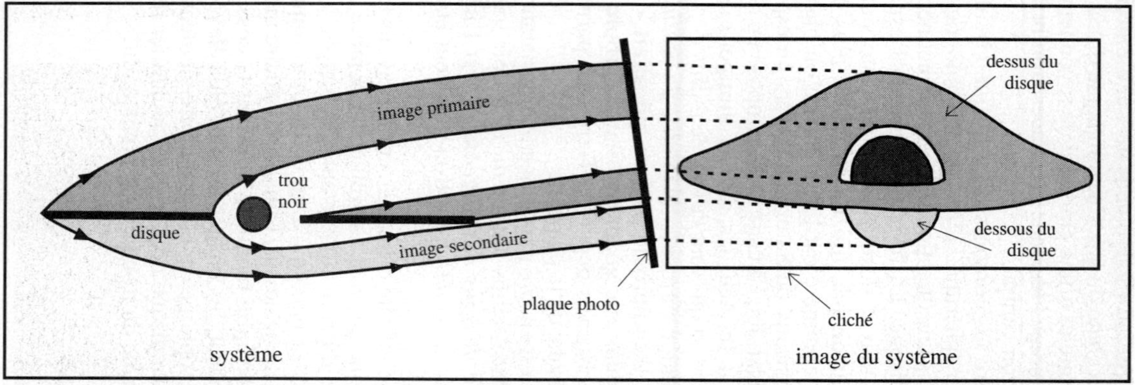

Figure 32 : Distorsions optiques au voisinage d'un trou noir. On imagine qu'un trou noir est entouré d'un disque brillant. Le système est observé à grande distance dans une direction de 10 degrés par rapport au plan du disque. Les rayons lumineux sont reçus sur une plaque photographique. A cause de la courbure de l'espace-temps au voisinage du trou noir, l'image du système est très différente des ellipses que l'on observerait si un astre ordinaire se trouvait à la place du trou noir. La lumière émise par le dessus du disque forme l'image directe et présente une distorsion notable qui permet d'en voir la totalité. Le dessous du disque est également visible sous forme d'une image indirecte, engendrée par des rayons lumineux fortement infléchis.

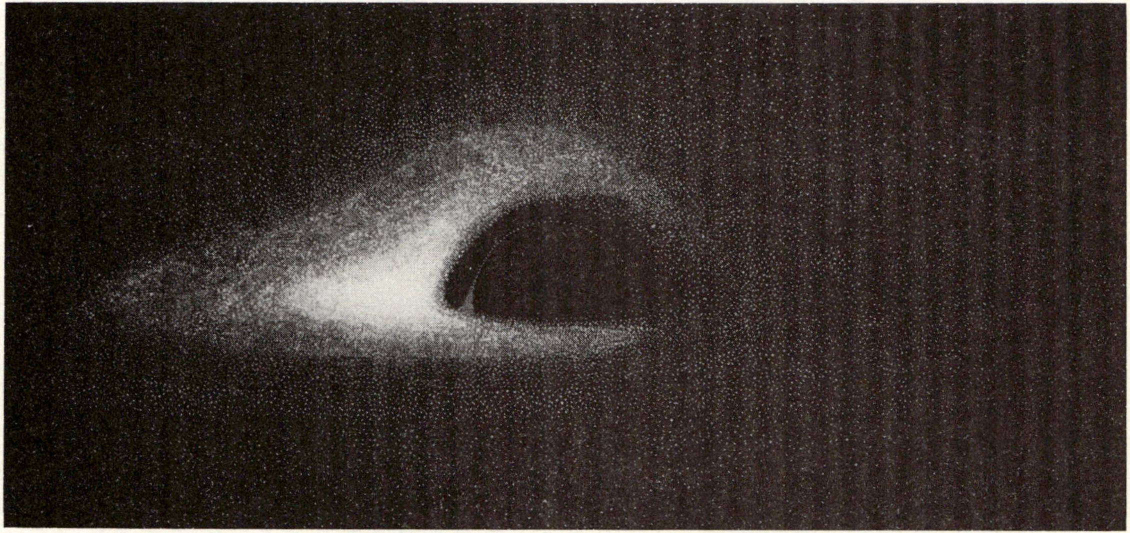

Figure 33 : Apparence lointaine d'un trou noir sphérique entouré d'un disque d'accrétion. L'image a été calculée sur ordinateur. Comme sur la figure précédente, le système est vu de très loin dans une direction inclinée de 10 degrés au-dessus du plan du disque. L'image est réaliste en ce sens qu'elle tient compte des propriétés physiques du disque gazeux.

Le trou noir photographié

En cherchant l'œil de Dieu, je n'ai vu qu'un orbite
Vaste, noir et sans fond, d'où la nuit qui l'habite
Rayonne sur le monde, et s'épaissit toujours.

Un arc-en-ciel étrange entoure ce puits sombre,
Seuil de l'ancien chaos dont le néant est l'ombre,
Spirale engloutissant les Mondes et les Jours !

GÉRARD DE NERVAL, *Les Chimères*

Ces expériences d'illumination, bien qu'idéalisées, ont au moins le mérite de montrer qu'un trou noir, par l'intermédiaire de son champ gravitationnel, agit sur le rayonnement comme une *lentille* multipliant les images d'une source unique. Passons maintenant à une situation plus réaliste. Les anneaux de matière en orbite autour de corps célestes ont été très étudiés au cours des vingt dernières années, car ils s'appliquent à un grand nombre de phénomènes astronomiques : les planètes (Saturne, Jupiter, Uranus), mais aussi les systèmes d'étoiles doubles dont l'un des partenaires est un astre condensé (naine blanche, étoile à neutrons ou trou noir). Ce dernier aspire par son champ gravitationnel intense le trop-plein de gaz de son compagnon, le stocke dans un disque d'accrétion et le consomme progressivement.

Les modèles détaillés de disques d'accrétion expliquent bien le rayonnement de haute énergie émis par certains systèmes d'étoiles doubles tels que Cygnus X-1. A beaucoup plus grande échelle, la prodigieuse luminosité de certains noyaux de galaxies et des quasars peut aussi s'expliquer par la chute de matière sur un trou noir géant de plusieurs millions, voire plusieurs milliards de masses solaires. Une discussion détaillée du rôle des trous noirs dans ces divers phénomènes astronomiques fera l'objet de la dernière partie de ce livre. Pour l'instant, il nous suffit de savoir que, lorsque le débit de matière avalée par le trou noir n'est pas trop élevé, la matière peut effectivement former un disque d'accrétion *très mince*, dont l'émission de rayonnement peut être calculée avec précision.

En 1978, j'ai reconstitué l'apparence photographique d'un

trou noir sphérique entouré d'un disque gazeux très mince, en utilisant l'ordinateur pour calculer les trajectoires des rayons lumineux dans l'espace-temps de Schwarzschild *(figure 33)*. Dans un disque mince, l'intensité du rayonnement émis en un point donné du disque ne dépend que de sa distance au trou noir. L'image reconstituée est donc universelle, c'est-à-dire indépendante de la masse du trou noir et du débit de gaz avalé. Elle peut tout aussi bien représenter un trou noir de 10 km de rayon qu'un trou noir gros comme le Système Solaire, attirant du gaz interstellaire.

Comme dans la *figure 32*, le dessus du disque est entièrement visible. Toutefois, seule une petite partie du dessous est observable. En effet, dans une situation réaliste, le disque gazeux est opaque, donc il absorbe les rayons lumineux qu'il intercepte. Il s'ensuit que la majeure partie de l'image secondaire – montrant le dessous du disque – est occultée par l'image primaire, la partie visible, très déformée, étant collée contre la frontière du trou noir.

Aucun rayonnement n'est issu de la région qui s'intercale entre le trou noir et le bord interne du disque. Les propriétés de l'espace-temps de Schwarzschild interdisent à un disque mince d'accrétion de toucher la surface du trou noir. Les orbites presque circulaires suivies par le gaz du disque ne peuvent se maintenir que jusqu'à une distance critique égale à trois fois le rayon de Schwarzschild. En dessous, le disque est instable ; les particules de gaz plongent directement dans le trou noir sans avoir le temps d'émettre du rayonnement électromagnétique.

La caractéristique principale de la « photographie » du trou noir est la différence de luminosité apparente entre les différentes régions du disque. La brillance maximale provient des régions internes, plus proches de l'horizon, car c'est là que le gaz est le plus chaud. Mais la luminosité apparente du disque est très différente de sa luminosité intrinsèque. Outre la distorsion géométrique des anneaux circulaires, le rayonnement capté à grande distance par une plaque photographique a une fréquence et une intensité décalées par rapport au rayonnement émis. Ces effets de décalage sont de deux sortes. Le champ gravitationnel donne lieu à un ralentissement de la fréquence et un affaiblissement de l'intensité. A cet *effet Einstein* plusieurs fois mentionné se superpose l'*effet Doppler* plus connu, provoqué par le déplacement de la source par rapport au récepteur, qui se traduit par une amplification en cas de rapprochement ou un affaiblissement en cas d'éloignement[3]. Ici, l'effet Doppler est causé par le mouvement de rotation du disque autour du trou noir. Les régions du disque les plus proches du trou noir tournent à une vitesse approchant celle de la lumière, de sorte que le décalage Doppler est considérable. Le sens de rotation du disque est tel que la matière s'éloigne de l'observateur dans la partie droite de la photographie et s'en rapproche dans la partie gauche. Lorsque la matière fuit, le ralentissement Doppler s'ajoute au ralentissement gravitationnel, ce qui explique le très fort affaiblissement de l'image dans la moitié droite du cliché. En revanche, dans la moitié gauche, les deux effets tendent à s'annuler, ce qui permet à l'image de garder à peu près son intensité intrinsèque.

3. Voir aussi chapitre 16.

11. Une descente dans le maelström

Je fus possédé de la plus ardente curiosité relativement au tourbillon lui-même. Je sentis positivement le désir d'explorer ses profondeurs, même au prix du sacrifice que j'allais faire ; mon principal chagrin était de penser que je ne pourrais jamais raconter à mes camarades les mystères que j'allais connaître.

EDGAR ALLAN POE,
Une descente dans le maelström, 1840

Le trou noir de Kerr

Toutes les étoiles sont en rotation sur elles-mêmes. Pour cette raison, elles ne sont pas exactement sphériques mais légèrement aplaties aux pôles. L'effondrement gravitationnel d'une étoile réelle n'est donc pas exactement décrit par la solution idéalement sphérique de Schwarzschild. Dans ce cas, la géométrie de l'espace-temps extérieur devient beaucoup plus compliquée en raison de l'émission d'*ondes gravitationnelles*.

Pourquoi des ondes gravitationnelles viennent-elles perturber la géométrie ? L'explication est simple : la matière en mouvement (par exemple une étoile en rotation) a un champ gravitationnel qui varie au cours du temps. Par conséquent, la courbure qu'elle imprime à l'espace-temps doit épouser à chaque instant la nouvelle configuration de la matière. Ces réajustements se propagent à la vitesse de la lumière sous forme de « rides » de courbure parcourant la géométrie de base. Ce sont les ondes gravitationnelles[1].

1. Voir chapitre 18.

Plus une étoile en effondrement a une forme éloignée de la sphère parfaite, plus l'émission d'ondes gravitationnelles est importante. Si l'effondrement se poursuit jusqu'au stade du trou noir, c'est-à-dire jusqu'à la formation d'un horizon des événements, alors tout se simplifie d'un coup. Certes, au moment de sa naissance, l'horizon peut encore avoir une forme irrégulière, être agité de vibrations violentes. Mais en une fraction de seconde les ondes gravitationnelles dissipent toutes les irrégularités *(figure 34)*. L'horizon cesse de vibrer et prend une forme unique et lisse : un sphéroïde aplati aux pôles par les forces centrifuges.

C'est la raison pour laquelle le champ gravitationnel d'un astre en rotation effondré en trou noir atteint un état d'équilibre final ne dépendant que de deux paramètres : la masse et le *moment angulaire*. Cette dernière quantité, liée au mouvement de rotation de l'astre sur lui-même, est analogue au spin des particules élémentaires (voir page 103).

Il existe justement une solution exacte des équations d'Einstein dépendant uniquement de ces deux grandeurs. Elle fut découverte par le Néo-Zélandais Roy Kerr en 1962, et décrit le champ gravitationnel d'un trou noir en rotation. C'est assurément une découverte théorique dont les implications astronomiques sont considérables, comparables à ce que peut apporter à la physique fondamentale la découverte d'une nouvelle particule élémentaire. Il en a toujours été ainsi en Science : théorie et expérience se fécondent mutuellement.

Contrairement à la géométrie de Schwarzschild, qui représente le champ gravitationnel engendré par une masse sphérique, statique ou non, effondrée en trou noir ou non, la géométrie de Kerr décrit une solution d'équilibre final, valable non pas au cours de l'effondrement de l'étoile en rotation mais uniquement lorsqu'un horizon des événements régulier s'est formé, toutes les distorsions ayant été « balayées » par les ondes gravitationnelles.

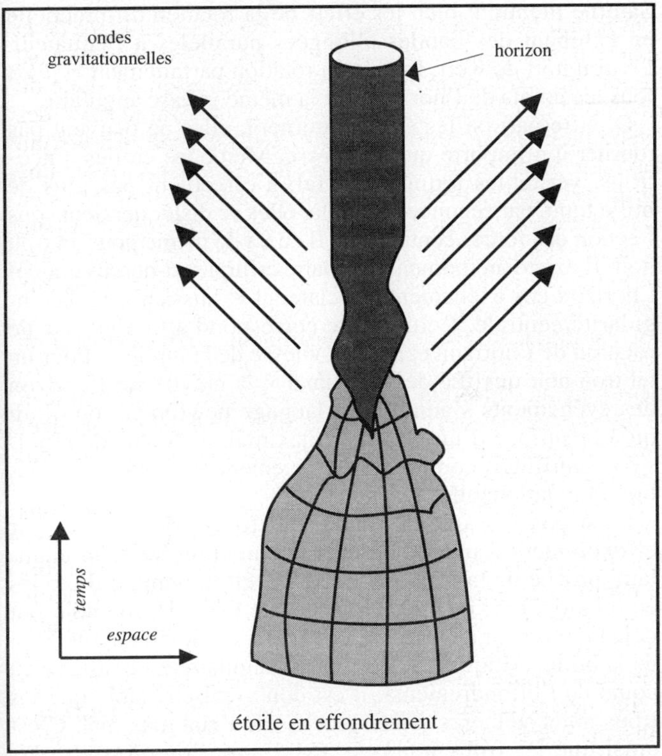

Figure 34 : Formation d'un trou noir non sphérique. Les déformations d'une étoile en effondrement se dissipent en ondes gravitationnelles et le trou noir s'établit rapidement dans une configuration à symétrie axiale.

Le trou noir maximal

La plupart des étoiles sont en rotation différentielle. Formées de gaz plus ou moins dense, les différentes couches ne tournent pas à la même vitesse. Dans le Système Solaire, les atmosphères des planètes gazeuses comme Jupiter et

Saturne montrent bien les effets de la rotation différentielle en exhibant des bandes allongées parallèles à l'équateur. Le trou noir de Kerr, lui, est en rotation parfaitement *rigide* : tous les points de l'horizon ont la même vitesse angulaire.

D'autre part, si les étoiles tournent, elles ne peuvent pas tourner à n'importe quelle vitesse. Même les étoiles à neutrons, véritables toupies du ciel, n'effectuent pas plus de mille tours par seconde : au-delà, elles se disloqueraient sous l'action des forces centrifuges. Il en va de même pour un trou noir. Il existe un moment angulaire critique au-dessus duquel l'horizon des événements « éclaterait », laissant à nu la singularité centrale. Cette limite correspond à une vitesse de rotation de l'horizon égale à la vitesse de la lumière. Pour un tel trou noir qualifié de « maximal », la gravité sur l'horizon des événements s'annule ; en langage newtonien, on dirait qu'à la surface d'un trou noir maximal les forces de répulsion centrifuges compensent exactement les forces d'attraction gravitationnelle.

Il est possible que la plupart des trous noirs formés par effondrement d'une étoile massive aient un moment angulaire proche de la limite critique. En effet, nombre d'étoiles en rotation, bien que très éloignées de l'état de trou noir, ont déjà un moment angulaire élevé (celui du Soleil atteint 20 % de la limite critique). Si le moment angulaire est conservé au cours de l'effondrement[2], il est donc vraisemblable que les trous noirs stellaires soient proches de l'état maximal. C'est ainsi que les trous noirs de $3\,M_{\odot}$, que l'on croit être les « moteurs » des sources X binaires (voir 4e partie), doivent effectuer près de 5 000 tours par seconde !

Mais attention : le trou noir n'est pas une toupie tournant dans un espace extérieur immobile. Il n'est pas question d'accrocher une lampe à l'horizon du trou noir pour compter le nombre de passages par seconde. Au cours de sa rotation, le trou noir de Kerr *entraîne l'espace-temps tout entier*[3]. Ce

2. La conservation du moment angulaire explique les très grandes vitesses de rotation des étoiles à neutrons, voir chapitre 7.

3. La Relativité Générale dit que c'est également vrai pour tout corps massif en rotation, mais cet entraînement de la géométrie, appelé *effet Lense-Thirring*, est minime dès lors que le corps n'est pas effondré en trou noir.

n'est théoriquement qu'à une distance infinie que l'espace-temps cesse de « tourner » et que l'on peut attribuer une vitesse angulaire à l'horizon du trou noir. Plus près, l'espace-temps est irrésistiblement aspiré dans un mouvement de tourbillon. Après l'emprisonnement de la lumière, voici la deuxième caractéristique fondamentale du trou noir : un *maelström cosmique*.

Le maelström cosmique

> *Mais il me reste peu de temps pour rêver à ma destinée ! Les cercles se rétrécissent rapidement – nous plongeons follement dans l'étreinte du tourbillon – et, à travers le mugissement, le beuglement et le détonnement de l'Océan et de la tempête, le navire tremble – oh ! Dieu ! – il se dérobe, il sombre !*
>
> EDGAR ALLAN POE,
> « Manuscrit trouvé dans une bouteille »

Il existe une analogie très profonde entre un trou noir en rotation et le phénomène familier du tourbillon, qu'il s'agisse du simple tourbillon d'eau qui se forme à l'écoulement d'une baignoire, ou à plus grande échelle des maelströms géants produits par les courants marins, tels le légendaire Moskoestrom au large des côtes de Norvège, si bien décrit par Edgar Allan Poe dans ses *Histoires extraordinaires*, ou le non moins célèbre Corrievreckan dans l'archipel des Petites Hébrides en Ecosse, mentionné par Jules Verne dans son roman *Le Rayon vert*[4].

Dans un tourbillon, l'eau est entraînée dans un mouvement en spirale qui se décompose en un mouvement circulaire et un mouvement d'aspiration vers le centre. Le mouvement circulaire se fait à une vitesse (purement tangentielle) proportionnelle à l'inverse du carré de la distance au centre du tourbillon ; le mouvement d'aspiration se fait avec une vitesse (purement radiale) bien plus petite que la précédente, et qui varie en raison inverse de la distance au centre.

4. Sans oublier qu'à la fin de *Vingt Mille Lieues sous les mers,* Jules Verne fait disparaître le sous-marin « Nautilus » dans l'un de ces gouffres marins...

Imaginons maintenant qu'un bateau à moteur s'aventure dans un tourbillon marin *(figure 35)*. On suppose qu'en eau calme son moteur lui permet d'atteindre une vitesse maximale de 20 km/h. Loin du tourbillon, il est évident que le bateau peut naviguer au gré de son pilote qui, grâce à son moteur, peut facilement compenser le mouvement d'entraînement de l'eau. Il peut donc rester en position fixe sans avoir besoin de jeter l'ancre, il peut se rapprocher ou s'éloigner du tourbillon, ou encore naviguer en sens contraire du courant.

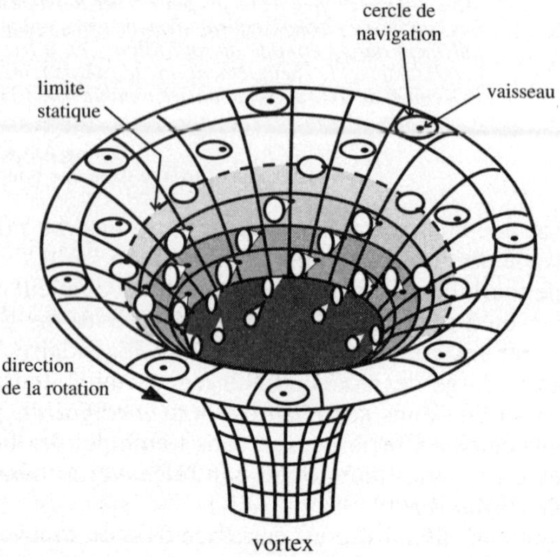

Figure 35 : Le trou noir maelström. Le puits gravitationnel d'un trou noir en rotation ressemble à un tourbillon marin. Un vaisseau spatial entraîné dans les parages du trou noir est aspiré comme un bateau dans un maelström. Dans la région extérieure à la limite statique (en blanc), il peut naviguer à son gré. Dans la zone intermédiaire (en gris), comprise entre la limite statique et l'horizon, il est obligatoirement entraîné dans le sens de rotation du trou noir, ses possibilités de navigation s'amenuisent à mesure qu'il s'enfonce, mais il peut encore s'échapper en naviguant selon une trajectoire en « spirale sortante ». La zone sombre délimitée par l'horizon est le trou noir lui-même ; le vaisseau qui s'y aventure n'a plus aucune chance d'en réchapper même en voyageant à la vitesse de la lumière.

Si le navigateur décide de se rapprocher du centre du tourbillon, il arrive nécessairement un moment où la vitesse circulaire du courant marin devient égale à la vitesse propre maximale du bateau : 20 km/h. A l'intérieur de cette distance critique, le bateau n'est plus en mesure de garder une position fixe, même en faisant tourner son moteur à plein régime. Il est irrésistiblement entraîné dans le sens de rotation du tourbillon. Autrement dit, à partir d'une position initiale donnée du bateau, ses directions possibles de navigation ne sont plus arbitraires mais limitées à l'intérieur d'un angle fermé par les droites issues de la position du bateau et tangentes à un « cercle de navigation » situé en avant du bateau. Toutefois, bien qu'entraîné par le courant circulaire, le bateau peut encore échapper au tourbillon, en orientant convenablement sa trajectoire selon une spirale sortante.

Si le bateau s'aventure plus près du centre du tourbillon, il arrive fatalement un moment où la vitesse radiale du courant atteint à son tour les 20 km/h limites du bateau (la vitesse circulaire étant déjà beaucoup plus grande). Alors, les cercles de navigation plongent tellement dans la « gueule » du tourbillon que, comme l'écrit Edgar Poe, « si un navire entre dans la région de son attraction, il est inévitablement absorbé et entraîné au fond, et là, déchiré en morceaux ».

L'analogie avec la géométrie de Kerr régnant autour d'un trou noir en rotation est limpide. Le centre du tourbillon, c'est le trou noir. La surface de la mer creusée par le tourbillon, c'est l'espace-temps incurvé par la gravitation et entraîné « à la dérive » dans le sens du tourbillon. Le bateau, c'est un vaisseau spatial ou n'importe quelle particule matérielle, dont la vitesse maximale permise est celle de la lumière, 300 000 km/s. Et, comme l'indique la *figure 36*, le cercle de navigation en un point donné est une projection spatiale du cône de lumière qui circonscrit les trajectoires permises.

Les cônes de lumière sont non seulement déviés vers l'intérieur du champ gravitationnel, mais ils sont également entraînés dans le sens de rotation du trou noir. Cette « ronde » est inexorable à l'intérieur de ce que l'on appelle la *limite statique*. Dans cette région, les cercles de lumière – projection des cônes – sont détachés de leur point d'émission et

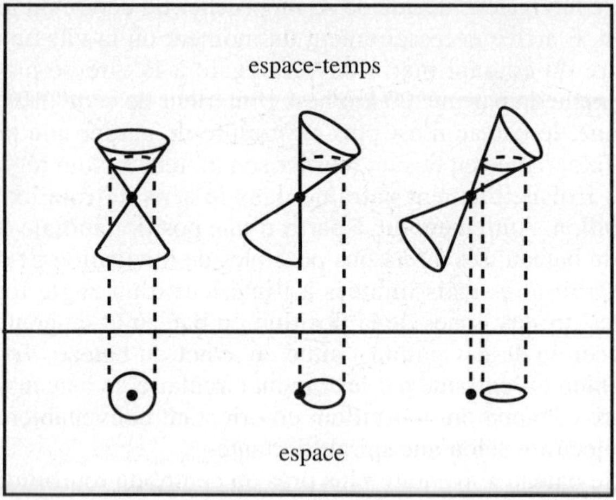

Figure 36 : Cercles de navigation. Lorsqu'on coupe à temps constant (ici un plan horizontal) un cône de lumière de l'espace-temps, la section spatiale obtenue est un « cercle de navigation » (plus exactement une ellipse) délimitant les trajectoires permises. Si le cône bascule suffisamment dans le champ gravitationnel, le cercle de navigation se détache du point d'émission, les directions de navigation sont confinées dans l'angle formé par les tangentes au cercle et il est impossible de rebrousser chemin.

décalés vers l'avant. Par conséquent, le vaisseau spatial ne peut plus rester statique par rapport à un référentiel fixe lointain (par exemple les étoiles), même si sa vitesse atteint celle de la lumière.

Plus près encore du centre du trou noir, il existe une deuxième surface critique à partir de laquelle les cônes ont tellement basculé vers le fond que rien ne peut plus lui échapper. On reconnaît là *l'horizon des événements,* la véritable frontière du trou noir de Kerr.

L'horizon des événements est entièrement contenu dans la limite statique, mais ces deux surfaces caractéristiques du trou noir de Kerr sont tangentes aux pôles *(figure 37).* Leurs rôles sont bien distincts. C'est à la limite statique que le temps apparent « gèle » et que le rayonnement acquiert un décalage vers le rouge infini, mais ce n'est qu'à l'horizon des

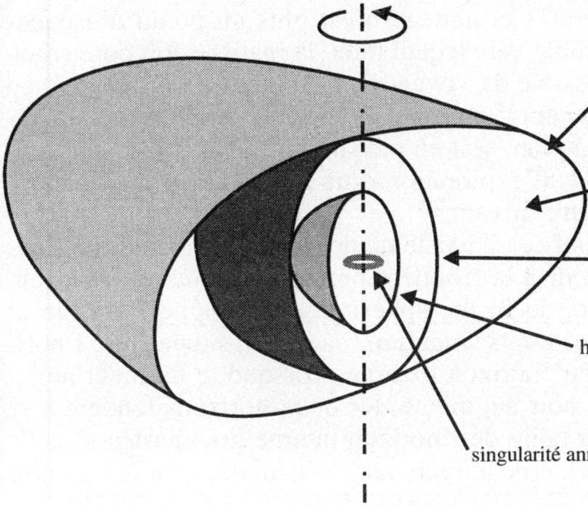

Figure 37 : Vue en coupe d'un trou noir en rotation. Cette représentation spatiale montre la complexité de la structure interne : horizons multiples, singularité en anneau.

événements que la matière et le rayonnement sont définitivement emprisonnés[5].

La région d'espace-temps qui s'intercale entre l'horizon et la limite statique s'appelle *l'ergosphère*. Le terme a été forgé par John Wheeler à partir du mot grec signifiant « travail », car l'utilisation de certaines de ses propriétés déconcertantes permet théoriquement d'extraire l'énergie de rotation du trou noir. Je reviendrai sur cette spéculation étonnante au chapitre 13.

L'anneau singulier

La structure interne d'un trou noir en rotation est bien plus complexe que celle d'un trou noir statique. Première différence notable : la singularité centrale, où la courbure devient

5. Le trou noir de Schwarzschild, on s'en souvient, présentait ces deux propriétés sur son seul horizon.

infinie, n'est plus un point mais un *anneau* couché dans le plan équatorial. Cet anneau n'est plus un nœud d'espace-temps inexorable vers lequel toute la matière doit converger. Il devient possible de voyager à l'intérieur d'un trou noir en rotation en évitant l'anneau singulier, soit en le survolant au-dessus de son plan, soit en passant au travers ! Ces perspectives nouvelles d'exploration d'un trou noir seront développées au chapitre suivant.

Autre différence : il existe un deuxième horizon des événements, intérieur à la frontière proprement dite du trou noir. Cette surface, de forme sphérique, enveloppe l'anneau et « protège » des effets singuliers[6] la région située entre l'horizon interne et l'horizon externe. Lorsque le moment angulaire du trou noir augmente, les deux horizons tendent à se confondre, la taille de l'horizon interne grandissant et celle de l'horizon externe rétrécissant. A la limite, pour le trou noir maximal tournant à la vitesse critique, les deux horizons se disloquent. Il n'y a plus de trou noir mais seulement une singularité gravitationnelle dénudée.

Le trou noir électrique

Les trous noirs formés par effondrement gravitationnel ont pour précurseurs des astres qui possèdent en général un champ magnétique. Les trous noirs peuvent d'autre part avaler les particules électrisées qui composent en partie le milieu interstellaire (électrons et protons). On peut donc légitimement s'attendre à ce que les trous noirs aient des propriétés électromagnétiques.

H. Reissner, en 1916, et, indépendamment, G. Nordström en 1918, ont découvert une solution exacte des équations d'Einstein décrivant le champ gravitationnel engendré par une masse électrisée. Cette solution généralise directement celle découverte par Schwarzschild, en y ajoutant seulement

6. En ce sens qu'un signal émis par la singularité ne peut sortir de l'horizon interne.

un paramètre : la charge électrique. Comme elle possède aussi un horizon des événements, elle décrit l'espace-temps extérieur à un *trou noir chargé électriquement*.

Si toutes les propriétés électromagnétiques d'un trou noir se résument par une seule charge électrique, c'est que la structure électromagnétique de l'astre parent (lignes de champ, existence de pôles magnétiques, etc.) a dû se simplifier considérablement lors de la formation du trou noir. Là encore, ce sont les ondes gravitationnelles qui ont emporté la majeure partie des attributs électromagnétiques de l'astre, ne laissant subsister qu'une charge électrique globale, non localisée sur l'horizon, analogue à la charge électrique d'une particule élémentaire. Cette charge ne modifie nullement la forme du trou noir, qui reste parfaitement sphérique en l'absence de rotation.

La charge électrique d'un trou noir ne peut pas être arbitrairement grande. Il existe une valeur critique au-dessus de laquelle l'horizon des événements est détruit par les forces de répulsion électrostatiques colossales s'exerçant sur lui. Cette charge maximale est proportionnelle à la masse du trou noir, et pour un trou noir de 10 $M_{\odot}$ elle atteint 10^{40} fois la charge élémentaire de l'électron. Néanmoins, elle peut être tout autant négative que positive.

La structure intérieure d'un trou noir fortement électrisé présente des traits communs avec celle du trou noir statique neutre et celle du trou noir en rotation ; comme pour le premier, la singularité centrale est ponctuelle, mais, comme pour le second, cette singularité est abritée derrière un horizon des événements interne. La taille de l'horizon interne grandit et celle de l'horizon externe s'amenuise à mesure que la charge électrique augmente. A la charge maximale admissible, les deux horizons disparaissent en fusionnant, dévoilant la singularité gravitationnelle à la vue d'astronomes lointains.

Malgré ces subtilités, l'intérêt des trous noirs électrisés est assez académique dans la mesure où les trous noirs « naturels » sont vraisemblablement neutres. La raison profonde de la neutralité électrique du trou noir est identique à celle expliquant la neutralité de la matière ordinaire : l'insigne faiblesse de l'interaction gravitationnelle par rapport à l'interaction électromagnétique. Un corps macroscopique (c'est-à-dire contenant un très grand nombre de particules élémentaires) contient en quantités à peu près égales des charges de signe contraire (portées par les électrons et les protons). Par le jeu des forces électrostatiques, les charges s'associent et se neutralisent. Imaginons maintenant qu'un trou noir se forme en portant initialement une charge électrique très grande – disons positive –, proche de la valeur maximale permise. Dans un environnement astrophysique réaliste, le trou noir ne baigne pas dans le vide mais dans le milieu interstellaire où circulent notamment des protons et des électrons. Par son champ gravitationnel, le trou noir va attirer indifféremment électrons et protons, mais, par sa charge électrique, il va attirer exclusivement les particules de charge contraire, les électrons, et repousser les protons. Or, les forces électrostatiques sont un milliard de milliards de fois plus grandes que les forces gravitationnelles. Donc, en un temps très bref, le trou noir va capturer tous les électrons disponibles et se neutraliser presque entièrement. En définitive, la charge électrique d'un trou noir « naturel » ne peut pas être plus grande que le milliardième du milliardième de la charge maximale. C'est si peu que le rôle astrophysique de la charge électrique des trous noirs peut être ignoré.

Le trou noir « glabre »

Y a-t-il la même diversité dans le monde des trous noirs que dans celui des étoiles ? En d'autres termes, avec la masse, le moment angulaire et la charge électrique, quel paramètre physique peut-on encore attribuer à un trou noir ?

Une étoile ou un morceau de sucre sont pour le physicien des objets d'étude fantastiquement compliqués, dans la mesure où leur connaissance *complète*, incluant la structure atomique et nucléaire, requiert celle de milliards de paramètres. Or, le physicien qui analyse de l'extérieur les propriétés d'un trou noir ne rencontre pas les mêmes difficultés. Le trou noir est au contraire un objet incroyablement simple :

on sait *tout* de lui si l'on connaît ses trois paramètres de masse, de moment angulaire et de charge électrique.

Le trou noir oublie pratiquement tout de la complexité de la matière qui a participé à sa formation. Il n'en mémorise ni la nature ni la forme ; il n'en retient que la masse, le moment angulaire et la charge *(figure 38)*. Cette simplicité désarmante est peut-être la caractéristique la plus fondamentale du trou noir. John Wheeler, à qui la théorie des trous noirs doit presque toute sa terminologie, a formulé dès les années 1960 cette propriété de façon pittoresque : « un trou noir n'a pas de poils ».

Ce qui n'était au départ qu'une pure conjecture est devenu très récemment un théorème mathématique, prouvé grâce aux efforts, échelonnés sur quinze ans, d'une demi-douzaine de théoriciens parmi lesquels Brandon Carter, de l'Observatoire de Meudon, et l'Australien Gary Bunting. Confirmant l'énoncé de Wheeler, leurs travaux démontrent que trois paramètres, et trois seulement, suffisent pour décrire

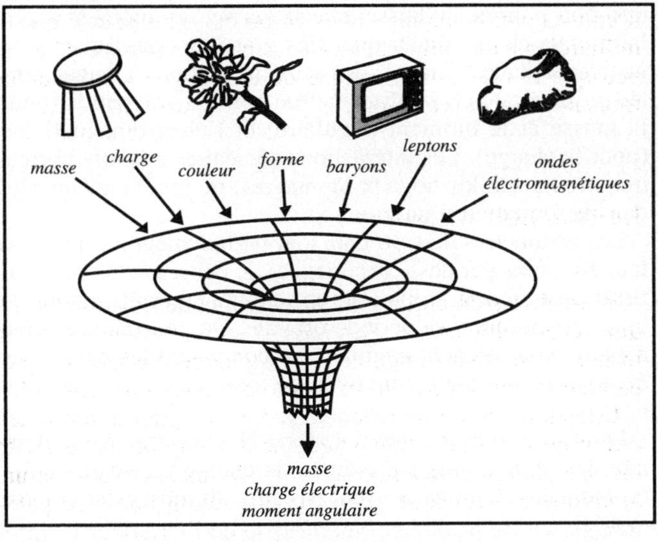

Figure 38 : Le trou noir ne mémorise que la masse, le moment angulaire et la charge électrique de la matière qui y tombe.

complètement la géométrie d'espace-temps autour d'un trou noir à *l'équilibre*. Pour le théoricien, il en résulte une simplification considérable : il n'existe que quatre espèces différentes de trous noirs, selon que tel ou tel paramètre entre en jeu[7]. Récapitulons : le trou noir sphérique et statique de Schwarzschild se contente d'avoir une masse ; le trou noir de Reissner et Nordström, également sphérique et statique, porte en plus une charge électrique ; le trou noir de Kerr est une masse neutre en rotation ; enfin, le trou noir à l'équilibre le plus général, masse électrisée en rotation, a été calculé en 1965 et porte le nom de Kerr-Newman. Cette dernière solution représente *l'état final unique et naturel de l'effondrement gravitationnel en dessous d'un horizon.* Toutefois, la charge électrique jouant un rôle négligeable pour les raisons expliquées plus haut, un trou noir « réaliste » est correctement décrit par la solution de Kerr.

C'est encore une fois l'émission d'ondes gravitationnelles accompagnant la formation d'un trou noir qui balaie la complexité structurelle de la matière. Elle « rase les poils » du trou noir pour ne lui laisser que sa masse, son moment angulaire et sa charge électrique. Ces grandeurs physiques sont justement caractéristiques des deux interactions à longue portée présidant à la formation du trou noir : la gravitation (pour la masse et le moment angulaire) et l'électromagnétisme (pour la charge). Les interactions nucléaires à courte portée, qui structurent les noyaux atomiques, ne jouent aucun rôle dans la formation d'un trou noir.

Les paramètres du trou noir sont parfaitement mesurables, tout au moins par des « expériences de pensée ». On pourrait peser un trou noir en plaçant un satellite en orbite autour de lui et en mesurant sa période orbitale. On pourrait de même mesurer son moment angulaire en comparant les déviations de rayons lumineux envoyés de part et d'autre de son horizon.

Pour un trou noir général de Kerr-Newman de masse donnée, les deux autres paramètres de charge électrique et de moment angulaire ne peuvent pas être arbitrairement grands.

7. La masse, responsable du champ gravitationnel, étant bien entendu automatiquement prise en compte.

Ils sont contraints par une relation assurant l'existence même de la frontière du trou noir, l'horizon des événements. Si cette contrainte était violée – par exemple lors de l'effondrement gravitationnel d'une étoile massive –, le trou noir céderait la place à une singularité nue, capable d'influencer l'Univers à des distances considérables. Les physiciens ont de bonnes raisons de croire qu'une telle situation est censurée par la nature même des choses[8].

Par le nombre restreint de paramètres qui le caractérisent, un trou noir a en définitive le même ordre de simplicité qu'une particule élémentaire. Mais, à examiner de près la condition d'existence d'un horizon des événements, on s'aperçoit que rien n'est en fait plus éloigné d'un trou noir qu'une particule élémentaire, même si celle-ci rassemble de la masse, du moment angulaire et de la charge dans un volume extrêmement petit. Prenons le cas de l'électron. On connaît expérimentalement sa masse, son moment angulaire (c'est-à-dire son spin) et sa charge électrique. Si l'on compare entre elles les valeurs des paramètres de l'électron, on s'aperçoit que, par rapport à la masse, la charge électrique et le moment angulaire sont si grands que la condition de trou noir est violée d'un facteur 10^{88}. Ce nombre véritablement faramineux, qui dépasse même le nombre total de particules élémentaires dans l'Univers observable, mesure l'écart de l'électron à l'état de trou noir de Kerr-Newman[9] !

8. Ce sujet important est abordé au chapitre suivant.
9. Cela ne signifie pas pour autant que l'électron soit une singularité nue !

12. Jeux de cartes

La carte n'est pas le territoire.
ALFRED KORZYBSKI

Le noir et le blanc

L'esprit humain a un penchant naturel pour la symétrie. Depuis l'Antiquité, les physiciens cherchent à démonter les mécanismes de la Nature en termes de symétries élémentaires. Le plus surprenant est que cette conception a souvent été couronnée de succès. La prédiction théorique des « antiparticules », suivie peu après de leur découverte expérimentale, est à cet égard une réussite exemplaire. L'usage de la symétrie prévaut plus que jamais dans les développements les plus récents de la physique fondamentale.

Le trou noir a un symétrique : le *trou blanc*, sorte de jaillissement gravitationnel hors d'une région cachée sous un horizon. Des interprétations hâtives du trou blanc ont popularisé l'idée selon laquelle il serait possible de voyager instantanément dans l'Univers en empruntant des tunnels connectant trous noirs et trous blancs. Ce genre de considérations a bien entendu renforcé la fascination que peuvent exercer les trous noirs sur le grand public, mais d'un autre côté a nui à leur crédibilité auprès de la communauté scientifique non spécialisée en Relativité Générale.

Quel est le statut réel des trous blancs ? La question ressort du délicat problème des rapports entre le monde réel et sa description mathématique ; ou, si l'on préfère, entre la carte et le territoire. Prenons un exemple simple. L'une des symétries les plus manifestes des lois de la Physique concerne le renversement du temps. La Mécanique de Galilée et de Newton, l'Optique de Fresnel, l'Electromagnétisme de Maxwell ou la Relativité d'Einstein sont tous décrits par des équations symétriques par rapport au temps. C'est ainsi qu'à partir de conditions fixées à un instant donné les équations permettent de calculer les trajectoires d'une planète, d'un rayon lumineux ou d'un électron aussi bien dans le futur que dans le passé. Cela ne signifie pourtant pas que la Nature soit réellement indifférente à l'écoulement du temps. Les rayons lumineux quittant la surface des étoiles se propagent réellement dans le futur et non dans le passé !

En d'autres termes, les solutions des « équations de la Physique » ne relèvent pas forcément du monde réel. Il n'est pourtant pas toujours facile de faire le tri entre les solutions réelles et les solutions fictives. En particulier, la plus grande prudence s'impose dans l'interprétation physique des solutions symétriques, même si celles-ci sont esthétiquement attrayantes.

Dennis Sutton a écrit : « Les frontières de la Science sont toujours un mélange bizarre de vérité nouvelle, d'hypothèse raisonnable et de conjecture extravagante. » La citation s'applique bien au propos de ce livre : on peut affirmer aujourd'hui que la théorie de la Relativité Générale appartient à la première catégorie, les trous noirs à la deuxième et les trous blancs à la troisième. Il n'en est pas moins vrai que les spéculations les plus « extravagantes » font souvent avancer la Science, et à ce titre les trous blancs méritent que l'on s'y arrête. Pour ajouter à leur charme, il se trouve que leur étude fait appel à une composante ludique de la recherche scientifique, souvent méconnue du grand public mais essentielle pour le physicien. Alors, jouons !

Le jeu du plongement

La compréhension de notions abstraites se heurte le plus souvent à des problèmes de visualisation. Prenons l'espace-temps. L'analogie entre le « mollusque spatio-temporel » localement incurvé par la matière et le « ruban élastique » déformé par des billes permet certes de se représenter mentalement certains aspects de la courbure de géométries abstraites à quatre dimensions. Mais ce type de représentation peut-il être rendu rigoureux ? Oui, grâce à une récréation mathématique appelée le *plongement*.

Comme son nom l'indique, le jeu consiste à visualiser la forme d'un espace donné en le plongeant dans un espace de dimension supérieure. On visualise parfaitement la forme d'un cercle (de dimension 1) en le plongeant dans le plan (de dimension 2), ou la surface de la sphère (de dimension 2) dans l'espace euclidien ordinaire (de dimension 3).

Appliqué à l'espace-temps complet, le jeu du plongement devient inefficace à cause de la limitation de nos sens. Il est impossible de visualiser la géométrie d'un espace-temps courbé à quatre dimensions en l'immergeant dans un espace fictif plus grand[1] ! Heureusement, le jeu du plongement admet des variantes opérantes.

Supposons par exemple que l'espace-temps soit *statique*, c'est-à-dire que sa géométrie spatiale reste à chaque instant identique à elle-même. Dans ce cas, on ne perd aucune information en ne visualisant que des *tranches instantanées*. De plus, la géométrie spatiale étant sphérique, on ne perd pas non plus d'informations en ne regardant que des *tranches équatoriales* passant par le centre de la sphère. En fin de compte, on peut parfaitement découper un espace-temps sphérique et statique en tranches spatiales bidimensionnelles sans perdre la moindre information sur la courbure de l'espace-temps complet ! Il devient alors facile de visualiser tous les détails de la courbure en plongeant la surface obtenue dans un espace euclidien à trois dimensions[2].

Passons immédiatement à la pratique et appliquons le jeu du plongement à l'espace-temps déformé par une étoile sphérique en équilibre, par exemple le Soleil. Comme la géométrie est statique, tant à l'extérieur de l'étoile qu'à l'intérieur,

1. Il est même mathématiquement impossible de plonger un espace-temps quadri-dimensionnel dans un espace euclidien à cinq dimensions.

2. Qui n'est qu'un espace fictif ne servant qu'à « encadrer » l'espace-temps sectionné.

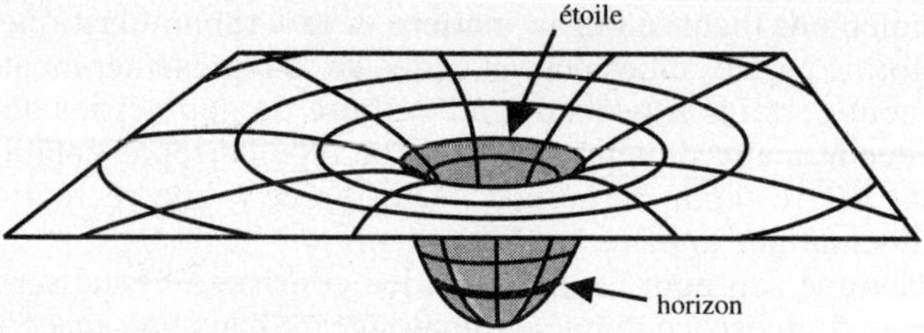

Figure 39 : Plongement d'une étoile sphérique non effondrée. La surface de plongement montre la courbure de l'espace autour de l'étoile. Tout point situé hors de la surface de plongement n'a aucune signification physique. Chaque cercle tracé sur la surface représente l'ensemble des points situés à distance constante du centre de l'étoile, tandis que les courbes perpendiculaires passent toutes par le fond du creux, qui est le centre de l'étoile. Loin de l'étoile, le champ gravitationnel est faible et la surface de plongement perd sa courbure. Ce n'est toutefois pas un plan horizontal comme le laisse supposer la figure, mais un paraboloïde. Près de l'étoile, la courbure est plus accentuée. La zone grise indique la région effectivement occupée par l'étoile.

les tranches équatoriales instantanées ont toutes la même allure, représentée par la surface courbée de la *figure 39*.

La forme de cette surface évoque effectivement celle d'un tissu élastique localement déformé par le poids d'une bille. Elle se subdivise en deux régions. La zone s'étendant à l'infini représente l'espace-temps extérieur à l'étoile. C'est un *morceau de la géométrie de Schwarzschild*. Quant à la zone occupée par l'étoile, sa forme exacte dépend de la structure interne de l'étoile mais reste de toute façon voisine de celle d'une portion de sphère. Puisque l'étoile n'est pas effondrée, le rayon critique de Schwarzschild r = 2 M se trouve à l'intérieur de l'étoile et il n'y a aucune singularité centrale : le creux a une courbure parfaitement régulière.

Ce type de visualisation, à la fois pédagogique et rigoureux, a déjà été utilisé dans la *figure 16* pour représenter la courbure des rayons lumineux au voisinage du Soleil.

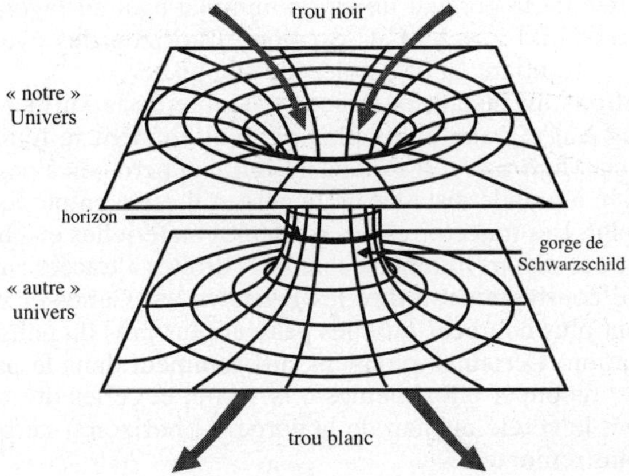

Figure 40 : Plongement de l'espace-temps de Schwarzschild. La gorge de Schwarzschild connecte « notre » univers (feuillet supérieur) à un « autre » univers (feuillet inférieur). Pour les commentaires sur le trou noir et le trou blanc, voir le texte page 218.

Le trou de ver

Les formes sédentaires construisent des tubes transitoires ou définitifs. L'Arénicole habite une simple galerie en U.

ENCYCLOPAEDIA UNIVERSALIS, « Annélides »

Appliquons le jeu du plongement à la géométrie d'espace-temps engendrée par un trou noir sphérique. Comme le montre la *figure 40*, la surface de plongement réserve une surprise : elle est constituée d'une gorge reliant deux feuillets distincts et symétriques de l'espace-temps ayant la forme d'un paraboloïde[3]. Comment interpréter cette forme inattendue ?

Contrairement au cas de l'étoile ordinaire, seul l'espace-temps extérieur à la surface du trou noir peut être représenté.

3. Surface engendrée par une parabole tournant autour de son axe de symétrie.

Le milieu de la gorge a un rayon minimal égal au rayon de Schwarzschild r = 2 M. C'est donc l'horizon des événements, la frontière du trou noir réduite à un cercle.

Oublions un instant la structure double de la surface de plongement et examinons plus particulièrement le feuillet supérieur *(figure 41)*. Il s'étend à l'infini et perd peu à peu sa courbure à grande distance de la gorge : il est asymptotiquement plat. Les trajectoires des particules matérielles en chute libre et des rayons lumineux sont les « droites » tracées sur la surface courbe, c'est-à-dire les *géodésiques*. Celles-ci sont d'autant plus courbées qu'elles passent plus près du puits de gravitation. Certaines plongent suffisamment dans le puits pour se recouper elles-mêmes à la sortie, et celles qui rencontrent le cercle médian de la gorge – l'horizon – ne peuvent plus remonter.

La *figure 42* projette les géodésiques précédentes sur un plan (P) parallèle au cercle horizon. Le résultat illustre par-

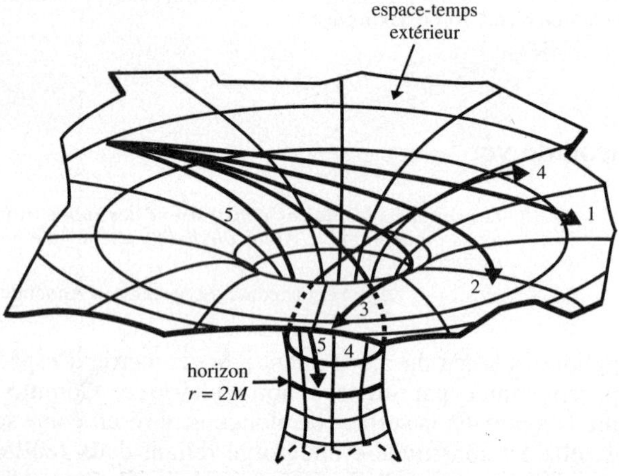

Figure 41 : Géodésiques de l'espace-temps de Schwarzschild. Les cinq géodésiques dessinées sur la surface de plongement représentent des trajectoires possibles de corps en chute libre passant plus ou moins près du trou noir. Les géodésiques 1, 2, 3 sont de plus en plus infléchies par la courbure. La géodésique 4 plonge dans le puits et se recoupe elle-même en ressortant. La géodésique 5 tombe radialement dans le trou et ne remonte pas.

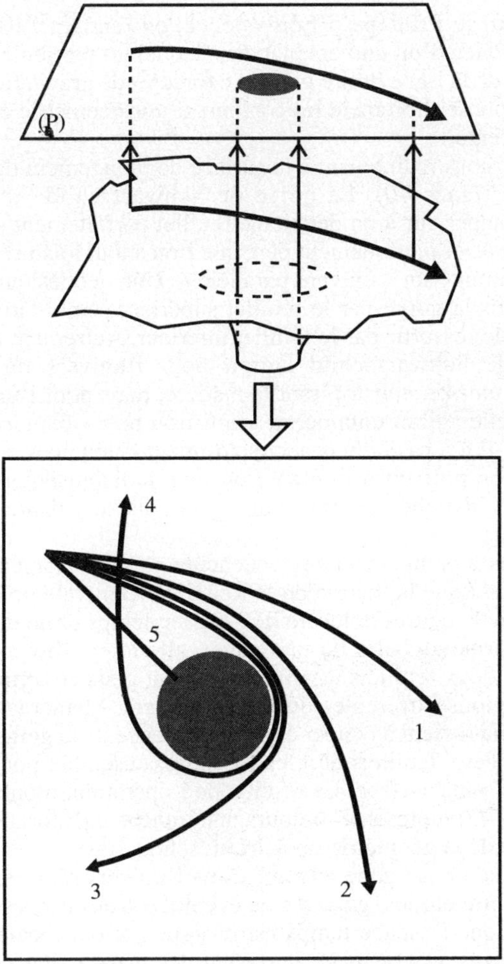

Figure 42 : L'illusion newtonienne des forces de gravitation.

faitement le Principe d'Equivalence, en rendant l'illusion newtonienne d'un univers plat dans lequel les particules sont déviées de la ligne droite par des « forces » de gravitation, au lieu d'épouser librement les contours d'une géométrie courbe sous-jacente.

Retournons maintenant à la surface de plongement dans sa totalité *(figure 40)*. La gorge de Schwarzschild[4] relie le feuillet supérieur à un deuxième feuillet parfaitement symétrique et asymptotiquement plat, que l'on a tout loisir d'interpréter comme un « univers parallèle ». Une géodésique rentrant dans la gorge par le feuillet supérieur semble avoir la faculté de ressortir par le feuillet inférieur. Autrement dit, la gorge de Schwarzschild agirait pour l'univers du haut comme un *trou noir* aspirant la matière, mais pour l'univers du bas elle agirait comme un « anti-trou noir » expulsant la matière. Il n'a pas fallu beaucoup d'imagination pour appeler l'anti-trou noir un trou blanc, ou plus judicieusement une fontaine blanche (en inversant à la fois le substantif et l'adjectif) !

Le jeu du plongement devient encore plus déroutant si l'on se souvient que la théorie de la Relativité Générale ne détermine que la courbure locale de l'espace-temps et ne dit rien sur sa forme globale. En particulier, elle tolère l'interprétation des deux feuillets asymptotiquement plats en termes de deux régions différentes du même univers. Mathématiquement, cela revient à couper à grande distance de la gorge chacun des deux feuillets et à les raccorder ensemble pour former une seule surface. Le résultat de l'opération, montré sur la *figure 43*, représente toujours une tranche équatoriale instantanée de la géométrie de Schwarzschild.

Quelque chose gêne encore. Dans l'univers réel, les distances entre étoiles, galaxies ou éventuels trous noirs sont si grandes que l'espace-temps est presque partout localement plat, hormis au voisinage immédiat des masses. Par conséquent, le « U » formé par la jonction lointaine des deux feuillets ne devrait pas être courbé. Qu'à cela ne tienne : il est mathématiquement équivalent de représenter l'espace-temps sous sa forme dépliée de la *figure 44*. On a désormais, dans

4. Appelée aussi « pont d'Einstein-Rosen ».

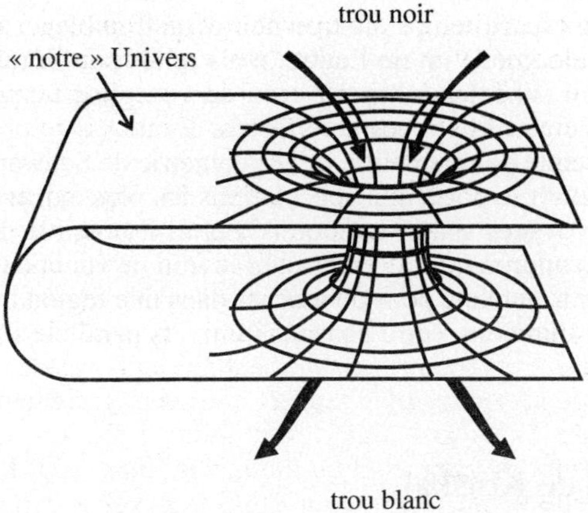

Figure 43 : Identification des feuillets. Les deux feuillets de la gorge de Schwarzschild peuvent s'interpréter comme deux régions différentes d'un seul univers. Pour cela, il faut connecter les deux feuillets à grande distance de la gorge. La figure « triche » en aplatissant les feuillets, dont la

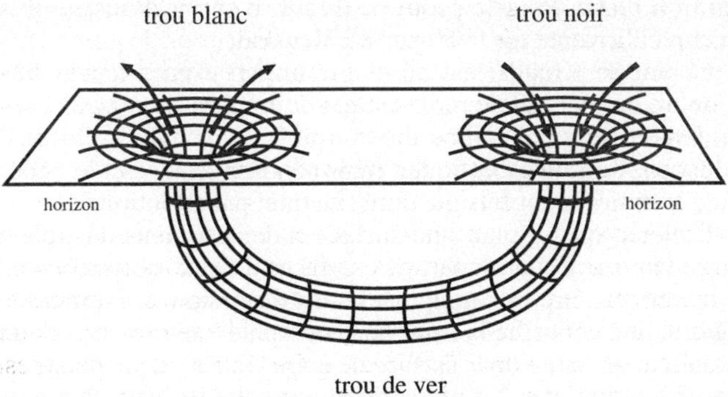

Figure 44 : Un trou de ver dans l'espace-temps. C'est la version dépliée de la figure précédente. L'horizon du trou noir et l'horizon du trou blanc se sont séparés, le tube qui les relie est le trou de ver.

le même espace-temps, un trou noir et un trou blanc, arbitrairement éloignés l'un de l'autre, mais reliés par un tube étiré que John Wheeler a baptisé trou de ver, pour rappeler les galeries creusées par ces invertébrés.

C'est cette double nature de la géométrie de Schwarzschild qui a ouvert la porte aux spéculations les plus extravagantes sur les voyages spatio-temporels. Serait-il possible de plonger dans un trou noir, d'emprunter le trou de ver et de ressortir par le trou blanc pour déboucher dans une région très éloignée de l'univers, voire dans un « univers parallèle » ?

Le jeu de Kruskal

Pour pouvoir répondre à cette intéressante question, il faudrait au moins savoir ce qu'il advient à l'intérieur de la gorge de Schwarzschild. Mais le jeu du plongement ne permet de décrire que l'espace-temps extérieur. En particulier, la singularité cachée au fond du trou noir n'est pas représentée dans le plongement. Or, la singularité, c'est en quelque sorte le joker : c'est elle qui décide du passage éventuel du trou noir au trou blanc. Pour le prouver, il faut se servir d'un jeu plus complet, inventé en 1960 par M. Kruskal.

Le jeu de Kruskal est un diagramme d'espace-temps très élaboré qui permet de représenter sur un plan les régions centrales de l'espace-temps du trou noir de Schwarzschild. Il n'est pas simple à expliquer, mais son importance et le bénéfice à en tirer sont tels qu'il mérite quelque attention !

Projeter sur un plan une surface à deux dimensions, c'est faire une *carte*. La plupart des surfaces à deux dimensions ne peuvent pas être cartographiées sans distorsion. L'exemple le plus connu concerne la carte de géographie, qui projette sur un plan tout ou partie de la surface de notre planète. Il y a plusieurs façons de projeter. La plus utilisée est celle de Mercator. Elle représente fidèlement les régions proches de l'équateur, mais introduit des déformations de plus en plus notables à mesure qu'on s'approche du pôle. Tout le monde a sans doute remarqué dans ce type de carte l'importance exagérée prise par le Groenland, qui paraît plus vaste que l'Australie, alors que sa superficie est en réalité 3,5 fois plus petite.

La carte de Kruskal projette sur un plan l'espace-temps de Schwarzschild – amputé de deux dimensions spatiales – en « forçant » le réseau des cônes de lumière à rester rigide. On se souvient que dans l'espace-temps plat sans gravitation les cônes de lumière issus de tous les événements sont « parallèles » entre eux, leurs bords étant toujours inclinés de 45°, mais que, dans un champ gravitationnel, les cônes sont déformés et inclinés différemment de place en place au gré de la courbure. La projection de Kruskal oblige les cônes de lumière de l'espace-temps de Schwarzschild à rester parallèles entre eux comme s'il n'y avait pas de courbure. Ce type de projection est qualifié de *conforme*, terme qui en géométrie qualifie généralement une transformation qui conserve les angles. En contrepartie, la carte de Kruskal introduit de nombreuses distorsions sur l'espace et le temps, mais ces altérations ne gênent nullement l'analyse détaillée de la géométrie d'espace-temps tissée par les cônes de lumière.

Dans la carte de Kruskal *(figure 45)*, la distorsion se manifeste par le fait que les trajectoires à temps apparent constant sont des droites passant par l'origine, tandis que les trajectoires à distance constante du centre du trou noir deviennent des hyperboles. L'horizon des événements joue les deux rôles, puisqu'il est à la fois à la distance constante $r = 2$ M du centre et à temps apparent t infini. Il est donc représenté par les deux bissectrices du plan, inclinées à 45°, qui s'interprètent aussi comme une hyperbole dégénérée réduite à ses asymptotes. Par ailleurs l'horizon des événements, engendré par des rayons lumineux, n'est rien d'autre qu'un cône de lumière. Il se décompose donc en deux parties : un horizon du futur et un horizon du passé.

A l'intérieur de l'horizon, la singularité gravitationnelle $r = 0$ est elle aussi constituée de deux arcs d'hyperbole, l'un contenu dans le passé, l'autre dans le futur. Au-delà de ces courbes limites, la carte de Kruskal ne représente plus rien. Quant à l'univers extérieur au trou noir, il existe en deux feuillets symétriques, l'un à droite du diagramme et l'autre à gauche.

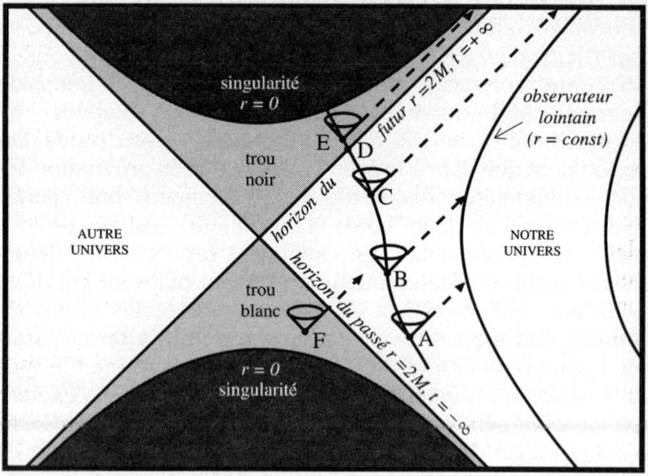

Figure 45 : Exploration d'un trou noir sphérique par la carte de Kruskal. L'horizon des événements est représenté par les deux bissectrices du plan. Il est caractérisé par la distance constante r = 2 M et un temps apparent infini (futur et passé). L'espace-temps extérieur à l'horizon est la région blanche, dédoublée en « notre » univers et un « autre » univers. L'espace-temps intérieur est la zone grise. Les régions noires situées au-delà de la singularité n'appartiennent pas à l'espace-temps et n'ont donc aucune signification.

Les rayons lumineux voyagent le long des droites inclinées à 45 degrés, les corps matériels voyagent le long des courbes s'écartant de moins de 45 degrés de la verticale. Les observateurs situés à distance fixe du trou noir – sur une orbite circulaire – voyagent sur un arc d'hyperbole asymptote à l'horizon des événements. La courbe ABCDE est la trajectoire d'un vaisseau plongeant dans le trou noir. Il quitte une orbite circulaire en A, traverse l'horizon des événements en D et atteint la singularité. Un observateur lointain reçoit les signaux lumineux émis en A, B, C avec un retard sans cesse croissant. Le rayon émis en D ne l'atteindra qu'au bout d'un temps infini. Le rayon émis en E est emprisonné dans le trou noir et retombe dans la singularité.

Un rayon lumineux émis en F peut sortir de l'horizon du passé pour émerger dans l'univers extérieur, signifiant que l'intérieur de l'horizon du passé est un trou blanc. Il est toutefois impossible de passer de notre univers – région de droite – à l'autre univers – région de gauche – sans rencontrer la singularité : la gorge de Schwarzschild est bouchée !

Comment se déplace-t-on dans la carte de Kruskal ? L'intérêt de conserver un réseau fixe des cônes de lumière est justement la visualisation immédiate de tous les mouvements permis, aussi bien à l'intérieur qu'à l'extérieur de l'horizon. Ces mouvements doivent simplement rester confinés à l'intérieur des cônes de lumière. Autrement dit, ils ne doivent pas s'écarter de plus de 45 degrés de part et d'autre de la verticale.

Examinons par exemple la trajectoire d'un vaisseau spatial en chute libre, plongeant dans le trou noir et échouant dans la singularité (courbe ABCDE). Les signaux électromagnétiques envoyés par le vaisseau voyagent à 45° (lignes ondulées). Un observateur lointain, dont la ligne d'univers est un arc d'hyperbole, ne peut recevoir les signaux émis en A, B, C qu'avec un décalage de plus en plus grand à mesure que le vaisseau se rapproche de l'horizon. On retrouve ainsi tout naturellement le phénomène de gel du temps apparent. Au passage de l'horizon, en D, le décalage devient infini ; le rayon lumineux s'enroule indéfiniment sur l'horizon des événements, ne rejoignant les observateurs extérieurs qu'à l'infini temporel. Quant au signal émis en E, après que le vaisseau ait franchi l'horizon, il ne peut plus sortir du trou noir mais est condamné à échouer dans la singularité du futur.

La carte de Kruskal explore la structure la plus intime de l'espace-temps de Schwarzschild et permet maintenant de répondre sans ambiguïté aux questions concernant le trou blanc, le trou de ver et le passage dans l'« autre univers ». La région comprise entre l'horizon des événements et la singularité est bien un trou. Mais quelle est sa couleur ? Il est évident que le noir doit être attribué à l'intérieur de l'horizon du futur (partie supérieure), là où échoue le vaisseau spatial. On constate d'autre part que des particules matérielles et des signaux électromagnétiques émis dans le trou en F peuvent parfaitement sortir de l'horizon et pénétrer dans l'univers extérieur. L'intérieur de l'horizon du passé (région inférieure) est donc bien un trou *blanc*, permettant l'irruption de matière en un jaillissement gravitationnel, inverse de l'effondrement.

Reste la question des feuillets symétriques – droite et gauche – de l'univers extérieur. Il suffit de regarder la carte de Kruskal pour comprendre qu'il *est impossible de passer d'un feuillet de l'univers extérieur à l'autre sans rencontrer la singularité*. La gorge de Schwarzschild, étranglée en son milieu par le champ gravitationnel infini de la singularité, ne laisse définitivement rien passer !

Les trous blancs primordiaux

> *Ce n'est pas le moindre charme d'une théorie que d'être réfutable.*
>
> F. NIETZSCHE, *Par-delà le bien et le mal*

Le lecteur qui s'est passionné pour les aventures d'*Alice au pays des merveilles* doit maintenant commencer à se sentir frustré. Les jeux de cartes du trou noir de Schwarzschild lui font miroiter un « autre côté » de l'Univers, dont l'exploration est tentante, mais, de manière perverse, une singularité barre le passage.

Acceptons-le de bonne grâce. Souvent, dans la vie, on se console de certaines choses qui ne nous arrivent pas en se convainquant qu'après tout ces choses-là ne *peuvent pas* arriver. Ce raisonnement se justifie parfaitement dans le cas du trou blanc et de l'anti-Univers. Nous allons nous en rendre compte en examinant le *territoire* – le monde réel – et non plus la carte.

Le monde réel est trop compliqué. Tout ce que peut faire le physicien pour interpréter les phénomènes observés, c'est développer des modèles mathématiques qui ne sont que des images idéalisées de ce qui se passe réellement. Prenons la carte de Kruskal. C'est un outil formidablement puissant pour l'investigation de l'espace-temps du trou noir, mais son idéalité est manifeste : elle suppose que la source de gravitation est concentrée dans une singularité ponctuelle, entourée de vide, cachée derrière un horizon des événements et existant depuis toujours. Or, dans l'Univers réel, comment peut se former un trou noir ? Très vraisemblablement par effondrement gravitationnel... Et là, la situation est loin d'être aussi symétrique que ne le suggère la carte complète de Kruskal.

Revenons un moment à la surface de plongement autour d'une étoile non effondrée, dessinée dans la *figure 39*. On se souvient que seul l'espace-temps extérieur est représenté par un morceau de la géométrie de Schwarzschild, le reste – c'est-à-dire l'intérieur de l'étoile – étant décrit par une géométrie tout à fait différente, dépendant de la structure de la matière et ne contenant aucune singularité. Ceci laisse soupçonner que, si l'étoile s'effondre en trou noir, seule l'histoire future aura un sens physique : formation d'un horizon du futur, puis apparition d'une singularité du futur.

Lors de l'effondrement, les configurations de l'étoile et de l'espace-temps extérieur changent à chaque instant. Pour décrire une géométrie qui évolue, il faut réintroduire le temps dans le jeu du plongement. C'est ce que réalise la *figure 46*, qui met en parallèle la séquence évolutive des surfaces de plongement avec le diagramme d'espace-temps complet déjà montré sur la *figure 27*. Le « tissu élastique » de l'espace-temps est certes de plus en plus creusé par l'étoile en contraction, mais lorsque le trou noir se forme le tissu ne développe aucune gorge de Schwarzschild débouchant sur un univers parallèle. Il développe plutôt une sorte de point anguleux dans lequel toute l'étoile disparaît...

Encore une fois, le jeu du plongement est impuissant à représenter les régions d'espace-temps intérieures à l'horizon. Pour voir plus loin, il faut revenir au jeu de Kruskal. La *figure 47* est la carte de Kruskal tronquée de l'effondrement d'une étoile sphérique. L'horizon et la singularité du passé ont complètement disparu, de même que le feuillet symétrique de l'univers extérieur. Seuls subsistent un morceau de la géométrie de Schwarzschild à l'extérieur de l'horizon, un trou noir et une singularité dans le futur.

La double nature de l'espace-temps du trou noir sphérique n'est en définitive qu'une curiosité mathématique, engendrée par la symétrie idéalisée de la solution complète de Schwarzschild. Les trous blancs, trous de ver et univers parallèles ne peuvent pas se former dans l'Univers réel par effondrement gravitationnel des étoiles sphériques.

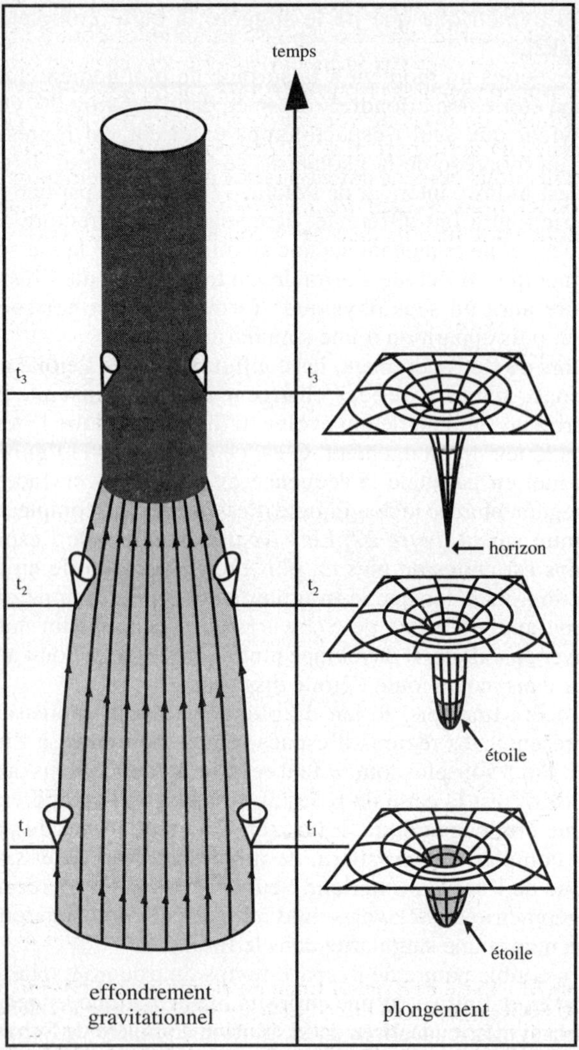

Figure 46 : Obstruction du trou de ver dans l'effondrement gravitationnel.

Le lecteur doit alors se demander pourquoi j'ai développé si longuement le sujet. La réponse est double. Tout d'abord, les étoiles ne sont pas vraiment sphériques, et nous verrons plus loin comment les trous noirs en rotation développent des multitudes de trous de ver que la physique n'a pas réussi à obstruer. D'autre part, il n'est pas complètement exclu que certains trous noirs ne soient pas nés par effondrement gravitationnel, mais existent *depuis le début de l'Univers*, étant en quelque sorte inscrits dans ses « conditions initiales ».

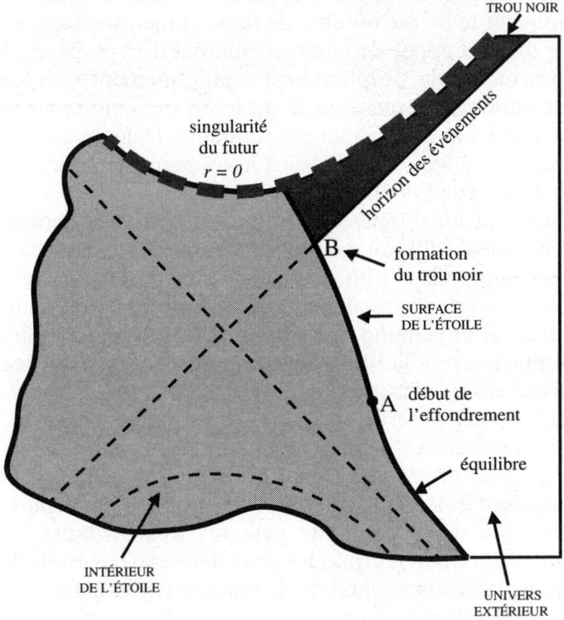

Figure 47 : Carte de Kruskal tronquée représentant l'effondrement d'une étoile en trou noir. La partie (en gris) est l'intérieur de l'étoile. La surface de l'étoile est initialement en équilibre et sa ligne d'univers est un arc d'hyperbole. L'effondrement démarre en A. L'horizon se forme en B et la singularité ne se développe qu'en C. Seule la partie future a un sens physique. Trou blanc et univers parallèle ne se forment pas dans l'effondrement gravitationnel d'une étoile sphérique.

Certes, les physiciens n'aiment généralement pas supposer des conditions initiales très particulières. A l'inverse de l'archevêque Ussher, qui en 1658 soutenait que l'Univers était né « tel quel », avec hommes, animaux, plantes et fossiles, en 4004 avant J.-C, le 23 octobre à 6 heures du matin. Les physiciens modernes préfèrent envisager un Univers né dans le chaos, à partir de conditions arbitraires, les structures matérielles n'apparaissant que plus tard au cours de l'évolution. Ce type d'argumentation repose sur un « principe de simplicité », appelé aussi le Rasoir d'Occam, en hommage à un théologien anglais du XIVe siècle qui l'avait formulé en termes imagés. Il stipule que, parmi un ensemble de théories expliquant le même nombre de faits, la théorie préférable est celle qui fait appel au nombre minimal d'hypothèses. Mais, si le principe de simplicité est esthétiquement séduisant, il n'est nullement prouvé et la thèse de trous noirs « préexistants » n'est pour l'instant pas réfutable. Dans ce cas, et dans ce cas seulement, de tels trous noirs pourraient être accompagnés de leur symétrique trou blanc.

Quelle serait l'apparence d'un trou blanc primordial ? Le rayonnement jailli du trou blanc serait affecté de deux décalages antagonistes : un décalage « Einstein » vers le rouge (diminution de la fréquence), dû au fait que le rayonnement sortirait d'un champ gravitationnel fort, et un décalage « Doppler » vers le bleu (augmentation de la fréquence), dû au mouvement d'expansion de la matière hors du trou dans la direction de l'observateur. Certains astrophysiciens ont imaginé au début des années 1960 un curieux modèle de *quasars*, ces astres extrêmement lumineux et lointains dont la nature était à l'époque mystérieuse, et que l'on a depuis identifiés avec des noyaux de galaxies très brillants. Ils ont avancé l'idée que les quasars pouvaient être des trous blancs, lieux de création spontanée de matière légèrement en retard sur le « Big Bang » vieux de quinze milliards d'années dont notre Univers serait issu.

Hormis l'objection des conditions initiales trop particulières, ce modèle souffre d'un défaut fatal : si de la matière était éjectée d'un trou blanc, dès qu'elle entrerait en collision avec la matière ambiante elle serait tellement ralentie qu'elle s'effondrerait aussitôt pour reformer un trou noir ! Comme on le verra dans la dernière partie du livre, le modèle de quasar aujourd'hui admis n'en est pas moins fascinant. Il fait bien appel à un trou, mais noir, et géant !

Le jeu de Penrose

Un enfant de cinq ans comprendrait ça ! Allez me chercher un enfant de cinq ans !

GROUCHO MARX

L'exploration des trous noirs est loin d'être achevée. Les trous noirs réels sont en rotation, et l'on se souvient que leur structure interne est beaucoup plus riche que celle du trou noir statique de Schwarzschild. Pour mieux la « décoder », nous allons nous intéresser à un dernier jeu de cartes, le plus perfectionné de tous. Inventé par le mathématicien anglais Roger Penrose, de l'université d'Oxford, il a été appliqué à la description complète des trous noirs par Brandon Carter, de l'Observatoire de Meudon.

Le jeu fonctionne sur deux règles. La première reprend celle utilisée par Kruskal : la carte est *conforme*, c'est-à-dire qu'elle force les cônes de lumière à rester droits, comme s'il n'y avait pas de courbure. La deuxième ramène l'infini spatial à distance finie. La carte de Penrose permet donc de représenter un trou noir et l'Univers tout entier, y compris l'infini temporel et spatial, sur un bout de papier !

Commençons par jouer avec l'espace-temps plat de Minkowski. Sa carte de Penrose est le « diamant » de la *figure 48*. Aucune surprise : mis à part l'obligation de naviguer à moins de 45° de la verticale, nul incident ne vient perturber les trajectoires de la matière et du rayonnement. L'Univers de la Relativité Restreinte, vidé de toute gravitation, n'est qu'un désert uniformément plat.

Poursuivons le jeu avec l'espace-temps du trou noir statique de Schwarzschild. Sa carte de Penrose *(figure 49)* diffère peu de la carte de Kruskal, si ce n'est que l'espace-temps a maintenant des bords à distance finie. En fait, il apparaît clairement que la singularité de Schwarzschild – décomposée en une singularité dans le passé et une singularité dans le

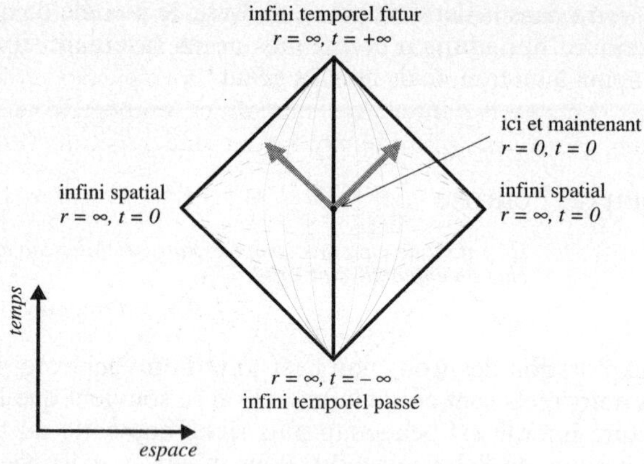

Figure 48 : Le diamant de Minkowski. Comme dans tout diagramme d'espace-temps, l'espace r est mesuré horizontalement et le temps t verticalement, de bas en haut. La position « ici et maintenant » est au centre du diamant (r = 0, t = 0). L'infini spatial « maintenant » (r = ∞, t = 0) est représenté par les pointes gauche et droite du diamant, tandis que l'infini temporel (t = – ∞ et t = + ∞) est représenté par les pointes inférieure et supérieure (passé et futur). Toutes les lignes d'univers permises de la matière et du rayonnement s'écoulent sans incident des côtés inférieurs aux côtés supérieurs. Les rayons lumineux circulent le long des droites inclinées à 45°, la matière voyage le long de courbes inclinées à moins de 45° de la verticale. En particulier, les trajectoires de position r constante joignent le sommet inférieur au sommet supérieur. En revanche, les courbes de temps t constant (en pointillés) joignent les sommets droit et gauche. Ces courbes sortent des cônes de lumière ; elles sont bien entendu interdites, traduisant l'impossibilité d'évoluer à temps constant.

futur – est un *bord de l'espace-temps*, au même titre que l'infini spatial. Cette singularité est une ligne *horizontale* qu'aucune trajectoire pénétrant dans le trou noir ne peut éviter. Elle est qualifiée de *spatiale* (c'est-à-dire parallèle à l'axe spatial), et à ce titre marque véritablement *la fin du temps* pour tout explorateur du trou noir[5].

Outre les propriétés de la singularité, la carte de Penrose permet de retrouver aisément les caractéristiques fondamen-

5. Notons que la singularité du passé ne représente aucun danger pour l'astronaute dans la mesure où, pour la rencontrer, il devrait voyager à reculons dans le temps.

tales de l'espace-temps du trou noir, qui doivent maintenant être familières au lecteur : structures en double feuillet pour les régions extérieure et intérieure à l'horizon des événements, échange des directions spatiale et temporelle se traduisant par l'impossibilité de garder une position fixe à

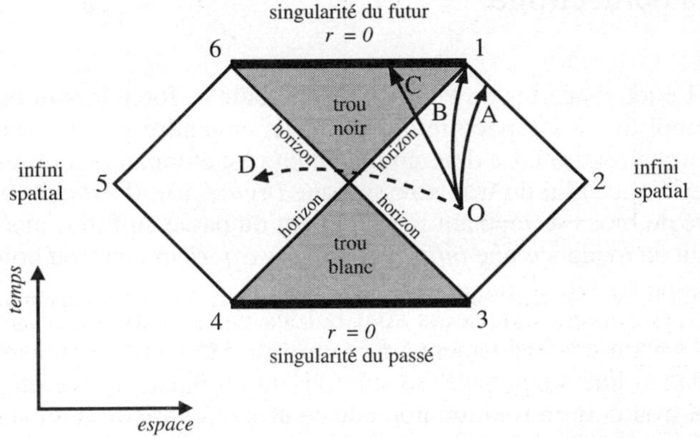

Figure 49 : Carte de Penrose d'un trou noir statique. L'espace-temps complet du trou noir de Schwarzschild est circonscrit dans un hexagone dont les sommets sont numérotés de 1 à 6. On reconnaît la structure double de l'univers extérieur (carrés droite et gauche, délimités par l'horizon et l'infini spatial) et de l'univers intérieur au trou noir (triangles inférieur et supérieur, délimités par l'horizon et la singularité).
A partir d'une position initiale donnée 0, plusieurs voyages sont représentés. La courbe A est parcourue par un astronaute s'éloignant du trou noir à accélération constante – sa vitesse tendant vers celle de la lumière. La courbe B est parcourue par un astronaute restant à distance constante du trou noir ; elle aboutit forcément au sommet 1. La courbe C est celle d'un astronaute explorant l'intérieur du trou noir. Dès que l'horizon des événements est franchi, il y a un changement fondamental dans le caractère de l'espace-temps. Alors que dans l'univers extérieur, les courbes caractérisées par une distance constante au trou noir vont obligatoirement du sommet 3 au sommet 1 (ou du sommet 4 au sommet 6 dans le feuillet symétrique), dans l'univers intérieur au trou les courbes de position constante joignent les sommets 1 et 6, ou 3 et 4. Ces courbes sortent des cônes de lumière et sont interdites. On reconnaît là l'impossibilité de garder une position fixe à l'intérieur du trou noir, de la même façon qu'il est impossible d'évoluer à temps constant à l'extérieur. Enfin, la trajectoire D (en pointillés), qui permettrait de passer d'un feuillet de l'univers extérieur à l'autre en empruntant la gorge de Schwarzschild et en évitant la singularité, est interdite puisqu'elle nécessite une vitesse plus grande que celle de la lumière. La gorge de Schwarzschild est bouchée par la singularité.

l'intérieur du trou noir, impossibilité de passer d'un feuillet de l'espace-temps extérieur à l'autre en empruntant la gorge de Schwarzschild.

La porte étroite

Le jeu de cartes de Penrose révèle toute sa force lorsqu'on l'applique à l'espace-temps de Kerr, engendré par un trou noir en rotation. Le diagramme obtenu est étonnamment plus varié que celui du trou noir statique *(figure 50)*. Il est constitué de blocs se répétant indéfiniment du passé au futur, mettant en évidence une *infinité d'univers extérieurs* au trou noir et une *infinité d'univers intérieurs* !

Les univers extérieurs sont bordés par l'infini spatial et l'horizon des événements. Les univers intérieurs, contenant chacun une singularité, se subdivisent en plusieurs régions. Le trou noir en rotation possède en effet un horizon des événements interne qui enveloppe la singularité centrale. Chaque fois qu'un horizon est franchi, la direction d'espace et la direction du temps sont échangées. Pour voyager de l'univers extérieur à la singularité, un astronaute doit subir deux échanges consécutifs. Par conséquent, à l'intérieur de l'horizon des événements interne, tout près de la singularité, les directions d'espace et de temps sont exactement les mêmes qu'à l'extérieur du trou noir.

Figure 50 : Carte de Penrose d'un trou noir en rotation. Le diagramme se répète indéfiniment dans le passé et le futur. Les univers extérieurs au trou noir sont les carrés blancs, les univers intérieurs sont les carrés tramés. L'horizon des événements externe – véritable frontière du trou noir – est noté HE, l'horizon des événements interne est noté HI, la singularité est notée S.

Les univers intérieurs se subdivisent en plusieurs domaines. La zone gris clair est comprise entre les deux horizons HE et HI. La direction d'espace et la direction du temps sont échangées : il est impossible d'y garder une position fixe. La zone gris sombre est comprise entre l'horizon interne HI et la singularité S ; les directions d'espace et de temps sont les mêmes que dans l'univers extérieur au trou noir. La zone gris médium est située « de l'autre côté » de la singularité. Elle s'étend à l'infini spatial

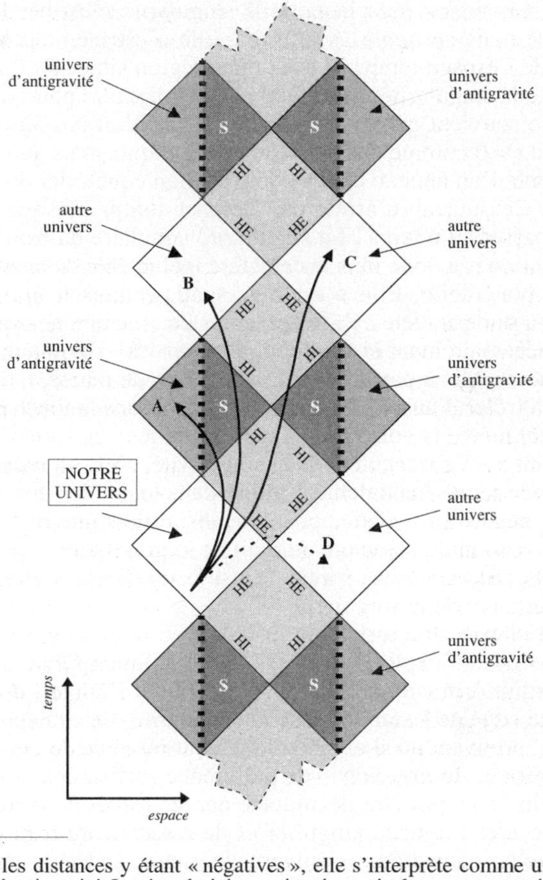

mais, les distances y étant « négatives », elle s'interprète comme un univers d'antigravité. La singularité est orientée verticalement et en traits discontinus, signifiant qu'elle peut être évitée et que l'on peut passer au travers.

Pour naviguer dans l'espace-temps du trou noir en rotation, la seule règle est de ne pas s'écarter de plus de 45 degrés de la verticale. Diverses trajectoires partant de l'univers extérieur (« notre » univers) et traversant le trou noir sont montrées. La trajectoire A passe à travers la singularité annulaire et explore l'univers d'antigravité. Les trajectoires B et C traversent quatre horizons des événements et ressortent du trou noir dans un autre univers. La trajectoire D est interdite car elle voyage plus vite que la lumière.

Il est mathématiquement permis d'identifier les « autres » univers avec notre univers, mais l'opération donne lieu à des paradoxes temporels.

C'est la raison pour laquelle la singularité n'est pas horizontale mais *verticale*. A vrai dire elle n'est même plus un bord de l'espace-temps. Il existe une région située *de l'autre côté* de la singularité. Il est facile de comprendre pourquoi si l'on se souvient que la singularité ne se réduit pas au point central r = 0 comme dans un trou noir statique, mais qu'elle a la forme d'un anneau couché dans le plan équatorial du trou noir[6]. Cet anneau n'arrête pas l'espace-temps puisque l'on peut passer au travers ! La singularité annulaire du trou noir en rotation n'a donc plus le caractère inéluctable de la singularité ponctuelle. Elle n'est plus spatiale mais *temporelle* (c'est-à-dire parallèle à l'axe des temps), et à ce titre ne marque plus nécessairement la fin du temps pour les explorateurs du trou noir[7]. Mis à part le danger des forces de marée, ils peuvent la frôler d'aussi près qu'ils le veulent sans la toucher, ils peuvent même la voir si des signaux lumineux en sortent.

Quant à « l'autre côté » de la singularité, c'est un morceau d'espace-temps spatialement infini, dans lequel les distances sont « négatives ». Cette apparente absurdité s'interprète par une inversion du caractère attractif de la gravitation. Celle-ci deviendrait *répulsive*, forçant ainsi la matière à s'éloigner indéfiniment de la singularité.

La richesse structurelle du trou noir en rotation ouvre des perspectives d'exploration passionnantes. Sur la *figure 50*, la trajectoire A montre la possibilité d'explorer l'univers d'antigravité situé de l'autre côté de la singularité. Les trajectoires B et C prouvent qu'il est théoriquement possible de pénétrer à l'intérieur du trou noir – de préférence suffisamment massif, afin de ne pas être déchiqueté par les forces de marée –, de survoler l'anneau singulier et de ressortir du trou pour déboucher dans d'autres univers extérieurs. Enfin, la trajectoire D est interdite car elle sort du cône de lumière... Il existe quand même un feuillet de l'espace-temps qui ne peut pas être exploré !

6. Voir *figure 37*.
7. Hormis ceux assez imprudents pour naviguer exactement dans le plan équatorial du trou noir !

La machine à remonter le temps

> *Le bon sens, quoi qu'il fasse, ne peut manquer de se laisser surprendre à l'occasion. Le but de la science est de lui épargner cette surprise.*
>
> BERTRAND RUSSELL

Le jeu de Penrose devient inquiétant pour la santé mentale lorsqu'on se met à interpréter les univers extérieurs comme des feuillets d'un seul et unique univers, ce qui est parfaitement toléré par la théorie de la Relativité Générale. En ce cas, le trou noir en rotation connecterait par une myriade de trous de ver différents lieux de l'espace-temps. Et comme deux événements de l'espace-temps peuvent différer aussi bien dans l'espace que dans le temps, il serait en principe possible, partant d'une position donnée à un temps donné de l'univers extérieur au trou noir et en empruntant un trou de ver judicieusement choisi, de réémerger dans la même position mais en un *temps différent*, passé ou futur. Cela s'appelle une *machine à voyager dans le temps* !

Certes, l'histoire des sciences a prouvé maintes fois que des spéculations jugées en leur temps absurdes se soient révélées pleinement justifiées. Néanmoins, le voyage dans le *passé* pose un défi au bon sens. Il est difficile d'admettre qu'un individu puisse remonter le temps pour assassiner son aïeul avant même que celui-ci n'ait eu le temps d'avoir des enfants. Car alors l'assassin n'aurait pas été conçu, et s'il n'a pas été conçu il ne peut pas aller assassiner son aïeul, qui a pu avoir des enfants ; mais si l'aïeul a eu des enfants, il a pu être assassiné par son descendant, et ainsi de suite... Ce paradoxe temporel a été introduit dans la littérature par le romancier français René Barjavel, dans un récit intitulé *Le Voyageur imprudent.*

Le voyage dans le passé viole la loi de causalité, qui exige que toute cause précède l'effet[8]. Mais la causalité est une

8. Voir page 43.

règle imposée par la logique, et non par la théorie de la Relativité. Il est vrai que dans la Relativité Restreinte et son univers plat, sans gravitation, la causalité est implicite. Car voyager dans son passé équivaut strictement à se déplacer plus vite que la lumière, ce qui est fondamentalement interdit. En revanche, dans la Relativité Générale et ses univers courbés par la gravitation, certaines distorsions subtiles imprimées à l'espace-temps – par un trou noir en rotation notamment – autorisent en principe l'exploration du passé sans jamais dépasser la vitesse de la lumière !

Si le voyage dans le passé est possible, le bon sens est-il irrémédiablement perdu ? Pas nécessairement, à condition de remplacer le principe de causalité par celui de consistence : la nouvelle règle stipule alors que l'évolution d'un système physique doit être auto-consistente, même si l'on inclut des rétroactions dans le temps. La situation décrite par Barjavel (l'assassinat de ses propres ancêtres) est évidemment non-consistente. Mais des théoriciens amateurs de casse-tête ont imaginé des situations non causales consistentes si compliquées que le bon sens n'y trouve pas forcément son compte...

Pour éviter ces jongleries, peut-on « sauver » la situation en arguant du fait que les distorsions potentiellement non causales induites par un trou noir en rotation (ou électriquement chargé) ne sont qu'un artifice mathématique, et ne sont pas réellement engendrées dans l'effondrement gravitationnel d'une étoile ? Dans le cas sphérique, il était possible de suivre pas à pas l'évolution de la géométrie extérieure et intérieure à une étoile en contraction, en utilisant une carte de Kruskal tronquée ou une suite de diagrammes de plongement, pour s'apercevoir que les phénomènes déconcertants de trou blanc et d'anti-Univers s'éliminaient de façon naturelle. Mais dans le cas non sphérique, on ne sait pas cartographier de façon rigoureuse l'espace-temps extérieur – ni intérieur – à l'étoile en rotation. Des ondes gravitationnelles le perturbent en permanence, et ce n'est que lorsque le trou noir s'est formé et n'évolue plus que la géométrie de Kerr s'instaure. Des calculs récents ont toutefois montré que n'importe quel morceau de matière, fût-ce une simple particule, ou même un rayonnement, qui pénètre au sein d'un trou noir en rotation, acquiert une énergie tellement amplifiée par le champ gravitationnel du trou que sa propre gravité altère l'espace-temps et bouche le trou de ver. Des physiciens théoriciens se sont ingéniés à imaginer dans quelles conditions un trou de ver macroscopique (associé par exemple à un trou noir géant, de façon à ce que les forces de marée ne soient pas trop grandes) pourrait rester ouvert malgré l'intrusion de matière et d'énergie (sous forme par exemple de vaisseau spatial). Je me souviens qu'en 1976, l'année même où j'ai commencé à faire de la recherche en relativité générale, une très sérieuse fondation britannique (la *Bacon Foundation*) offrait un prix de 300 £ à quiconque résoudrait le problème formulé de la façon suivante : « Selon la théorie en vigueur, les trous noirs en rotation sont de véritables portes ouvertes sur d'autres régions de l'espace-temps. Comment donc un vaisseau spatial pourrait-il passer d'un trou noir en rotation à une autre région de l'espace-temps *sans être détruit par le champ gravitationnel d'une singularité* ? » Etant débutant dans la discipline, je ne me sentais pas de taille à concourir pour remporter le prix. J'ignore si quelqu'un a empoché la somme, mais ce qui est certain c'est que le problème ne fut pas résolu avant 1985, et encore de façon exotique : il s'avère que seuls pourraient être stables des trous de ver tressés de matière exerçant une gigantesque « pression négative ». Une pression négative équivaut à une tension, comme celle d'un ressort que l'on étire. Dans la matière ordinaire, la tension est toujours beaucoup plus faible que l'énergie (la tension de rupture de l'acier est par exemple mille milliards de fois plus petite que son énergie par unité de volume). Dans la matière exotique nécessaire pour stabiliser les trous de ver, les proportions seraient inversées. Tout ceci est évidemment hautement spéculatif ; personne n'a la moindre idée si ce type de matière « négative » peut exister dans la nature. Pour utiliser efficacement ces « raccourcis » de l'espace-temps, il faudrait être capable de construire des trous de ver « négatifs », peut-être en faisant grossir un trou de ver négatif microscopique. Et même en admettant cette fantastique idée, rien ne nous dit qu'un vaisseau spatial constitué de matière normale pourrait traverser sans danger une région d'énergie négative !

C'est ce flou théorico-artistique qui a permis au populaire astronome-écrivain américain Carl Sagan de fonder son roman *Contact* sur l'idée d'une communication entre civilisations extra-terrestres en utilisant des trous de ver. Mais ce récit, aussi passionnant soit-il, est bien de la pure science-fiction et a de bonnes chances de le rester à tout jamais !

Les singularités gravitationnelles

On peut, en premier lieu, se demander si l'apparition d'une singularité écrasant indéfiniment la matière et l'espace-temps au centre des trous noirs ne résulte pas de l'application naïve de la Relativité Générale à l'effondrement gravitationnel. Des singularités apparaissent aussi dans le contexte plus général de la *Cosmologie*, branche de l'astrophysique qui traite de l'évolution de l'Univers dans son ensemble. La théorie du « Big Bang », selon laquelle l'Univers serait né d'une singularité il y a environ quinze milliards d'années, est fortement corroborée par l'observation de l'expansion de l'Univers et celle du rayonnement cosmologique, vestige refroidi de sa naissance. Mais, en Cosmologie comme ailleurs, les modèles utilisés pour décrire l'état présent et passé de l'Univers sont très idéalisés. Là encore, il est légitime de se demander si la singularité cosmique n'est pas un sous-produit indésirable de la simplification mathématique.

Deux chercheurs anglais, Stephen Hawking, de l'université de Cambridge, et Roger Penrose, l'inventeur des cartes conformes, ont démontré dans les années 1960 qu'il n'en est rien. Les singularités font partie intégrante de la théorie de la Relativité Générale. On ne sait peut-être pas démontrer que l'effondrement gravitationnel d'une étoile « réaliste » forme un horizon des événements et un trou noir, mais on peut prouver qu'il s'achève inexorablement dans une singularité. Hawking et Penrose ont également établi que, si on l'extrapole dans son passé cosmique, tout modèle d'Univers s'accordant à ce qui est actuellement observé doit nécessairement avoir commencé dans une singularité. Si l'Univers contient suffisamment de matière, il doit même s'achever dans une singularité, la phase d'expansion actuelle cédant la place à une phase symétrique de contraction, véritable effondrement gravitationnel universel.

Ces théorèmes très importants généralisent un résultat déjà connu dans la théorie newtonienne de la gravitation : un nuage de poussière soumis aux forces d'attraction gravitationnelle mutuelles de ses constituants doit se contracter jusqu'à former une singularité de densité infinie. En conclusion, les singularités se révèlent être une conséquence incontournable de la propriété attractive et « auto-accélérée » de la gravitation. Comment y faire face ?

La Censure Cosmique

La Nature aime se cacher.

HÉRACLITE, 500 avant J.-C.

L'effondrement gravitationnel d'une étoile s'achevant dans une singularité admet deux variantes, selon qu'un trou noir se forme ou pas. Si un trou noir se forme, cela signifie qu'un horizon des événements cache tout ce qui est au-delà, y compris l'écrasement final de la matière dans une singularité. Cette possibilité semble réalisée dans l'effondrement sphérique. Dans ce cas, peu importe pour le physicien vivant dans l'espace-temps extérieur au trou noir de savoir si la singularité se forme réellement ou non. Puisque l'intérieur du trou noir ne communique pas avec l'extérieur, les lois de la Nature et le bon sens pourraient parfaitement être violées près de la singularité sans que le monde des physiciens n'en sache jamais rien.

Dans la seconde variante, la singularité se forme sans qu'un trou noir ne la cache. Imaginons par exemple qu'une étoile massive en rotation rapide conserve au cours de son effondrement un moment angulaire supérieur à la valeur critique. Dans ce cas, la formation d'un horizon stable de trou noir est rendue impossible par les forces centrifuges, et la singularité sera *nue*. Des particules ou des signaux électromagnétiques pourraient s'en échapper et être observés à grande distance. Or, par les infinis qui lui sont attachés, une singularité a des effets totalement imprévisibles sur l'espace-temps. Sans la protection d'un horizon des événements, les physiciens n'auraient plus qu'à se mettre au chômage, car tout calcul et toute prédiction pourraient du jour au lendemain être contredits par la fantaisie d'une singularité nue !

Inutile de préciser que les singularités nues n'ont jamais été observées dans l'Univers. Mais cela ne prouve pas leur inexistence. Pour éviter une situation aussi embarrassante, Roger Penrose a émis l'hypothèse selon laquelle la Nature interdirait aux singularités d'être nues. Selon lui, l'effondrement gravitationnel devrait toujours habiller la singularité d'un horizon des événements. Cette conjecture porte le nom de *Censure Cosmique*.

La Censure Cosmique, qui se veut rassurante, n'a jamais pu être démontrée rigoureusement dans le cadre de la Relativité Générale. On estime généralement que, dans les situations ne s'écartant pas trop de la symétrie sphérique, la conjecture est correcte. En revanche, dans les situations plus extrêmes, la question reste complètement ouverte. Autre motif d'inquiétude : la singularité cosmique, qui est supposée avoir engendré notre Univers il y a quinze milliards d'années, n'est pas cachée au fond d'un trou noir...

La Gravitation Quantique

> *Si le Tout-Puissant m'avait consulté avant de s'embarquer dans la Création du Monde, je lui aurais recommandé quelque chose de plus simple !*
>
> ALPHONSE X LE SAGE, XIIIe siècle

Même si la conjecture de Censure Cosmique était rigoureuse, les « anomalies » de la gravitation ne seraient pas pour autant résolues. La singularité annulaire, bien que cachée au fond d'un trou noir en rotation, permet quand même le passage par le trou de ver et se rend implicitement complice du viol de la causalité !

Le vrai problème n'est donc pas de savoir si les singularités offensent la pudeur ou non, mais de savoir si elles existent dans l'Univers réel. Pour cela, il faut remonter à la source du mal : la Relativité Générale. Une théorie qui prédit des configurations où certaines quantités physiques deviennent infinies peut-elle être correcte ?

La Science a maintes fois accouché de théories physiques possédant des singularités, qui ont été éliminées avec la mise au point de théories meilleures. Ce fut notamment le cas du modèle primitif de l'atome, considéré comme un système planétaire en miniature mû par des forces électriques. Dans la théorie développée au début du siècle par Ernest Rutherford, les électrons orbitant autour du noyau atomique devaient perdre de l'énergie et s'effondrer rapidement sur le noyau. Or, la nature prouve que les atomes sont stables. Le comportement anormal de l'atome de Rutherford montrait donc que sa théorie était incomplète. L'élaboration de la Physique Quantique a résolu le problème. Dans cette nouvelle théorie, les niveaux d'énergie des électrons sont devenus quantifiés, le modèle d'atome s'est stabilisé et la singularité a disparu.

Il est tentant de faire le rapprochement avec la Relativité Générale. L'irruption de singularités gravitationnelles, démontrée par Hawking et Penrose, signale vraisemblablement que la théorie est appliquée en dehors de son domaine de validité. La Physique Quantique peut-elle y remédier ?

Un premier élément de réponse est suggéré par un examen plus approfondi des théorèmes de Hawking et Penrose. Leur conclusion dépend d'une hypothèse apparemment raisonnable selon laquelle « la matière a une énergie positive ». Cette condition est effectivement remplie par toutes les formes connues de la matière, y compris les formes extrêmes de matière dégénérée régnant au cœur des étoiles à neutrons qui, bien qu'inconnues en laboratoire, peuvent être extrapolées à partir des connaissances sur la matière nucléaire. Mais, si toute matière « classique » a une énergie positive, il n'en va plus de même avec la matière *quantique*. Des calculs récents ont montré que certains phénomènes de la physique des particules élémentaires violent la condition de positivité de l'énergie[9].

On touche là le nœud du problème. Bien que la Relativité Générale soit la meilleure théorie actuelle de la gravitation, elle est manifestement incomplète car elle ne tient pas compte des principes de la Mécanique Quantique, qui gouverne l'évolution du monde microscopique. Or, le phénomène des singularités concerne précisément l'espace-temps à très petite échelle. Il n'est dès lors guère étonnant que l'application d'une théorie classique à un domaine quantique conduise à des singularités indésirables.

Les rapports actuels entre la Mécanique Quantique et la Relativité Générale sont plutôt distants. La première gouverne le domaine des particules élémentaires, qui se meuvent sous l'action de forces nucléaires dont le rayon d'action est très faible. Sa caractéristique essentielle est de donner une description « floue » des phénomènes, dans la mesure où les événements ne peuvent être calculés qu'en termes de probabilités. La force électromagnétique gouverne un domaine de transition, embrassant notamment l'échelle humaine. Dans certains phénomènes (laser, transistors, etc.), la Mécanique Quantique joue encore un rôle crucial, mais dans d'autres (propagation des ondes radio, etc.) son rôle devient négligeable. Enfin, à l'échelle astronomique, les effets quantiques s'estompent totalement et la gravitation « classique », décrite par la Relativité Générale, règne en maître.

Or, pour reprendre les termes de Sheldon Glashow[10], il se pourrait bien que « le serpent se morde la queue ». Certains physiciens croient en effet que la gravitation redevient dominante sur les échelles de grandeur plus petites que 10^{-33} centimètre. Cette longueur infime fut introduite dans un autre contexte par Max Planck, il y a bientôt un siècle. Obtenue en combinant astucieusement les constantes fondamentales de la nature (constante de la gravitation, vitesse de la lumière, constante de Planck), elle est indépendante des propriétés des

9. Par exemple la création spontanée de particules dans le vide, rendue possible par la Mécanique Quantique ; voir chapitre 14.
10. Prix Nobel de Physique en 1979.

particules élémentaires. Elle doit représenter la plus petite échelle à laquelle l'espace-temps peut encore être considéré comme lisse. En dessous, la texture même de l'espace-temps ne serait plus continue mais, tout comme la matière et l'énergie, formée de petits grains. Selon la formule de John Wheeler, c'est dans son domaine que sera consommé « l'ardent mariage de la Relativité Générale et de la Physique Quantique ». L'enfant s'appellera naturellement la *Gravitation Quantique*.

Si je parle au futur, c'est parce que la Gravitation Quantique est encore plus une idée qu'une théorie. Pendant les quarante dernières années de sa vie, Einstein a tenté en vain d'harmoniser la Relativité Générale et la Mécanique Quantique. Aujourd'hui, des centaines de physiciens théoriciens s'attellent à la tâche, mais son ampleur est considérable. Mis à part des difficultés mathématiques presque décourageantes, la Gravitation Quantique se heurte à l'absence totale de données expérimentales concrètes. Son domaine d'application – en distances ou en énergies – est fantastiquement éloigné de la physique de laboratoire. S'il est possible de sonder, grâce aux grands accélérateurs de particules, des distances comparables au rayon d'une particule élémentaire telle que le proton, soit 10^{-13} centimètre[11], le fossé qui nous sépare encore de l'espace-temps quantique est immense : le rapport entre le rayon du proton et la longueur de Planck est du même ordre de grandeur que le rapport entre la taille de notre Galaxie et l'être humain !

Ce qui est réjouissant dans la physique contemporaine, c'est que malgré ces conditions peu favorables les idées foisonnent. John Wheeler considère pour sa part que la géométrie de l'espace-temps microscopique doit être turbulente et en perpétuel changement, agitée de fluctuations quantiques. On peut la comparer à la surface d'un océan *(figure 51)*. Vu d'avion, l'océan paraît lisse. A plus basse altitude, la surface reste continue mais on commence à percevoir quelques mou-

11. Les énergies les plus élevées obtenues actuellement dans les accélérateurs de particules permettent de sonder les propriétés de la matière jusqu'à 10^{-18} cm.

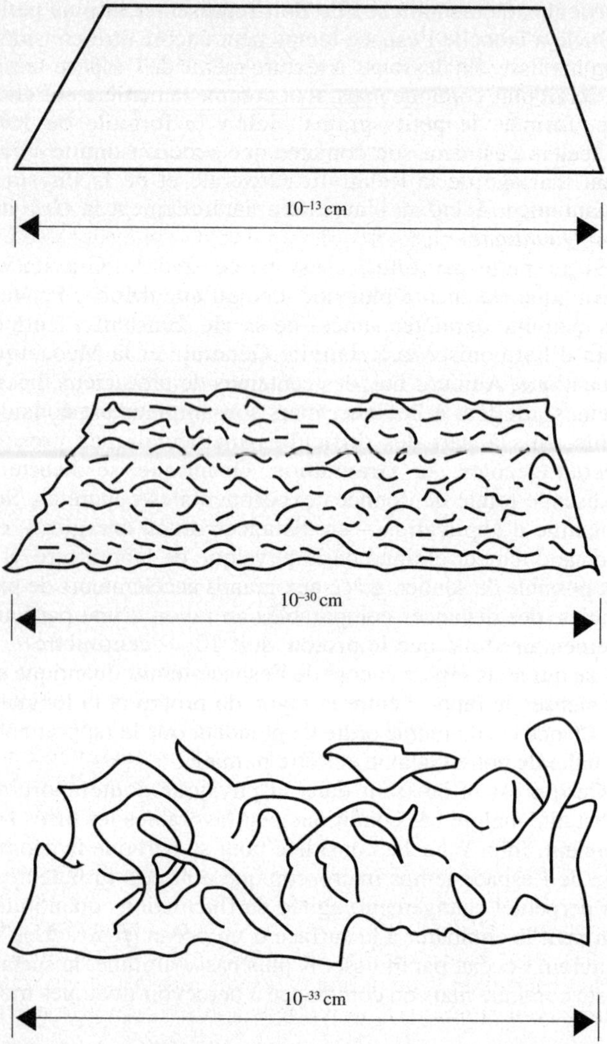

Figure 51 : L'écume de l'espace-temps. Vue de loin, la géométrie de l'espace-temps est lisse. A l'échelle de la longueur de Planck, elle est très compliquée et en changement perpétuel.

vements qui l'agitent. Examiné de près, l'océan est très tumultueux, discontinu même puisque des vagues se brisent, projetant des gouttes d'eau qui s'élèvent et retombent. De la même façon, si l'espace-temps paraît continu à notre échelle, son écume deviendrait perceptible à l'échelle de la longueur de Planck et produirait des gouttes se manifestant à nous sous forme de particules élémentaires.

Les tentatives les plus récentes appellent à la rescousse un « super-espace-temps » dont le nombre de dimensions serait plus grand que quatre[12]. Dans la vie de tous les jours, seules les trois dimensions d'espace et la dimension de temps sont perceptibles, mais l'Univers réel pourrait se refermer sur lui-même dans des dimensions spatiales supplémentaires, dont la longueur caractéristique serait justement la longueur de Planck. Une illustration simple est celle d'un tuyau très long, qui a deux dimensions : l'une faiblement courbée dans le sens de la longueur, l'autre fortement courbée et beaucoup plus petite dans le sens de la circonférence. Or, vu de loin, le tuyau est perçu comme un fil à une seule dimension sans courbure.

Malgré ces spéculations fascinantes, aucun schéma certain n'a encore émergé. A défaut de vérifications expérimentales, les physiciens se raccrochent à des exigences théoriques. L'une d'entre elles est précisément l'élimination pure et simple des singularités gravitationnelles. Celles-ci seraient remplacées par des fluctuations quantiques de l'espace-temps, qui ne donneraient pas lieu à des grandeurs infinies mais auraient pour effet de boucher les trous de ver des trous noirs en rotation. Ce n'est qu'à ce prix que la causalité sera sauvegardée !

Ce qui est certain, c'est que les trous noirs sont appelés à jouer un rôle clé dans l'élaboration de la Gravitation Quantique. Récemment, des chercheurs ont avancé un modèle dans lequel des trous de ver microscopiques (d'une taille cent milliards de milliards de fois plus petite que celle d'un noyau atomique), de par leur contribution à la méca-

12. Il se pourrait même que la vraie dimension du « super-espace-temps » soit « fractale », c'est-à-dire intermédiaire entre deux nombres entiers !

nique quantique de l'espace-temps, contribueraient à fixer les valeurs de toutes les constantes fondamentales de la nature.

Nés il y a deux siècles dans l'indifférence générale et parvenus aujourd'hui seulement à l'âge de raison, leur carrière ne fait que commencer. Les deux chapitres suivants montrent de façon plus détaillée comment les trous noirs tissent un lien profond entre des domaines de la Physique apparemment disjoints.

13. Le trou noir machine

La thermodynamique

Les physiciens ont toujours essayé de comprendre pourquoi l'Univers n'est pas chaotique mais ordonné. Des galaxies lointaines à la cellule vivante, l'Univers développe sur toutes les échelles des structures complexes. La diversité et la complexité des systèmes organisés est si grande qu'il peut sembler présomptueux de chercher à comprendre les principes généraux qui gouvernent l'organisation de systèmes aussi différents qu'un homme et qu'une étoile. C'est pourtant le but partiellement atteint par la *thermodynamique*.

Cette discipline a pris naissance au XIXe siècle. Son intention primitive était assez prosaïque ; il s'agissait pour les ingénieurs et les industriels d'apprendre à contrôler les échanges de chaleur et d'énergie mécanique dans les machines à vapeur, afin d'optimiser leur rendement. De cet investissement assez étroit ont émergé des concepts profonds et universels, susceptibles de s'appliquer à l'évolution de la plupart des systèmes physiques[1].

La force de la thermodynamique vient peut-être de ce qu'elle établit des lois très générales qui ne dépendent pas de la structure détaillée des systèmes. Elle permet par exemple de comprendre les propriétés thermiques des matériaux sans connaître leur structure atomique. La thermodynamique se résume tout entière en quatre lois, numérotées de 0 à 3 pour des raisons historiques.

1. L'application stricte de la thermodynamique au monde du « vivant » soulève des difficultés.

La loi n° 0 établit que toutes les parties d'un système en équilibre thermique ont la même température.

La loi n° 1 établit que la chaleur est une forme d'énergie, et décrit comment s'échangent les différentes formes d'énergie dans un système qui évolue. Si l'on met en contact deux systèmes à des températures différentes – par exemple un litre d'eau chaude et un litre d'eau froide –, des échanges d'énergie ont lieu entre les deux systèmes jusqu'à ce qu'une température d'équilibre soit atteinte, intermédiaire entre les précédentes – deux litres d'eau tiède.

La loi n° 3 établit l'inaccessibilité du zéro absolu (– 273,15 °C). On peut certes diminuer la température d'un système par des transformations appropriées, mais il est impossible de le refroidir *complètement* par une suite finie de transformations[2].

La loi n° 2 est en quelque sorte le symbole de la thermodynamique, car c'est celle dont la portée est la plus universelle. En termes simples, elle établit que les systèmes deviennent de plus en plus désordonnés au cours de leur évolution. Les montagnes sont soumises à l'érosion, les maisons s'effondrent, les automobiles tombent en panne, les étoiles explosent, les hommes vieillissent et meurent. Certes, des structures plus ordonnées se forment sans cesse : naissances, croissance des cristaux, construction de villes, etc. Mais l'apparition d'ordre dans un système doit se payer par du désordre dans un système plus vaste. Les physiciens ont inventé une quantité mathématique pour mesurer le désordre : *l'entropie*. La formulation précise de la 2e loi de la thermodynamique dit que l'entropie d'un système isolé ne peut qu'augmenter au cours du temps.

L'entropie a une signification bien concrète : elle mesure le *désordre*. Voyons pourquoi. Mathématiquement, l'entropie se calcule en évaluant le nombre total de configurations internes qu'un système peut adopter sans changer son apparence externe. Par exemple, l'état externe d'un gaz est fixé par sa température et sa pression ; or, il y a un grand nombre de mouvements chaotiques possibles des molécules du gaz, qui

2. En laboratoire, on est actuellement capable de refroidir des atomes à 0,000 001 degré Kelvin à l'aide de lasers.

correspondent tous à la même température et à la même pression. C'est ce nombre, très grand, qui fixe l'entropie du gaz. De même, l'état « macroscopique » d'un morceau de sucre est déterminé par quelques grandeurs globales comme la composition chimique, la température ou le volume, mais à ce même état correspond un très grand nombre d'états microscopiques cachés, dépendant notamment de la structure moléculaire, des vibrations internes, etc. En mesurant le nombre de configurations internes cachées, l'entropie d'un système mesure donc notre ignorance sur les détails du système. Plus un système est organisé, plus son entropie est faible, et *vice versa*. L'entropie mesure bien le désordre.

La notion d'entropie peut être rendue encore plus universelle en la reliant à la notion d'information. Il est clair que les configurations microscopiques d'un système contiennent de l'information cachée sur ce système. Plus les informations cachées sont nombreuses, plus l'entropie est grande, et corrélativement plus les informations disponibles sont réduites. Un système très ordonné est un système qui rend disponible un grand nombre d'informations. Il a donc une faible entropie. En ordonnant les lettres de ce livre, je communique beaucoup d'informations à mes lecteurs – c'est en tout cas mon but ! Si je m'amusais soudain à disposer les lettres au hasard, le contenu informatif du livre deviendrait pratiquement nul, hormis le fait qu'il existe un auteur. En d'autres termes, *l'entropie mesure le manque d'informations sur un système*.

La dynamique des trous noirs

Le trou noir n'est pas un corps passif, cachant jalousement une masse destinée à rester à jamais inerte. Grâce à sa charge électrique, et surtout à son moment angulaire, le trou noir est un système dynamique, capable de subir ou d'exercer des forces, d'absorber ou de fournir de l'énergie, bref de se transformer au cours du temps. Il est donc important de rechercher les lois gouvernant l'évolution des trous noirs, et de les comparer aux lois de la thermodynamique.

En thermodynamique usuelle, l'état d'un système peut généralement être caractérisé par deux grandeurs fondamentales : sa température et son entropie. Les lois de la thermodynamique dictent précisément comment les autres grandeurs macroscopiques telles que l'énergie, le volume ou la pression, varient en fonction de la température et de l'entropie lors d'une transformation du système. De la même façon, l'état dynamique d'un trou noir est caractérisé par deux grandeurs : l'*aire du trou noir*, qui mesure la surface de l'horizon des événements, et la *gravité de surface*, qui mesure l'accélération de la pesanteur à l'horizon.

Comme l'état d'un trou noir à l'*équilibre* ne dépend que de trois paramètres – masse, moment angulaire et charge –, l'aire et la gravité de surface du trou noir s'expriment également en fonction de ces paramètres. Pour le trou noir statique de Schwarzschild, caractérisé uniquement par sa masse, ces relations sont particulièrement simples. L'horizon des événements est une sphère dont le rayon est proportionnel à la masse du trou noir (r = 2 M) ; son aire est donc proportionnelle au carré de sa masse. Un trou noir sphérique de 10 $M_\odot$ a une aire de 5 650 kilomètres carrés, comparable à celle d'un département français. De même, la gravité de surface est inversement proportionnelle à la masse. Un trou noir sphérique de 10 $M_\odot$ a une gravité de surface cent cinquante milliards de fois plus grande que l'accélération de la pesanteur à la surface de notre planète.

La dynamique des trous noirs se résume en quatre lois, présentant une analogie extrêmement frappante avec celles de la thermodynamique usuelle.

• La loi n° 0 dit que tous les points de l'horizon des événements d'un trou noir à l'équilibre ont la même gravité de surface. C'est une propriété *a priori* surprenante quand on songe que les trous noirs en rotation sont aplatis aux pôles par les forces centrifuges. Or, pour les astres ordinaires en rotation, comme la Terre, on sait que la pesanteur est plus forte aux pôles qu'à l'équateur. Au contraire, sur l'horizon des événements d'un trou noir, aussi aplati soit-il, il n'y a aucune variation de la pesanteur !

• La loi n° 1 dicte comment, dans toute transformation d'un trou noir (résultant par exemple de la capture d'un nuage de particules ou d'un astéroïde), sa masse, sa vitesse de rotation et son moment angulaire varient en fonction de son aire et de sa gravité de surface.
• La loi n° 3 dit qu'il est impossible d'annuler la gravité de surface d'un trou noir en un nombre fini de transformations. Un exemple d'état de trou noir à gravité de surface strictement nulle est celui du trou noir de Kerr « maximal », dont le moment angulaire atteint la valeur critique. La 3e loi précise que le trou noir maximal est un état limite qui ne peut être réalisé dans la Nature. Partant d'un trou noir en rotation lente, il serait certes possible d'augmenter son moment angulaire en faisant tomber dedans des morceaux de matière selon des orbites appropriées, mais l'état maximal resterait inaccessible.
• Enfin, la loi n° 2 de la dynamique des trous noirs prouve que l'aire d'un trou noir ne peut jamais décroître au cours du temps. Si un trou noir strictement isolé garde une entropie constante, dès lors que de la matière ou du rayonnement sont capturés, le trou noir accroît sa surface. De même, si deux trous noirs entrent en collision, ils forment nécessairement un trou noir unique dont l'aire est plus grande que la somme des aires des trous noirs parents *(figure 52)*.

Ce résultat fondamental, découvert par Stephen Hawking, montre la connexion étroite entre l'aire d'un trou noir et l'entropie d'un système thermodynamique. Peut-on pousser plus loin l'analogie et dire qu'un trou noir possède réellement une entropie ?

Le physicien israélien Jacob Bekenstein a répondu par l'affirmative. Le trou noir est une prison cosmique empêchant toute particule et tout rayonnement – donc toute information – de s'échapper. D'autre part, lorsqu'un corps matériel disparaît dans un trou noir, toute connaissance de ses propriétés internes est perdue pour l'observateur extérieur ; seules subsistent les nouvelles valeurs de la masse, du moment angulaire et de la charge du trou noir. Par conséquent, le trou noir *avale les informations*. Il doit avoir une entropie. Comme en thermodynamique, celle-ci doit se mesurer par le nombre total de configurations internes possibles correspondant à un état externe donné, défini par les

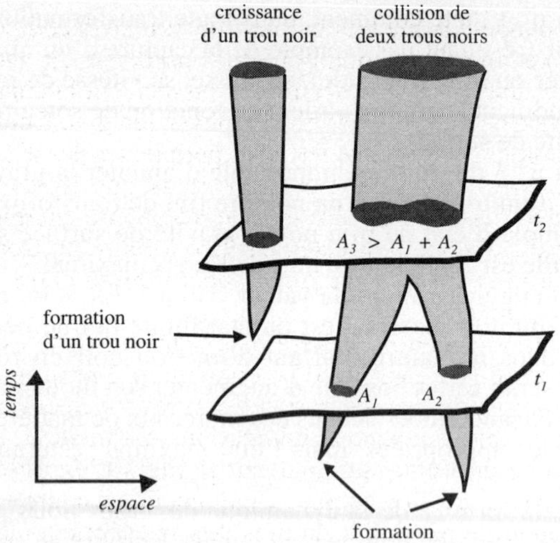

Figure 52 : La croissance irréversible des trous noirs. Au cours de son évolution, un trou noir ne peut qu'accroître sa surface. Si deux trous noirs entrent en collision, ils forment un seul trou noir dont la surface A_3 est plus grande que la somme des surfaces A_1 et A_2 des trous noirs parents.

trois paramètres du trou noir. Le calcul donne un résultat effectivement proportionnel à l'aire du trou noir.

L'entropie d'un trou noir d'une masse solaire est un milliard de milliards de fois plus grande que celle du Soleil. La différence s'explique par le fait que, lors de sa formation, le trou noir « perd ses poils », c'est-à-dire avale toute information sur la matière autre que la masse, la charge et le moment angulaire. C'est la raison pour laquelle les trous noirs sont les plus grands réservoirs d'entropie de l'Univers.

Le trou noir source d'énergie

La 1re loi de la dynamique des trous noirs dit que, bien qu'un trou noir ne laisse échapper aucun rayonnement ou particule, il peut céder de l'énergie au milieu extérieur. En effet, la masse-énergie totale d'un trou noir se décompose en trois : une énergie « rotationnelle » associée au moment angulaire, une énergie « électrique » associée à la charge, et une énergie de masse « inerte ». Le physicien grec Demetrios Christodolou a prouvé que les deux premiers types d'énergie peuvent être extraits du trou noir, mais que l'énergie de masse inerte est au contraire irréductible. Cette énergie irréductible est d'ailleurs directement liée à l'aire du trou noir, qui selon la 2e loi ne peut jamais décroître au cours d'une transformation[3].

Le trou noir sphérique et neutre de Schwarzschild est celui qui minimise son énergie. Il se contente d'être un puits de gravitation passif, avalant particules et rayonnement et augmentant sa masse à chaque interaction. A l'inverse, le trou noir proche de l'état maximal fait le plein d'énergie, et il n'en est pas avare. Son énergie rotationnelle peut être extraite et ne représente pas moins du tiers de son énergie totale.

C'est potentiellement une somme d'énergie fabuleuse, auprès de laquelle une explosion de supernova semble n'être qu'un pétard mouillé. Toutefois, l'extraction de l'énergie de rotation d'un trou noir ne présente pas le caractère cataclysmique de l'explosion d'une étoile. Elle ne peut être réalisée qu'avec parcimonie. C'est l'ergosphère du trou noir, c'est-à-dire la région comprise entre la limite statique et l'horizon des événements, qui y joue un rôle clé. Roger Penrose a imaginé le mécanisme d'extraction suivant.

Un expérimentateur très éloigné du trou noir tire un projectile en direction de l'ergosphère. Là, le projectile se désintègre en deux parties : l'un des fragments est capturé par le trou noir, tandis que l'autre ressort de l'ergosphère pour être récupéré par l'expérimentateur *(figure 53)*. Penrose a démontré que l'expérimentateur pouvait viser de telle sorte que le fragment qui lui revient ait une énergie supérieure à celle du projectile initial. Ceci est possible si le fragment capturé par le trou noir tombe selon une orbite rétrograde (c'est-à-dire tournant en sens contraire de la rotation du trou noir), de sorte qu'en pénétrant dans le trou noir il diminue légèrement

3. L'entropie peut au mieux rester constante lors de certaines transformations réversibles.

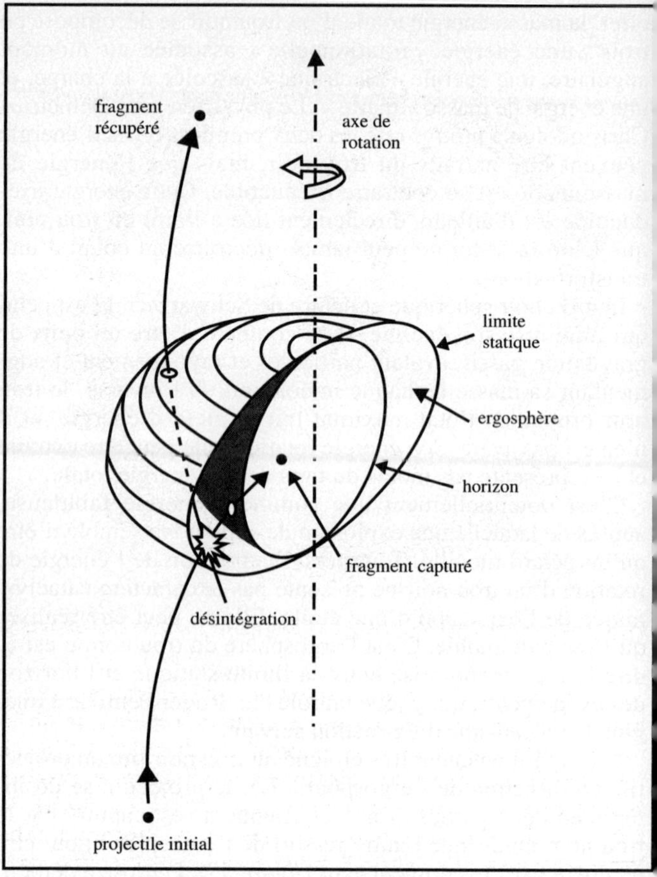

Figure 53 : L'ergosphère d'un trou noir en rotation. Quand un projectile se désintègre dans l'ergosphère et que l'un des fragments tombe dans le trou noir, l'autre fragment peut ressortir et être récupéré avec plus d'énergie que le projectile initial.

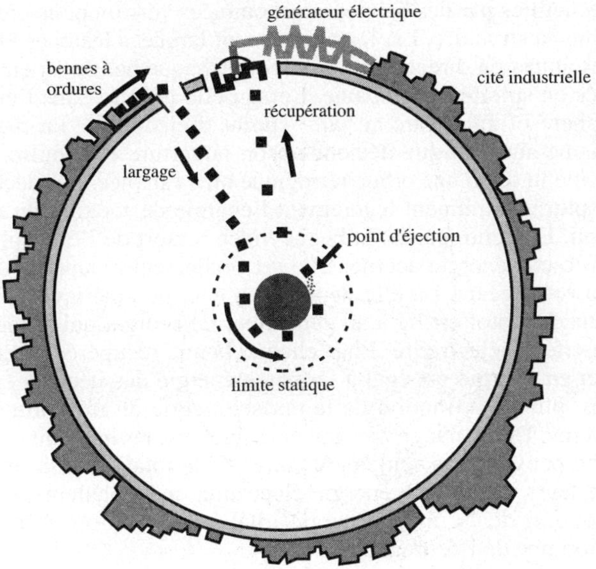

Figure 54 : Extraction industrielle de l'énergie de rotation d'un trou noir.

son moment angulaire. Le résultat net de l'opération est que le trou noir perd un peu de son énergie de rotation, la différence étant récupérée par le fragment s'échappant à l'infini.

Cette expérience de pensée ouvre des perspectives propres à faire rêver les écrivains de science-fiction. La *figure 54* s'inspire du livre de Charles Misner, Kip Thorne et John Wheeler consacré à la gravitation[4] et qui constitue une sorte de « bible » de la Relativité Générale. L'idée consiste à utiliser l'ergosphère d'un trou noir en rotation pour résoudre les problèmes énergétiques d'une civilisation avancée. Celle-ci construit une vaste structure rigide entourant le trou noir, à distance suffisamment grande pour que les forces de marée soient sans effet. Une cité industrielle est bâtie sur la structure. Chaque jour, des millions de tonnes de déchets sont

4. Misner C. W., Thorne, K. W., Wheeler J. A., *Gravitation*, W. H. Freeman and Co. (San Francisco), 1973.

recueillies par des bennes et acheminées vers un puits creusé dans la structure. Là, les bennes sont larguées les unes après les autres en direction du trou noir. Chaque benne est entraînée en spirale descendante. Lorsqu'elle pénètre dans l'ergosphère et atteint un certain « point d'éjection », un mécanisme automatique déclenche son ouverture et expulse son contenu selon une orbite rétrograde bien calculée. Les déchets capturés diminuent légèrement l'énergie de rotation du trou noir. En contrepartie, la benne vidée ressort de l'ergosphère avec une énergie accrue. Elle est finalement récupérée dans un rotor géant, où elle dépose son énergie cinétique colossale. Le rotor est lié à un générateur de courant qui alimente la cité en électricité. Pour chaque benne récupérée, le gain net en énergie est égal à la masse-énergie des déchets éjectés, plus une fraction de la masse-énergie du trou noir lui-même. Donc, par ce mécanisme astucieux, les habitants de la cité peuvent non seulement convertir la totalité de la masse de leurs déchets en énergie électrique, mais également une fraction de la masse-énergie totale du trou noir. C'est le triomphe de l'écologie !

Le trou noir dynamo

L'intérêt du mécanisme de Penrose n'est pas seulement anecdotique. L'extraction de l'énergie rotationnelle d'un trou noir est peut-être réalisée dans des conditions astrophysiques naturelles, par l'intervention d'un champ magnétique extérieur convenablement agencé.

L'astrophysicien français Thibaut Damour a approfondi l'analogie entre la surface d'un trou noir et une bulle de savon électrisée en mouvement. En particulier, un trou noir est un conducteur de l'électricité, caractérisé par une certaine résistivité au courant. A ce titre, un trou noir en rotation plongé dans un champ électromagnétique extérieur agit comme un véritable moteur électrodynamique, fonctionnant sur le principe de la dynamo. Comme dans un gigantesque électro-aimant, les phénomènes d'induction entre le rotor (le trou noir) et le stator (le champ magnétique extérieur) créent sur l'horizon du trou noir des courants électriques circulaires capables de freiner sa rotation et d'extraire une partie de son énergie. Ces courants sont donc analogues aux « courants de Foucault », utilisés dans l'industrie pour les systèmes de freinage de certains véhicules lourds.

Les conditions favorables à l'extraction d'énergie du trou noir par effet dynamo sont peut-être réunies dans certains noyaux de galaxies abritant des trous noirs géants (voir chapitre 17).

Le trou noir laser

Une autre façon d'extraire l'énergie rotationnelle ou électrique d'un trou noir a été proposée en 1971 par le physicien soviétique Yacov Zeldovich. Le mécanisme, baptisé superradiance, est fondé sur une analogie avec un phénomène bien connu en Mécanique Quantique : l'émission stimulée de particules.

Dans un atome, les électrons occupent des orbites dont l'énergie est *quantifiée*, c'est-à-dire qu'au lieu de varier continûment, elle ne peut prendre que certaines valeurs « discrètes ». L'énergie d'une orbite est d'autant plus basse que l'orbite est plus profonde, plus « proche » du noyau. Dans un atome à l'état « normal », les électrons ont tendance à occuper préférentiellement les orbites de basse énergie. C'est la raison pour laquelle un électron occupant un niveau d'énergie élevé peut sauter spontanément à un niveau d'énergie plus bas, en émettant un photon – particule associée à une onde électromagnétique –, dont la fréquence est égale à la différence entre les niveaux d'énergie haut et bas. C'est *l'émission spontanée*.

Inversement, si l'on « éclaire » un atome par une onde électromagnétique de fréquence convenable, l'onde induit des transitions électroniques depuis les niveaux de basse énergie vers les niveaux de haute énergie. L'onde est partiellement absorbée par l'atome et ressort avec une énergie plus faible.

Imaginons maintenant que dans un atome convenablemen préparé la plupart des électrons peuplent des niveaux d'énergie élevée ; on dit que l'atome est dans un *état excité*. Dans ce cas, l'onde électromagnétique incidente ne peut produire que des transitions de haut en bas. C'est l'*émission stimulée* où, contrairement à l'émission spontanée, l'onde est cette fois *amplifiée* lors de son interaction et gagne de l'énergie C'est sur un tel mécanisme, découvert par Einstein en 1916 que fonctionne le *laser*, l'une des plus belles réalisations technologiques fondées sur les propriétés quantiques de la matière et du rayonnement.

Un mécanisme tout à fait semblable se produit avec un trou noir en rotation ou chargé (« trou noir de Kerr-Newman ») Ce dernier peut en effet être considéré comme un « éta excité » du trou noir statique et neutre de Schwarzschild. J'a déjà expliqué au chapitre 10 comment un trou noir éclairé es capable d'absorber et de réfléchir partiellement la lumière incidente. Mais, lorsque les propriétés discontinues du rayonnement sont prises en compte, des effets nouveaux apparaissent et permettent d'entrevoir des liens entre la gravitation e la physique quantique. Si l'on envoie sur un trou noir de Kerr-Newman des ondes électromagnétiques ou gravitationnelles en ajustant convenablement leur fréquence et leur phase, les ondes réfléchies sont amplifiées. Autrement dit, le trou noir cède de l'énergie aux ondes qui le traversent. Ce phénomène de *superradiance* permet en principe d'extraire l'énergie rotationnelle ou électrique d'un trou noir.

Poursuivons maintenant l'analogie entre un trou noir de Kerr-Newman et un atome excité. Puisqu'un trou noir permet l'émission stimulée, il devrait aussi permettre l'émission spontanée de particules. Comme il est (classiquement) interdit à une particule de sortir de l'horizon des événements, la création spontanée de particules devrait se passer à l'extérieur du trou noir.

Cette intuition est vérifiée par des calculs détaillés d'interaction entre un trou noir, décrit par la Relativité Générale, et de la matière ou du rayonnement, décrits par la Mécanique Quantique. La « désexcitation » du trou noir se traduit effectivement par une neutralisation de sa charge lors de l'émission de particules dont la charge est du même signe, et un ralentissement de sa rotation lors de l'émission de particules dont le spin a le même sens que le moment angulaire du trou noir. En principe, toutes les espèces de particules peuvent être créées (photons, neutrinos, électrons, protons, etc.), mais plus une particule est massive, moins elle a de chances d'être produite.

C'est ainsi que les développements de la thermodynamique des trous noirs nous ont conduits à la frontière entre le monde « classique » et le monde « quantique ». En chemin, le trou noir s'est trouvé investi de propriétés nouvelles dépassant le rôle de puits gravitationnel singulièrement passif auquel il semblait voué. L'avènement du *trou noir quantique*, en 1974, va confirmer sa couleur noire mais lui ôter son dernier attribut classique : celui de trou.

14. Le trou noir quantique

Il y a toujours un moment où la curiosité devient un péché, et le diable s'est toujours mis du côté des savants.

ANATOLE FRANCE

Le trou noir qui rétrécit

En 1971, Stephen Hawking proposa l'existence de *mini-trous noirs*. Selon lui, dans les premiers instants de l'Univers, bien avant la naissance des étoiles et des galaxies, la pression et l'énergie du « bain cosmique » ambiant étaient si grandes qu'elles auraient pu forcer de petits grumeaux de matière à se concentrer en trous noirs de tailles et de masses diverses [1]. En particulier, des trous noirs minuscules, ayant la masse d'une montagne et la taille d'une particule élémentaire, auraient pu être produits « de l'extérieur », alors que les trous noirs de l'univers actuel ne peuvent plus se former que par l'effondrement de grandes quantités de matière.

Hawking fut ensuite conduit à s'intéresser aux interactions des mini-trous noirs avec le milieu extérieur. Dès lors que les distances mises en jeu sont microscopiques, la matière et l'énergie doivent être décrites dans le cadre de la Mécanique Quantique. Comme il a été indiqué précédemment, on ne dispose pas encore d'une théorie satisfaisante de la gravitation quantique. Toutefois, le champ gravitationnel, et avec lui l'espace-temps, ne doit réellement devenir discontinu qu'à l'échelle de la longueur de Planck, qui est extraordinairement plus petite que le rayon d'une particule élémentaire ou d'un

1. Voir chapitre 15.

mini-trou noir. Par conséquent, l'interaction d'un mini-trou noir avec la matière et l'énergie ambiantes peut être calculée sur la base d'un compromis : l'espace-temps reste « classique » et décrit par la Relativité Générale, seul son contenu – la matière et l'énergie – est quantique.

En utilisant cette approche, Stephen Hawking effectua les calculs en 1974 et découvrit un phénomène auquel il s'attendait si peu que, croyant à une erreur, il refit plusieurs fois le travail. Peine perdue, il fallut bien accepter le résultat : *un mini-trou noir doit s'évaporer en émettant des particules !*

Il y avait de quoi être dérouté de prime abord : un tel comportement est en contradiction flagrante avec la conception « classique » du trou noir, qui interdit l'évasion de quoi que ce soit hors de l'horizon des événements. Certes, un trou noir « excité » peut céder de l'énergie en perdant peu à peu son moment angulaire et sa charge, mais dans ce cas les particules sont émises à l'extérieur de l'horizon. De son côté, le trou noir de Schwarzschild « désexcité » est censé conserver une masse-énergie irréductible, reliée à son aire et à son entropie, qui d'après la 2e loi de la thermodynamique classique ne peuvent que croître au cours du temps. Or, les calculs de Hawking montrent qu'un mini-trou noir, excité ou non, doit laisser échapper des particules et s'évaporer en perdant sa masse et son entropie. Comment résoudre le conflit ?

Il est parfois facile d'interpréter *a posteriori* une grande découverte théorique, simplement parce qu'elle éclaire subitement des rapports entre des phénomènes mal compris. A cet égard, l'évaporation quantique des trous noirs arrivait à point pour justifier totalement la thermodynamique des trous noirs. Car, à y regarder de plus près, celle-ci, dans sa version « classique », était *incohérente*. Voyons pourquoi.

Selon la thermodynamique usuelle, tout corps porté à une certaine température et immergé dans un bain plus froid – par exemple l'air – doit perdre de l'énergie en rayonnant. Ce faisant, son entropie diminue tandis que celle du milieu extérieur augmente. Au cours de l'échange, l'entropie *totale*, somme de celle du corps et de celle du bain, doit croître en vertu de la 2e loi.

Que dit de son côté la thermodynamique du trou noir ? Elle lui attribue une entropie, donnée par son aire, et une température, donnée par sa gravité de surface. Plongeons le trou noir dans un bain ambiant. Si la température du trou noir est plus faible que celle du bain, le trou noir doit absorber de l'énergie et gagner de l'entropie. Mais si le trou noir est plongé dans un bain plus froid il faut aussi accepter l'idée qu'il puisse perdre de l'énergie et de l'entropie, ce qui contredit la 2e loi de la thermodynamique « classique » des trous noirs...

L'incohérence est résolue avec la découverte de Hawking. Grâce à certaines possibilités offertes par la Mécanique Quantique que je détaillerai plus loin, un trou noir devient capable d'émettre des particules ou du rayonnement, même s'il se trouve dans son état d'énergie minimale, sans rotation ni charge électrique. En perdant de l'énergie, le trou noir voit décroître son entropie – c'est-à-dire son aire –, tandis que celle du bain, qui récupère l'énergie, augmente. En fait, l'accroissement d'entropie du bain est supérieur à la perte d'entropie du trou noir. Par conséquent, la 2e loi de la thermodynamique est satisfaite sur l'ensemble du système trou noir + bain, dont l'entropie augmente toujours.

Le tunnel

Si, classiquement, rien ne peut sortir d'un trou noir, c'est qu'il est entouré d'une sorte de « membrane unidirectionnelle » : l'horizon des événements permet de rentrer mais pas de sortir. Vu de l'intérieur, le trou noir est ceint d'une barrière infranchissable, infiniment haute. Pour sauter par-dessus et sortir, il faudrait une énergie infinie.

Or, la Mécanique Quantique offre la possibilité de franchir n'importe quel mur, même si l'énergie n'est pas suffisante. Ce phénomène, appelé effet tunnel, est une conséquence directe du Principe d'Incertitude, qui est à la Mécanique Quantique ce que le Principe d'Equivalence est à la Relativité Générale : la pierre de touche.

La Mécanique Quantique nous a appris qu'il y a « un certain flou » dans la description de la réalité microscopique. Si l'on veut, par exemple, mesurer la position d'un électron isolé, il faut le localiser, donc le voir. Mais pour le voir il faut l'éclairer. Or, l'électron est si petit que les photons servant à l'éclairer possèdent assez d'énergie pour le faire bouger : les photons donnent une légère impulsion à l'électron et modifient sa vitesse. Par conséquent, la mesure de la position d'un électron avec une grande précision introduit un degré d'incertitude dans la mesure de sa vitesse. Si la vitesse d'un électron est connue à 1 cm/s près, il est impossible de le localiser à mieux de 1 centimètre.

Plus généralement, toute mesure perturbe un système microscopique. Ce grand Principe d'Incertitude a été formulé par Werner Heisenberg en 1927. Bien entendu, l'indéterminisme quantique s'estompe à mesure que les masses concernées sont plus grandes. C'est ainsi que le proton, deux mille fois plus massif que l'électron, peut être localisé à 5 microns près avec une vitesse de 1 cm/s. La précision, quoique meilleure, est encore bien pauvre quand on songe que le diamètre du proton est un milliard de fois plus petit. Mais, pour les objets macroscopiques, leur masse est si considérable par rapport à celle des particules élémentaires que l'incertitude sur les mesures de leur position et de leur impulsion s'évanouit complètement. Le monde usuel est « déterministe »[2].

Le Principe d'Incertitude s'applique à d'autres grandeurs physiques quantifiées telles que l'énergie : dans un intervalle de temps très bref, l'énergie peut fluctuer d'une certaine quantité. Imaginons maintenant une particule prisonnière d'un trou noir. Si, classiquement, il lui est strictement interdit de sortir, le Principe d'Incertitude de la Mécanique Quantique lui permet d'emprunter au trou noir une certaine quantité d'énergie pendant un certain laps de temps. Or, si le trou noir est microscopique, de la taille d'une particule élémen-

2. Ce qui, contrairement à une opinion couramment répandue, ne signifie nullement que son évolution puisse être prédite. De nombreux phénomènes physiques parfaitement classiques mais très compliqués – « non linéaires » –, bien que gouvernés par des équations déterministes, évoluent vers des états totalement imprévisibles. C'est la raison pour laquelle les prévisions météorologiques ne pourront jamais être fiables sur une échelle de temps de plus d'une semaine, et cela quelle que soit la puissance des ordinateurs qui les calculent !

taire, le « sursaut » d'énergie peut être suffisant pour déplacer la particule d'une distance supérieure au rayon de l'horizon. Le résultat de l'opération est une perte d'énergie du trou noir par évasion d'une particule. La particule n'a pas réellement sauté par-dessus le mur infiniment haut de l'horizon, elle a plutôt emprunté un « tunnel », ouvert transitoirement par le Principe d'Incertitude.

Le vide polarisé

Une interprétation équivalente du phénomène d'évaporation d'un trou noir fait appel à ce que l'on nomme la *polarisation du vide*.

Le vide de la Mécanique Quantique n'est pas l'absence de tout champ, de toute particule ou de toute énergie. Le vide quantique n'est que l'état d'énergie minimale, et si on l'appelle quand même « vide », c'est parce qu'il n'y a pas d'état possible d'énergie strictement égale à zéro.

Le Principe d'Incertitude entre temps et énergie permet de comprendre pourquoi le vide quantique est peuplé. En vertu de l'équivalence masse-énergie, une fluctuation de l'énergie du vide peut se matérialiser en particules élémentaires. En 1928, Paul Dirac a découvert qu'à chaque particule élémentaire correspond une *anti-particule* de même masse, aux propriétés « miroir ». Ainsi, l'électron portant la charge électrique élémentaire négative a une antiparticule, appelée le positron, qui a la même masse mais la charge électrique opposée. Le photon, qui n'a pas de masse, est sa propre antiparticule. Si une particule et son antiparticule se rencontrent, elles s'annihilent et transforment leur masse en énergie. L'association d'une particule et de son antiparticule représente donc une certaine quantité d'énergie, égale à deux fois la masse au repos, et réciproquement, une certaine quantité d'énergie peut être virtuellement considérée comme un ensemble de couples particule-antiparticule. C'est pour cette raison que le vide quantique, agité de fluctuations d'énergie, peut être assimilé à un « océan de Dirac », peuplé de couples particule-antiparticule surgissant spontanément du vide et s'annihilant aussitôt après.

Pendant 10^{-21} seconde, une paire électron-positron peut spontanément apparaître et disparaître. Des paires de particules plus lourdes peuvent aussi surgir du vide, mais à cause du Principe d'Incertitude elles n'ont des chances de subsister qu'en des temps encore plus courts. Une paire proton-antiproton créée dans le vide ne peut survivre en moyenne qu'un temps deux mille fois plus court qu'une paire électron-positron.

Dans le vide quantique et en l'absence de toute force, les paires se créent et s'annihilent sans cesse, de sorte qu'en moyenne aucune particule ou antiparticule n'est véritablement créée ou détruite ni ne peut être observée directement. Les paires sont *virtuelles*. Supposons maintenant que l'on superpose au vide un champ de forces, par exemple un champ électrique. Lorsqu'une paire virtuelle électron-positron surgit du vide, l'électron est dévié par le champ électrique dans une certaine direction tandis que le positron est dévié dans la direction opposée. Si le champ électrique est suffisamment puissant, le couple se sépare d'une distance telle qu'il devient incapable de se refondre pour s'annihiler. De virtuelles, les particules deviennent *réelles*. On dit que le vide s'est *polarisé*.

La création spontanée de particules par polarisation du vide n'est pas une fantaisie de théoricien, mais un phénomène dûment vérifié au laboratoire. Examinons l'atome d'hydrogène dans le vide quantique. Il est constitué d'un électron chargé négativement, en orbite autour d'un proton chargé positivement. Tout autour, des couples virtuels de particules apparaissent et disparaissent sans cesse, mais le champ électrique créé par les charges du proton et de l'électron polarise le vide dans leur voisinage immédiat. Les particules de charge opposée ont tendance à être séparées et, durant de brefs instants, de minuscules courants électriques sont créés. Ils sont quand même assez intenses pour faire danser l'électron sur son orbite. La danse se traduit par un léger décalage des raies émises par l'atome d'hydrogène, nommé « effet Lamb ». Cet effet a été détecté expérimentalement en 1947.

Le vide ne se laisse toutefois pas polariser facilement. Une grande densité d'énergie est nécessaire pour parvenir à séparer les couples virtuels de particules et les matérialiser. Peu importe d'ailleurs la nature de l'énergie mise en jeu. Elle peut être électrique : lorsque la tension entre les plaques d'un condensateur dépasse un certain seuil, le vide se polarise et le condensateur « claque ». Elle peut être thermique : un morceau de métal chauffé modérément rayonne des photons (qui sont leurs propres antiparticules), mais à mille milliards de degrés il rayonne des paires électron-positron.

Puisque toutes les formes d'énergie sont équivalentes à de la masse, il faut logiquement s'attendre à ce que l'*énergie gravitationnelle* puisse elle aussi se convertir spontanément en particules. C'est précisément le sens profond de la découverte de Hawking. Le vide quantique est polarisé par le champ gravitationnel très intense régnant au voisinage d'un mini-trou noir *(figure 55)*. Dans l'océan de Dirac, des paires virtuelles sont constamment créées et détruites. Pendant un bref instant, une particule et son antiparticule se séparent. Il y a alors quatre possibilités : les deux partenaires se rencontrent à nouveau et s'annihilent (processus I) ; l'antiparticule est capturée par le trou noir et la particule se matérialise dans le monde extérieur (processus II) ; la particule est capturée et sa partenaire s'échappe (processus III) ; les deux partenaires plongent dans le trou noir (processus IV). Hawking a calculé les probabilités de réalisation de ces divers processus et a trouvé que le processus II est prépondérant. Le bilan énergétique est donc le suivant : en capturant préférentiellement des antiparticules, le trou noir perd spontanément de l'énergie, donc de la masse. Pour un observateur extérieur, le trou noir s'évapore en émettant du rayonnement et des particules.

Noir c'est noir

On a maintenant fait le tour de tous les mécanismes d'extraction d'énergie d'un trou noir. L'énergie rotationnelle et l'énergie électrique peuvent s'évaporer par des processus aussi bien classiques que quantiques. En particulier, la désex-

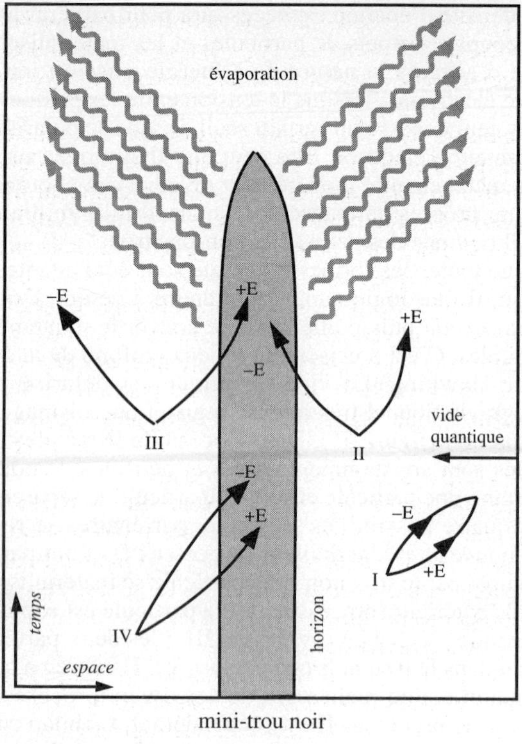

Figure 55 : L'évaporation quantique d'un mini-trou noir par polarisation du vide.

citation d'un mini-trou noir chargé et en rotation par superradiance, dont j'ai parlé au chapitre précédent, se réinterprète par une polarisation du vide. Parmi les couples virtuels qui l'entourent, le trou noir capture préférentiellement les particules qui ont une charge de signe opposé à la sienne, ou un moment angulaire de signe contraire.

Donc, même dans le vide, un mini-trou noir formé initialement avec une charge et un moment angulaire a spontanément tendance à se neutraliser et à se ralentir, pour tendre rapidement vers l'état de Schwarzschild. Mais par la polarisation du vide l'état de Schwarzschild lui-même perd son irréductibilité « classique », et sa masse « inerte » s'évapore spontanément. Quelle est la nature exacte du rayonnement émis ?

Par une curieuse ironie du sort, le trou noir rayonne comme un autre parangon de la Physique de même « couleur » : le *corps noir*. Le corps noir est une sorte de radiateur idéal, en parfait équilibre thermique caractérisé par une certaine température. Il émet sur toutes les longueurs d'onde, avec un spectre qui ne dépend que de sa température et non pas de sa nature détaillée. Un four parfaitement opaque chauffé à une température donnée, dans la paroi duquel on perce un petit trou pour observer le rayonnement, donne une idée approximative de corps noir. Le corps noir est par ailleurs l'une des sources historiques de la Mécanique Quantique. C'est en étudiant ses propriétés que Max Planck, en 1899, a été conduit à émettre l'hypothèse des quanta d'énergie.

Les calculs de Hawking démontrent que le rayonnement d'évaporation d'un trou noir a toutes les caractéristiques d'un corps noir. Là encore, le résultat rend parfaitement cohérente la thermodynamique du trou noir, en lui assignant une véritable température, uniforme sur l'horizon, et directement donnée par la gravité de surface.

Pour le trou noir de Schwarzschild, la température est inversement proportionnelle à la masse. Si le trou noir a la masse du Soleil, sa température est négligeable : un dix millionième de degré Kelvin (au-dessus du zéro absolu). Rien d'étonnant puisque le phénomène d'évaporation est d'origine quantique et concerne au premier chef les mini-trous noirs. Ces derniers sont effectivement très chauds. Un trou noir ayant la masse d'un petit astéroïde a la température d'un four « chauffé à blanc » (6 000 degrés), et son rayonnement est dans le domaine visible. Quant au mini-trou noir « typique » de 10^{15} grammes, de la taille d'un proton, il a une température de mille milliards de degrés. A une telle énergie, le rayonnement sortant n'est plus constitué de lumière visible mais d'un mélange de photons gamma et de particules élémentaires massives.

Plus le trou noir est petit, plus il est chaud. Plus il est chaud, plus il rayonne et perd de la masse. L'émission du mini-trou noir ne peut donc que s'accélérer, et les derniers stades de l'évaporation prennent l'allure d'une explosion cataclysmique. Le trou noir de 10^{15} grammes mettrait dix milliards d'années pour s'évaporer complètement, mais au cours du dernier dixième de seconde il libérerait une énergie équivalente à un million de bombes à hydrogène de 1 mégatonne.

Le résultat final de l'évaporation d'un trou noir n'est pas connu. On peut arguer du fait que la disparition de l'horizon des événements laisserait à nu la singularité centrale. Mais cette vision classique est vraisemblablement erronée. Lorsque le rayon du trou noir en évaporation se rétrécit aux dimensions de la longueur de Planck (10^{-33} cm), les fluctuations quantiques de l'espace-temps lui-même entrent en jeu, et seule une théorie de la gravitation quantique pourra décider du sort ultime du mini-trou noir. S'il devait s'évaporer complètement en rayonnant toute sa masse, l'espace-temps plat devrait logiquement prendre sa place. La gravitation quantique apparaît vraiment comme la voie royale permettant de comprendre à la fois le Big Bang et le destin des trous noirs, le début et la fin de l'Univers.

L'instabilité gravitationnelle

Un système thermodynamique conventionnel, plongé dans un bain plus froid, perd de l'énergie. Sa température diminue, celle du bain augmente et un équilibre est atteint. On dit qu'il a une *chaleur spécifique positive*. Le trou noir quantique se comporte à l'inverse. Sa température augmente quand il perd de l'énergie, et *vice versa*. Plongé dans un bain plus chaud, le trou noir a tendance à absorber de l'énergie et à croître, donc à refroidir et à croître encore, jusqu'à absorber toute l'énergie disponible. S'il est au contraire plongé dans un bain moins chaud, il rayonne, rétrécit et finit par s'évaporer en dispersant toute son énergie. Le trou noir a une *chaleur spécifique négative*. Il est donc fondamentalement instable.

Or, cette instabilité est le lot général des systèmes autogravitationnels – c'est-à-dire ceux dont l'équilibre est régi par la seule gravitation –, qu'ils soient quantiques ou non. Prenons l'exemple familier d'un satellite artificiel en orbite dans l'atmosphère terrestre. La friction de l'air lui fait perdre de l'énergie gravitationnelle et tomber en spirale vers la Terre. Ce faisant, il gagne de la vitesse et de l'énergie cinétique et s'écrase au sol sans pouvoir trouver une orbite stable.

L'effondrement gravitationnel offre l'exemple extrême. En s'effondrant sous son propre poids, un ensemble de particules tel qu'une étoile ou un amas d'étoiles rayonne son énergie de liaison gravitationnelle, se contracte et devient de plus en plus chaud. En l'absence de toute autre force antagoniste, la formation inéluctable d'une singularité traduit justement l'impossibilité d'atteindre un état d'équilibre. L'évaporation d'un mini-trou noir n'est d'ailleurs qu'un effondrement gravitationnel marchant à l'envers, comme on le vérifie tout de suite en retournant le diagramme d'espace-temps de la *figure 55*. De la matière sort de l'horizon : l'état « instantané » d'un mini-trou noir en évaporation est donc celui d'un trou blanc ! La Mécanique Quantique permet ainsi de rendre au trou noir une propriété d'instabilité caractéristique de la gravitation en général.

Par ailleurs, le lien entre gravitation et thermodynamique est vraisemblablement un trait général de la Nature, embrassant des royaumes plus vastes que celui des trous noirs. En effet, dans les transformations thermodynamiques d'un trou noir, le rôle crucial est joué par l'horizon des événements. Or, des horizons des événements existent dans des contextes éloignés de la physique des trous noirs. Revenons à l'espace-temps plat, sans gravitation, de la Relativité Restreinte. Un observateur ayant une accélération constante n'a « classiquement » pas accès à l'information en provenance de toute une région lointaine de l'espace-temps, simplement parce que le rayonnement émis depuis cette région ne peut jamais le « rattraper ». Pour lui, toute cette partie de l'espace-temps est cachée derrière un horizon des événements. Si l'on tient compte maintenant des fluctuations quantiques du vide, on en déduit que *l'accélération*[3] *va polariser le vide*. Si l'obser-

3. Equivalente d'ailleurs à un champ gravitationnel uniforme, voir chapitre 3.

vateur transporte avec lui un détecteur de particules, il mesurera un « bruit quantique » sous forme d'un rayonnement de corps noir, dont la température est proportionnelle à son accélération. Dans le domaine de la Cosmologie, on connaît des modèles d'Univers en expansion possédant des horizons des événements. Là encore, on peut leur associer une température de corps noir[4].

La thermodynamique des trous noirs nous a éloignés des machines à vapeur...

Le dieu tricheur

Les particules élémentaires interagissent sous l'action de forces nucléaires et électromagnétiques. Ces interactions obéissent à un certain nombre de règles, vérifiées par l'observation, qui permettent de bâtir une théorie cohérente de la physique des particules. L'une de ces règles s'appelle la *conservation du nombre baryonique*. En termes simples, elle dit que lors de toutes les interactions fondamentales la proportion de particules et d'antiparticules est conservée. C'est ainsi qu'un photon (de nombre baryonique zéro) peut se transformer en une paire constituée d'un neutron (de nombre baryonique +1) et d'un antineutron (de nombre baryonique – 1), parce que le nombre baryonique total reste égal à 0. En revanche, un neutron ne peut en aucun cas se convertir en une paire de photons. Une règle similaire s'applique à une autre famille de particules appelées leptons, comprenant notamment les électrons, les muons et les neutrinos. A chacune d'entre elles est associé un « nombre leptonique », qui doit être conservé dans les interactions fondamentales.

Ce principe de base de la physique des particules est allègrement violé par le trou noir quantique. On a vu en effet que lorsqu'un trou noir se forme ou avale de la matière il « perd ses poils » : toute l'information sur la nature des particules

4. Extrêmement faible, et qu'il ne faut pas confondre avec la température du rayonnement cosmologique à 2,7 °K, vestige du Big Bang.

pénétrant dans l'horizon des événements disparaît. En particulier, un trou noir formé à partir de baryons (les protons et neutrons qui constituent par exemple le cœur d'une étoile massive) ne mémorise pas le nombre baryonique. Il pourrait tout aussi bien s'être formé à partir d'antibaryons, sans que rien ne le distingue. Attendons maintenant patiemment. Au bout d'un temps plus ou moins long, le trou noir va rayonner par le mécanisme de Hawking, restituer de l'énergie et de l'entropie. Or, le fait que le trou noir rayonne comme un corps noir signifie qu'il ne peut émettre que des quantités *égales* de baryons et d'antibaryons, ou de leptons et d'antileptons. Autrement dit, le nombre baryonique net sortant d'un trou noir en évaporation est toujours nul. L'évaporation d'un trou noir viole la règle de conservation des nombres baryoniques et leptoniques.

Cette propriété étonnante illustre bien la manière dont l'information restituée au milieu extérieur par l'évaporation d'un mini-trou noir se « dégrade » en sortant de l'horizon. C'est ce dernier qui pose une « estampille thermique » et rend aléatoires les données sur la matière et le rayonnement sortants. Pour cette raison, Hawking a estimé que le Principe d'Incertitude appliqué au trou noir était transcendé par ce qu'il appelle le « Principe Aléatoire ».

Einstein n'avait jamais aimé la Mécanique Quantique, bien qu'il ait joué un rôle de pionnier dans son élaboration. Il répugnait à l'idée d'indéterminisme, inhérente au Principe d'Incertitude, et il avait exprimé son aversion par la formule : « Dieu ne joue pas aux dés. » La réponse d'Hawking est la suivante : « Non seulement Il joue aux dés, mais Il les lance là où on ne peut pas les voir ! »

QUATRIÈME PARTIE

La lumière retrouvée

Le vrai mystère du monde est le visible, non l'invisible.

OSCAR WILDE

15. Les trous noirs primordiaux

Grumeaux

Remontons dans le passé très lointain de l'Univers, il y a quinze milliards d'années. Formé depuis peu, l'Univers n'est encore qu'une pâte lisse et homogène, sans structure précise, mais « frissonnante », agitée de légères fluctuations qui, sous l'influence de leur propre gravitation, tendent à se concentrer davantage, pour former des « grumeaux ». Mais, comme un cake qui gonfle dans un four, la pâte-Univers se dilate, soufflée par l'explosion primordiale[1]. L'opposition entre le mouvement général d'expansion et les mouvements particuliers de condensation soulève l'une des grandes questions de l'astrophysique contemporaine : comment certains grumeaux ont-ils réussi à se transformer en galaxies ? Après tout, la dilatation de la pâte cosmique aurait pu inhiber les condensations locales de telle sorte qu'aucune galaxie, aucune étoile, aucune planète – et, au bout de la chaîne, aucun être vivant – ne serait jamais apparue dans l'histoire de l'Univers !

L'existence des galaxies prouve « après coup » que certaines fluctuations de l'univers primordial ont pu croître et se désolidariser de l'expansion universelle. Au cours de telles condensations, le contraste de densité, c'est-à-dire l'excès de matière d'un grumeau par rapport à la moyenne ambiante, a sans cesse augmenté. Au départ il était minime, à peine un millième, bien qu'embrassant l'équivalent de plusieurs centaines de masses solaires. Aujourd'hui, pour la même masse,

1. Le « Big Bang » anglo-saxon.

le contraste de densité dépasse cent mille. La gravitation a bien travaillé[2].

Toute cuisinière sait qu'en agitant une pâte sur le feu il est plus facile de former des grumeaux petits que des grands. On peut donc se demander si dans l'univers primordial des fluctuations de très grande amplitude, mais rassemblant des masses minuscules par rapport à celles des galaxies, n'auraient pu former en tout premier lieu des petits corps gravitationnellement condensés. C'est en invoquant un tel mécanisme que Stephen Hawking a proposé en 1971 l'existence de *trous noirs primordiaux.*

Le lecteur se souvient que la masse d'un trou noir engendré dans l'effondrement d'une étoile dépasse probablement trois masses solaires. Pour les trous noirs primordiaux, une telle contrainte n'existe pas. Des trous noirs de toutes les tailles et de toutes les masses peuvent s'être condensés très tôt dans l'histoire de l'Univers, en particulier des *mini-trous noirs* de taille aussi réduite que celle d'une particule élémentaire.

Peut-on espérer tester la théorie des *mini-trous noirs* primordiaux par l'observation astronomique ?

Mondes en collision

La meilleure aubaine pour détecter les mini-trous noirs serait la rencontre de l'un d'entre eux avec le Système Solaire. Hawking a suggéré qu'un mini-trou noir aurait pu être capturé par le Soleil et tomber graduellement en son centre. Contrairement à ce que l'on pourrait naïvement penser, notre étoile ne serait pas engloutie. Un petit trou noir pourrait au contraire y subsister longtemps sans l'affecter sensiblement. En effet, le Soleil ne serait en danger que si le trou noir grossissait très vite. Or, la matière solaire avalée par le trou noir central émettrait tant de rayonnement avant de disparaître que la pression de radiation exercée sur le milieu

2. Le contraste de densité entre une *étoile* de type solaire et le milieu interstellaire est encore bien plus grand : 10^{30}.

extérieur limiterait la vitesse de croissance du trou noir. Le débit de matière avalée s'ajusterait au débit d'énergie libérée, de sorte que la zone entourant le mini-trou noir deviendrait ni plus ni moins qu'un réacteur nucléaire parfaitement stable. Le Soleil au « cœur noir » continuerait sa vie paisible sur la Séquence Principale, son fonctionnement étant modifié de façon à peine perceptible !

Ce scénario quelque peu extravagant a été invoqué pour tenter d'expliquer les désaccords entre la quantité mesurée de neutrinos solaires parvenant sur Terre et celle prédite par la théorie des réactions nucléaires. Il est aujourd'hui abandonné au profit de mécanismes plus conventionnels, rendant mieux compte du désaccord[3].

Il va sans dire qu'une collision entre un mini-trou noir et notre planète est extrêmement improbable, beaucoup plus que la collision entre notre planète et un gros météore. Un tel événement a néanmoins été envisagé pour expliquer la célèbre catastrophe de la Tunguska. Le 30 juin 1908, la vallée du Ienisseï en Sibérie fut dévastée par la chute d'un corps céleste. L'explosion fut accompagnée de phénomènes optiques, acoustiques et mécaniques ; l'onde de choc ravagea la forêt sur plusieurs kilomètres, décima des centaines de rennes et fut entendue à plus de 1 000 km, brisant des vitres et ébranlant des immeubles. Enregistrée par les sismographes, elle libéra une énergie comparable à 1 500 bombes d'Hiroshima. Le ciel s'éclaircit et, pendant quelque temps, sa luminosité fut telle qu'il fut possible de lire en pleine nuit jusque dans le Caucase. Mais le site de l'explosion ne fut exploré scientifiquement que vingt ans plus tard. Les arbres étaient encore brûlés dans un rayon de 15 km, abattus dans un rayon de 30 km et disposés radialement autour du centre de l'explosion, bien qu'aucun cratère ne marquât le point d'impact.

A l'origine de la catastrophe, un certain nombre d'incidents ont été proposés, allant du plus banal au plus bizarre. L'explication aujourd'hui adoptée est la chute d'un météore,

3. Il suffirait par exemple que les neutrinos aient une masse non nulle pour que le flux théorique, calculé usuellement avec l'hypothèse de masse nulle, devienne compatible avec la valeur observée.

plus exactement d'un fragment de comète. Un morceau de glace et de rochers, mesurant quelques centaines de mètres et tombant en sens inverse de la rotation terrestre, à une vitesse de 50 km/s, aurait en effet reproduit tous les phénomènes observés dans la Tunguska : évaporation dans l'atmosphère avec injection de nombreuses poussières, sans laisser au sol ni cratère ni résidu importants. La meilleure preuve repose encore sur l'analyse chimique des petits débris ramassés sur le site : il s'agit essentiellement de silicates et de sphérules de ferronickel, dont la composition coïncide parfaitement avec celle des comètes.

Ces évidences n'ont pas empêché deux astrophysiciens américains de proposer un point de vue radicalement différent : un mini-trou noir aurait traversé la Terre comme un couteau chaud dans du beurre fondu et serait ressorti à l'antipode de la Tunguska ; par chance, l'antipode se trouve au fond de l'océan Atlantique Sud, là où aucun sismographe, aucun arbre ou aucune vitre n'est susceptible de révéler quoi que ce soit...

Une analyse plus poussée montre que le passage d'un mini-trou noir à travers notre planète aurait déclenché des séismes qui n'ont pas été observés, et que sa sortie aurait été accompagnée d'ondes de choc atmosphériques qui n'ont pas davantage été signalées. L'explication du mini-trou noir errant n'était rien moins que fantaisiste[4], mais c'était un bon « coup » de publicité. Pourtant, les spécialistes des trous noirs n'y ont guère trouvé leur compte : accommoder le trou noir « à toutes les sauces » n'a jamais été le meilleur moyen de renforcer sa crédibilité...

La vie brève

Le principal espoir de détection des mini-trous noirs réside en fait dans leur propriété fondamentale, découverte par Hawking à partir des principes de la Mécanique Quantique, à

4. Moins toutefois que celles invoquant la chute d'un morceau d'antimatière ou la désintégration d'un astronef extraterrestre en perdition !

savoir *l'évaporation de leur masse* sous forme d'un rayonnement de corps noir.

La théorie des fluctuations de densité montre que les trous noirs de faible masse n'ont pu se condenser que dans les tout premiers instants de l'Univers. Mais les mini-trous noirs sont condamnés à s'évaporer d'autant plus rapidement que leur masse est plus faible[5]. Un trou noir d'une tonne doit s'évaporer en un dix milliardième de seconde, un trou noir d'un million de tonnes survit dix ans. Ne subsisteraient donc aujourd'hui que les trous noirs primordiaux assez massifs pour que leur temps de vie soit supérieur à l'âge de l'Univers, c'est-à-dire quinze milliards d'années. La masse minimale pour qu'il en soit ainsi est de *un milliard de tonnes*. C'est à peu près celle d'une montagne, et les trous noirs correspondants ont un rayon de 10^{-13} cm, c'est-à-dire celui d'un proton !

Quant aux trous noirs plus massifs, ils ne peuvent s'évaporer qu'au bout d'un temps beaucoup plus long que l'âge de l'Univers. La durée de vie d'un trou noir d'une masse solaire atteint par exemple 10^{66} années... Ce nombre gigantesque ne doit pas surprendre : l'évaporation étant un phénomène d'origine quantique, elle ne peut se manifester que sur les très petites échelles de distance, comparables à celles des particules élémentaires. C'est la raison pour laquelle l'évaporation devient totalement insignifiante dès que les trous noirs sont beaucoup plus massifs qu'une montagne, qu'ils soient d'origine primordiale ou formés ultérieurement dans les explosions de supernova. En fait, pour les gros trous noirs, on s'attend plutôt à ce que la tendance à l'accroissement par absorption de matière l'emporte largement sur la tendance au rétrécissement par évaporation quantique. La question qui se pose alors est : dans quel intervalle de masse peut-on espérer détecter des mini-trous noirs en cours d'évaporation ?

Pour y répondre, il faut tenir compte du fait que les trous noirs ne baignent pas dans un vide parfait, mais dans un milieu matériel possédant une certaine énergie, au moins égale à celle du rayonnement cosmologique, vestige de

5. Le temps de vie d'un trou noir est proportionnel au cube de sa masse.

l'explosion primordiale. Actuellement, la température du « bain » cosmique est de 3 °K. Les lois de la thermodynamique veulent que, parmi les trous noirs primordiaux survivant encore, seuls ceux qui sont moins massifs que 10^{26} grammes (la masse de la Lune dans un rayon de 0,1 millimètre) ont une température supérieure à 3 °K, et peuvent par conséquent s'évaporer en cédant de l'énergie au bain cosmique ambiant. Les trous noirs plus massifs doivent au contraire absorber l'énergie cosmique et croître. On en conclut que les trous noirs primordiaux moins massifs que 10^{15} grammes se sont aujourd'hui évaporés, ceux compris entre 10^{15} et 10^{25} grammes sont en cours d'évaporation, et ceux qui sont plus massifs – incluant les trous stellaires de « seconde génération » – sont en train de grossir.

Le dernier cri

Sous quelle forme observable peut se manifester l'évaporation d'un mini-trou noir de masse adéquate ? Les calculs de Hawking montrent que c'est au cours du dernier dixième de seconde que l'évaporation devient véritablement explosive, annihilant subitement la masse du mini-trou noir en énergie. Cette énergie est dissipée principalement sous forme d'une bouffée intense de rayonnement gamma, qui serait en principe détectable dans un rayon de trente années-lumière.

En consultant à nouveau le *tableau 1*[6], le lecteur constatera que le rayonnement gamma transporte en moyenne une énergie un million de fois plus grande que le rayonnement visible. Les rayons gamma ont donc un fort pouvoir de pénétration et seraient fatals pour la vie terrestre s'ils n'étaient interceptés par les couches supérieures de l'atmosphère. Une façon d'observer le rayonnement gamma cosmique est d'utiliser l'atmosphère elle-même comme détecteur. En parvenant dans la haute atmosphère, les photons du rayonnement gamma convertissent leur énergie en matière, créant des

6. Voir page 30.

gerbes de particules et d'antiparticules. A l'instant même de leur création, les particules se propagent exactement à la vitesse de la lumière *dans le vide* ; elles voyagent donc initialement plus vite que la lumière *dans l'air*. Cette injection soudaine de particules « ultra-relativistes » dans le champ électromagnétique terrestre est analogue au franchissement du mur du son par un avion à réaction : une onde de choc se propage, mais au lieu de produire un « bang » acoustique elle engendre un éclair de lumière visible appelé *rayonnement Cerenkov*. Ce type de rayonnement, parfaitement détectable au sol, est depuis longtemps exploité pour mesurer les flux de rayons gamma en provenance du Cosmos.

Des bouffées de rayonnement gamma, parvenant sur Terre au rythme de quelques-unes par an, sont effectivement détectées par leur « lumière » Cerenkov, mais elles ne possèdent pas les caractéristiques des explosions de mini-trous noirs. Il est clair que les mini-trous noirs primordiaux ne sont pas les seules sources célestes de rayonnement gamma. D'ailleurs, outre ces bouffées brutales, un flux plus paisible et continu de rayonnement gamma a été capté par des détecteurs spécifiques, placés sur des satellites en orbite au-dessus de l'atmosphère. Cette découverte capitale prouve que de nombreux phénomènes astronomiques injectent continûment dans l'espace interstellaire du rayonnement de haute énergie. L'origine détaillée de ce fond diffus de rayonnement gamma est quelque peu controversée, mais on l'associe généralement à des astres compacts tels que les étoiles à neutrons (voir chapitre suivant), ou à beaucoup plus grande échelle les noyaux actifs de galaxies.

On peut néanmoins admettre que de très nombreux mini-trous noirs aient pu exploser dans un passé récent et être responsables d'une partie du rayonnement gamma observé. Le satellite SAS 2 a effectué des mesures précises du flux de rayonnement gamma diffus ; son niveau est en fait si bas que, même en supposant que tout le flux observé provienne de telles explosions, le nombre moyen de mini-trous noirs primordiaux contenus dans un volume d'une année-lumière cube ne pourrait pas dépasser 200. Dans ces conditions, le mini-trou noir le plus proche de la Terre se situerait bien au-delà du Système Solaire...

La densité réelle des mini-trous noirs primordiaux est certainement encore beaucoup plus faible. Des contraintes plus strictes que celles imposées par le rayonnement gamma ont été proposées. C'est ainsi que, lors de l'explosion d'un mini-trou noir, les particules émises devraient interagir avec le champ magnétique général de notre Galaxie et produire des impulsions d'ondes radio aux caractéristiques bien particulières ; comme le rayonnement radio est beaucoup plus aisément détectable que le rayonnement gamma, les explosions de mini-trous noirs ne devraient pas échapper à la vigilance des radiotélescopes géants. Le fait que ceux-ci n'aient rien détecté impose une limitation très sévère sur la fréquence des explosions : elle ne doit pas excéder une tous les trois millions d'années dans un volume d'une année-lumière cube.

Les mini-trous noirs primordiaux de la masse d'une montagne existent peut-être, mais ils sont certainement très rares !

Les mirages gravitationnels

L'absence de traces caractéristiques des explosions de mini-trous noirs n'exclut pas l'existence de trous noirs primordiaux plus massifs que 10^{15} grammes, qui ne sont pas encore évaporés. Peut-on espérer les détecter ?

Le lecteur n'a qu'à se remémorer les expériences d'« illuminations » décrites au chapitre 10 pour se convaincre qu'un trou noir, même s'il est totalement isolé dans l'espace intersidéral, peut focaliser le rayonnement des sources lointaines et jouer le rôle d'une « lentille gravitationnelle ».

Supposons par exemple que la Terre, un trou noir et un astre lointain soient fortuitement alignés. Selon les lois de la Relativité Générale, la courbure de l'espace-temps au voisinage du trou noir permet à la lumière émise par l'astre d'emprunter plusieurs trajets possibles avant de parvenir à la Terre *(figure 56)*. Dans ces conditions, les télescopes devraient capter plusieurs images issues de la même source : une image « principale », correspondant aux rayons lumineux les moins déviés, et des images fantômes correspondant à des

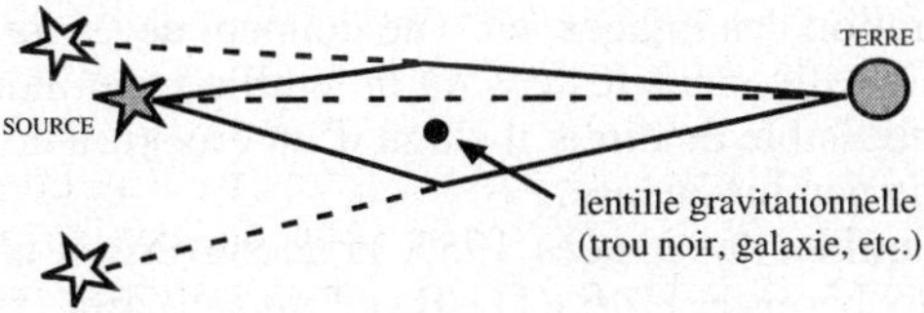

Figure 56 : Un mirage gravitationnel.

trajectoires plus « tordues ». Cette distorsion des images apparentes par rapport à l'image réelle porte le nom de *mirage gravitationnel.*

Le mirage traditionnel, parfois observé dans le désert, est provoqué par la chaleur émanant du sable qui, par conduction dans l'atmosphère, procure aux couches d'air empilées les unes sur les autres des indices de réfraction différents. Les rayons lumineux réfléchis sur le sable suivent plusieurs chemins possibles avant d'atteindre le caravanier lointain, et l'on conçoit que ce dernier puisse se laisser abuser par des images « fantômes », les interprétant selon ses désirs comme une oasis, une ville ou une étendue d'eau.

On s'en doute, les mirages gravitationnels dus à la distorsion de l'espace cosmique sont beaucoup plus difficiles à déceler. Prenons l'exemple d'un trou noir géant extérieur à la Galaxie. Les sources lointaines de rayonnement susceptibles d'être affectées par l'effet de lentille du trou noir sont soit des galaxies ou des quasars extrêmement distants, soit le rayonnement de fond cosmologique[7].

On connaît d'ores et déjà une vingtaine de ces « illusions d'optique cosmiques » multipliant l'image des sources lumineuses. Toutefois, ces mirages ne sont pas causés par des trous noirs géants, mais plus prosaïquement par des galaxies intermédiaires, que l'on voit dans le champ. Rappelons-nous que toute concentration de matière déforme à divers degrés la géométrie de l'espace-temps et peut donc jouer le rôle

7. Ce dernier est en effet la seule source de rayonnement électromagnétique partout présente dans le ciel.

d'une lentille gravitationnelle ! Comme de plus les mesures (séparation des images, etc.) ne donnent accès qu'à la masse de la lentille, dans les cas où la lentille reste indétectable il est impossible de dire s'il s'agit d'un gros trou noir ou d'une galaxie peu lumineuse.

Au milieu des années 1985, la découverte d'une paire de quasars baptisés 1146+111 B et C fit sensation dans la communauté astronomique. Leurs décalages spectraux étant à première vue identiques, il était tentant d'interpréter la paire comme étant l'image d'un astre unique, dédoublée par une lentille intermédiaire. Rien d'exceptionnel si ce n'est que Hazard 1146+11 se distinguait des autres mirages gravitationnels par la séparation angulaire exceptionnellement grande de ses composantes : 2,6 minutes d'arc, soit vingt fois plus que pour tous les autres quasars multiples répertoriés. On en concluait que la masse de la lentille gravitationnelle devait être considérable, équivalente à celle de plusieurs milliers de galaxies.

Trois types d'objets pouvaient jouer le rôle d'une lentille aussi massive : un amas extrêmement dense de galaxies, un trou noir « supergéant » ou une « corde cosmique ». Aucune trace observationnelle ne plaidait en faveur d'un amas de galaxies situé sur la ligne de visée. Par ailleurs, les « cordes cosmiques » sont d'esthétiques structures matérielles inventées par les théoriciens des particules élémentaires, qui auraient pu être produites lors des premiers instants de l'Univers, et qui auraient la forme de longs filaments de rayon quasi nul transportant de l'énergie gravitationnelle ; mais aucun indice expérimental n'a jamais permis d'affirmer l'existence réelle de ces cordes, ni même la validité des théories génitrices. Restait alors l'hypothèse d'un gigantesque trou noir qui, paradoxalement, s'avérait la moins « exotique ». Le trou noir en question, d'une masse comprise entre 10^{12} et 10^{17} $M_{\odot}$, n'aurait pu être que d'origine primordiale et aurait dépassé de loin, par son gigantisme, tout ce dont les partisans des trous noirs avaient pu rêver !

Mais avant d'adopter ce point de vue sensationnel, il fallait en premier lieu s'assurer que Hazard 1146+11 était bien un mirage gravitationnel. De nouvelles mesures plus précises furent faites, on s'aperçut alors que les spectres différaient ;

autrement dit, les deux images ne provenaient pas d'un seul et unique quasar, mais de deux quasars physiquement distincts et très proches l'un de l'autre. Les rêves de corde magique ou de super-trou noir tombèrent aux oubliettes.

Si j'ai développé l'anecdote, c'est pour insister sur le fait que la recherche scientifique fourmille de ce genre d'aléas. Lorsqu'une découverte sensationnelle est annoncée (et déclenche donc l'intérêt des médias), il s'agit *souvent* d'une interprétation erronée de mesures imprécises. Des mesures améliorées replacent ensuite l'événement dans la catégorie des phénomènes « normaux », et prouvent une fois de plus la pertinence du principe de simplicité : l'hypothèse la plus « économique », c'est-à-dire la plus « conventionnelle » (sans connotation péjorative), triomphe presque toujours.

Après les trous noirs géants, prenons maintenant l'exemple d'un trou noir de masse stellaire (primordial ou non), isolé dans notre Galaxie, donc relativement proche. Comme le trou noir a un diamètre propre de quelques kilomètres seulement, à une distance de plusieurs dizaines d'années-lumière son diamètre apparent devient si minuscule que la probabilité d'un alignement avec une étoile plus lointaine de notre Galaxie est extraordinairement mince. De fait, même si l'alignement était réalisé, la séparation angulaire entre les différentes images de l'étoile, qui dépend de la masse de la lentille gravitationnelle, serait bien en dessous du pouvoir de résolution des télescopes actuels et futurs. La situation est-elle sans espoir ? Non, car l'effet d'une lentille, même microscopique, ne se réduit pas à une multiplication d'image, mais il induit aussi une amplification de la lumière et une distorsion du spectre. Considérons donc une *microlentille* de type stellaire, située dans le halo de notre Galaxie ou celui d'une galaxie proche (par exemple le Grand Nuage de Magellan), et donc affectée d'un léger déplacement, en projection sur la tapisserie de fond, fixe car extrêmement lointaine, des quasars. La probabilité d'alignement fortuit étoile-quasar n'est plus négligeable. Le mirage produirait une brève variation de la luminosité et une distorsion du spectre du quasar passant derrière. L'idée est si sérieuse que toute une classe de galaxies à noyau actif très rapidement variables (voir plus loin, page 340) est interprétée par certains comme résultant d'effets cumulés de microlentille. Plusieurs programmes d'observations intensifs sont en cours de développement. Le but n'est pas tant de détecter des trous noirs stellaires que de révéler plus généralement la présence d'un grand nombre d'astres petits et obscurs peuplant en grand nombre le halo des galaxies.

La matière sombre

L'un des problèmes non résolus de la Cosmologie moderne est en effet celui de la *masse manquante*. Certaines observations du mouvement des galaxies indiquent que la matière « visible » (aussi bien dans les domaines optique que radio, infrarouge ou X) ne constitue qu'une fraction de la matière totale. Un exemple simple illustrera le problème. Nombre de galaxies observées se regroupent dans des amas formant des structures gravitationnellement liées, qui ne se dissolvent pas dans le milieu cosmique ambiant ; or, si les amas se réduisaient aux seules galaxies et au gaz intergalactique qui sont détectés, leur gravitation ne serait pas assez forte pour assurer leur cohésion. Il doit donc exister une *matière sombre*, au rayonnement électromagnétique invisible, mais dont l'action gravitationnelle « soude » les amas de galaxies.

Pour constituer la matière sombre, les trous noirs primordiaux viennent naturellement à l'esprit[8] ; toutefois, certaines contraintes observationnelles excluent une population trop importante de trous noirs géants[9]. Si par exemple des trous

8. Une explication plus courante fait appel à des « naines brunes », parfois appelées peu aimablement « étoiles ratées », c'est-à-dire des corps d'un centième de masse solaire, très peu lumineux car ils n'auraient jamais pu allumer de réactions thermonucléaires. C'est essentiellement à leur détection qu'est dédié le programme d'observation « microlentille » mentionné plus haut.

9. Comme on le verra au chapitre 17, il est possible que presque toutes les galaxies abritent dans leur noyau un trou noir très massif ; mais, pour résoudre le problème de la masse manquante, il faudrait que de nombreux trous noirs géants existent également en dehors des noyaux galactiques.

noirs beaucoup plus gros qu'un million de masses solaires existaient dans le halo des galaxies spirales – c'est-à-dire en dehors du bulbe et du disque, où se trouve principalement rassemblée la matière visible, voir chapitre 17 –, leur présence se manifesterait d'au moins deux façons : en premier lieu, ils démultiplieraient les images des astres lointains en faisant office de lentilles gravitationnelles ; en second lieu, ils causeraient un épaississement des disques galactiques en conférant de la vitesse aux étoiles qui s'y trouvent. Or, aucun de ces deux phénomènes n'est observé.

En revanche, les trous noirs primordiaux de un million de masses solaires ou moins ne sont pas exclus. Si la plupart des galaxies, géantes ou non, abritent en leur centre des trous noirs géants, ces derniers sont vraisemblablement d'origine primordiale et, puisqu'ils ont été formés très tôt dans l'histoire de l'Univers, ils ont peut-être même été les germes ayant permis la formation ultérieure des galaxies.

16. Le zoo des étoiles X

Trop gros pour évaporer sa masse en rayonnement thermique, trop mince pour dévier la lumière des astres lointains, un trou noir stellaire parfaitement *isolé* est condamné à l'invisibilité.

Pourtant, un trou noir n'est jamais complètement nu. Baignant dans le milieu interstellaire, il draine la matière ambiante et l'une de ses fonctions essentielles est de s'en nourrir. Un trou noir qui « mange » laisse toujours des restes : la matière avalée signale sa disparition par une émission de rayonnement électromagnétique. Mais le gaz interstellaire est trop ténu pour produire une luminosité notable. Un trou noir de dix masses solaires, consommant peu à peu le gaz environnant, aurait l'éclat blafard de certaines naines blanches isolées et pourrait au mieux être détecté à quelques années-lumière de distance. Or, même si le nombre total de trous noirs stellaires dans notre Galaxie atteignait le milliard, le plus proche d'entre eux ne se trouverait probablement pas à moins de cent années-lumière...

Que reste-t-il alors aux trous noirs stellaires pour se faire remarquer des astronomes ? La vie à deux ! Puisque les étoiles célibataires sont minoritaires, en tant que résidus stellaires, les trous noirs n'échappent pas au lot commun et nombre d'entre eux doivent appartenir à des *systèmes binaires*. Or, plus encore que ses cousins compacts la naine blanche et l'étoile à neutrons, le trou noir est transfiguré dès lors qu'il vit en couple, marquant d'une « griffe » bien à lui son mariage. Le décryptage de cette griffe est devenue l'une des voies les plus fécondes de l'astrophysique de ces vingt dernières années.

Le spectre de la vie à deux

Trou noir ou pas, la binarité des étoiles est rarement étalée au grand jour ; dans la plupart des cas, une seule composante est visible au télescope. Comment l'astrophysicien peut-il déceler si une étoile est appariée ou non ?

La gravitation donne la clé du problème. Dans un système double, les partenaires tournent autour du centre de gravité commun en obéissant aux lois de la Mécanique Céleste. Dans certains couples d'étoiles très proches du Système Solaire, les astronomes voient directement les deux partenaires exécuter leur lent ballet elliptique. Mais, le plus souvent, les mouvements orbitaux ne peuvent être mis en évidence que grâce aux techniques très précises de la *spectroscopie*.

Tout comme celle du Soleil, la lumière visible des étoiles est un mélange des couleurs de l'arc-en-ciel, passant du rouge sur les grandes longueurs d'onde au violet sur les courtes longueurs d'onde. Le spectrographe est l'appareil qui, à l'instar du prisme, est capable de décomposer sur un écran la lumière visible d'une étoile en ses différentes couleurs. Le spectre des étoiles ainsi obtenu présente un dégradé continu de couleurs auquel se superposent des raies sombres très étroites, les *raies d'absorption*. L'existence d'une raie d'absorption à une fréquence particulière traduit le fait que la lumière reçue à cette fréquence a une intensité amoindrie. Pourquoi un tel affaiblissement ?

L'atmosphère d'une étoile est composée d'atomes bien précis : hydrogène, hélium, carbone, oxygène, calcium, etc. Chaque atome a la faculté d'absorber la lumière sur certaines longueurs d'onde caractéristiques. Ce sont plus précisément les électrons, en orbite autour des noyaux atomiques, qui capturent partiellement l'énergie des photons incidents et bondissent à des niveaux d'énergie supérieurs. La lumière jaillie du cœur chaud des étoiles ne parvient aux astronomes qu'après être passée à travers le filtre des atomes intermédiaires, où elle a partiellement perdu son intensité dans certaines longueurs d'onde.

On peut par ailleurs établir en laboratoire le « spectre de référence » de n'importe quel atome individuel. Par comparaison, les raies d'absorption des spectres stellaires livrent donc la « signature » de la composition chimique des enveloppes des étoiles, et nous renseignent sur leur température de surface, leur taille, leur luminosité intrinsèque, etc.

Il existe une catégorie d'étoiles doubles dans lesquelles une seule composante est visible au télescope mais présente un spectre dont les raies oscillent périodiquement autour d'une position moyenne. On les appelle des binaires spectroscopiques, car le déplacement des raies de leur spectre atteste le mouvement de l'étoile autour d'un compagnon obscur.

Un certain décalage

Le décalage apparent des fréquences électromagnétiques, dû au mouvement d'une source lumineuse par rapport au récepteur, porte le nom d'*effet Doppler*[1] : selon que la source s'approche ou s'éloigne, les fréquences reçues sont augmentées ou diminuées par rapport aux fréquences émises, le décalage étant d'autant plus important que la vitesse de déplacement est grande *(figure 57)*.

Une illustration humoristique de l'effet Doppler est l'histoire de l'automobiliste comparaissant devant le tribunal pour avoir « grillé » un feu rouge. Le chauffard, qui se croit malin, se justifie en expliquant qu'en raison de la vitesse de son véhicule la couleur rouge du feu lui a paru verte. Mais le juge se souvient de ses cours de physique. Il se livre à un rapide calcul sur un bout de papier et vérifie que, pour que la fréquence de couleur rouge ait pu être décalée jusqu'à la fréquence de couleur verte par l'effet Doppler, il aurait fallu que la vitesse de l'automobiliste soit de 100 000 km/s. Alors le juge rétorque en souriant : « J'ac-

1. Le physicien autrichien Christian Doppler a découvert son effet pour les ondes acoustiques en 1842, mais c'est le physicien français Hyppolyte Fizeau qui l'a généralisé aux ondes lumineuses.

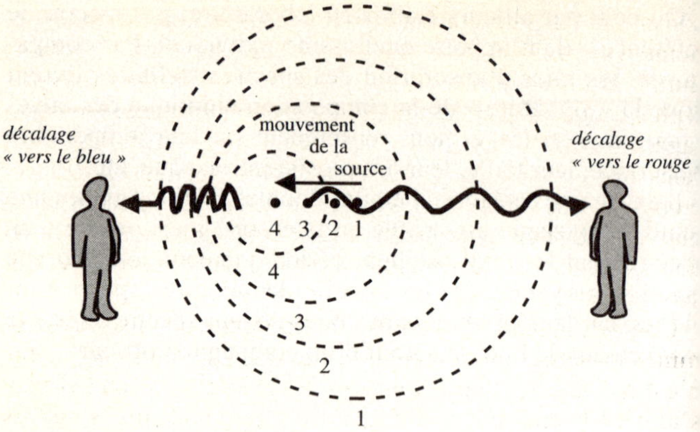

Figure 57 : L'effet Doppler. Une sirène émet des ondes sonores circulaires, en expansion à la vitesse du son. Lorsque la sirène se déplace par rapport à des auditeurs immobiles, les cercles ont tendance à s'empiler lorsque la sirène s'approche. Le nombre apparent d'ondulations par seconde, c'est-à-dire la fréquence de réception, augmente, et corrélativement la longueur d'onde diminue : le ton de la sirène devient plus aigu. A l'opposé les ondes sonores émises par la sirène qui s'éloigne semblent s'étirer et sont perçues sur un ton plus grave. On peut remplacer la sirène par une source lumineuse et l'effet Doppler affecte de la même façon les fréquences électromagnétiques.

cepte votre argument... mais je vous condamne pour excès de vitesse ! »

L'effet Doppler est aussi le principe de base du « radar » des gendarmes, tant abhorré des automobilistes pressés. Il trouve de plus nobles applications en astronomie. L'astronome est un peu comme un aveugle à l'ouïe exercée qui, connaissant la fréquence de référence de la sirène des pompiers, parviendrait à estimer la vitesse et la direction de leurs véhicules. Il cherche à mesurer les mouvements des astres en « écoutant » leur lumière au spectrographe. Cette démarche est particulièrement fructueuse pour révéler la nature binaire d'étoiles sans compagnon apparent.

Il va de soi que, dans un système double, le mouvement de révolution orbitale de l'étoile visible autour du centre de gravité commun se traduit par le fait que tantôt l'étoile se rapproche de l'astronome, tantôt elle s'en éloigne, tandis que son compagnon obscur fait l'inverse[2]. La fréquence du rayonnement reçu doit donc augmenter (devenir « plus bleue ») durant la phase où l'étoile s'approche, et diminuer (devenir « plus rouge ») dans la phase où l'étoile s'éloigne. Ce décalage affectant l'ensemble du spectre, on en déduit que les raies d'absorption, facilement repérables, doivent se déplacer en bloc tantôt vers le bleu, tantôt vers le rouge, oscillant alternativement entre deux positions extrêmes *(figure 58)*. Un tel comportement est la véritable signature des binaires spectroscopiques.

Une fois la binarité attestée, l'astronome doit ensuite déterminer la nature du compagnon obscur. Une étoile invisible n'est pas nécessairement un trou noir, loin s'en faut. Il peut s'agir en premier lieu d'une étoile de masse très modeste, comme il en existe probablement à profusion, dont la luminosité apparente est trop faible pour être perçue – soit parce que l'étoile est lointaine, soit parce qu'elle est effacée par l'éclat de son compagnon, à l'image d'une luciole cessant d'être visible à l'approche de la lampe.

Le compagnon obscur peut aussi être une étoile normalement massive mais gravitationnellement effondrée. Le bestiaire des résidus stellaires comprend les naines blanches, les étoiles à neutrons et les trous noirs. On pourrait croire alors que la « marque » du trou noir n'est plus qu'une question de masse ; on sait en effet que les naines blanches et les étoiles à neutrons ne peuvent pas soutenir plus de deux ou trois masses solaires. Mais le débusquement des trous noirs dans les systèmes binaires est semé de pièges. C'est ainsi qu'une étoile massive, chaude et brillante, peut rester obstinément invisible si elle est entourée d'un cocon de poussière obscurcissante. On connaît justement un tel cas. Epsilon Aurigae est une binaire spectroscopique dont le compagnon obscur a une masse d'environ 8 $M_\odot$. C'est beaucoup plus que n'en peuvent supporter une naine blanche ou une étoile à neutrons. Cependant, la composante visible est éclipsée tous les 27 ans et l'éclipse dure deux années entières. Un trou noir serait beaucoup trop petit (25 kilomètres de rayon) pour susciter

2. Hormis la situation improbable où nous serions placés exactement dans la direction perpendiculaire au plan orbital du système.

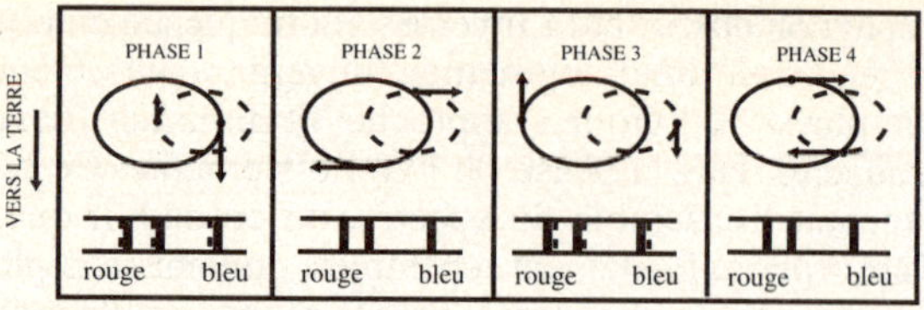

Figure 58 : Une binaire spectroscopique. Le spectre de l'étoile visible (orbite en traits pleins) oscillant périodiquement de part et d'autre d'une position moyenne signale la présence d'un compagnon (orbite en pointillés).

des éclipses d'aussi longue durée. Le compagnon d'Epsilon Aurigae n'est donc qu'une grosse étoile enfouie dans de la poussière !

Mais le chasseur de trous noirs a d'autres repères. Il sait notamment que la binarité influence profondément le destin des étoiles, particulièrement lorsque l'une d'entre elles est gravitationnellement condensée. Isolés, les résidus stellaires, à la surface minuscule, sont la plupart du temps invisibles (hormis les pulsars radio). Accouplés, ils sont transfigurés. Dans le cas des naines blanches, la binarité est source d'épisodes éclatants tels que les variables cataclysmiques et les novæ (voir chapitre 5). Dans le cas des étoiles à neutrons et des trous noirs, la transformation est encore plus spectaculaire. Elle engendre un véritable *zoo* de phénomènes astronomiques de haute énergie, dont la caractéristique commune est de se dévoiler dans le domaine des rayons X. L'avènement de l'astronomie du rayonnement X au début des années 1970 a révolutionné notre vision de l'Univers.

Observatoires volants

L'astronomie X n'a pu émerger qu'à l'ère spatiale. Les rayons X sont en effet absorbés par l'atmosphère, et l'astronome doit envoyer ses détecteurs dans l'espace. Un détecteur de rayons X n'a pas grand-chose à voir avec un télescope optique traditionnel, fondé sur l'utilisation de miroirs réfléchissant et amplifiant la lumière. L'énergie transportée par le rayonnement X (et *a fortiori* par le rayonnement gamma) est si grande que les photons, au lieu d'être réfléchis par un miroir, y pénétreraient et s'enfouiraient dans sa substance. Pour capter les rayons X, les astronomes utilisent des détecteurs spécifiques, qui répondent aux effets des photons de haute énergie lorsque ceux-ci passent à travers des plaques de métal électrisées ou du gaz[3].

Les premiers instruments furent installés à bord de fusées ou de ballons. De nombreuses sources X furent découvertes, chacune d'entre elles étant nommée d'après le nom de la constellation dans laquelle elle se trouvait (par exemple, Scorpius X-l fut la première source X découverte dans la constellation du Scorpion). L'image relativement calme de l'Univers que les astronomes s'étaient forgée en l'observant par les fenêtres du rayonnement visible et radio commença à s'effriter. Mais quand sonna l'heure des satellites artificiels, permettant de scruter le ciel X en permanence, le tableau bascula complètement. On s'aperçut soudain que partout dans l'Univers des sources aussi diverses que des étoiles, des galaxies ou des amas de galaxies émettent une débauche de rayonnement électromagnétique transportant de cent à cent millions de fois plus d'énergie que la lumière visible.

Les fusées présentent certains avantages par rapport aux satellites. Elles sont beaucoup moins chères et plus rapides à mettre en œuvre. Quelques mois suffisent pour réaliser un projet d'expérience en fusée, tandis que plusieurs années s'écoulent entre le jour où une proposition de satellite est faite auprès des organismes payeurs et le jour du lancement. Mais les fusées ont le gros défaut de retomber au sol, ne permettant qu'un temps d'observation de quelques minutes. C'est ainsi que le temps d'observation du ciel X cumulé au cours de l'ère des fusées dépassa à peine une heure, alors qu'un seul satellite d'observation est capable de fonctionner pendant plusieurs années.

3. Les célèbres « compteurs Geiger », permettant de détecter la radioactivité à la surface de la Terre, fonctionnent sur un principe analogue.

Le satellite Liberté

La communauté astronomique rêvait d'un satellite X capable de scruter le ciel 24 heures sur 24. Grâce au zèle de Riccardo Giacconi et de son équipe à l'université de Harvard, ce souhait fut exaucé le 12 décembre 1970. Le 42e satellite de la série des « Explorer » fut lancé depuis une plate-forme de l'océan Indien, au large des côtes du Kenya, sur une orbite équatoriale. Pour commémorer le septième anniversaire de l'indépendance du pays, le satellite fut baptisé *Uhuru*, mot swahili signifiant « Liberté ».

Dans l'armada des satellites X, *Uhuru* est l'un des plus beaux fleurons car il a dessiné la première carte précise du ciel en rayons X. Un détecteur X ne permet à lui seul de localiser la position d'une source qu'avec une précision médiocre. Pour pallier cet inconvénient, *Uhuru* portait *deux* détecteurs placés dos à dos, balayant la totalité du ciel au fur et à mesure que le satellite tournait lentement sur lui-même. Dès qu'une source X passait dans leur ligne de visée, les signaux étaient transmis au sol et, connaissant l'orientation du satellite, on pouvait en déduire la direction de la source avec une bien meilleure précision, l'assignant à l'intérieur d'une petite zone du ciel appelée « boîte d'erreur ». *Uhuru* fonctionna ainsi jusqu'à l'épuisement de ses batteries au printemps 1973. Sa moisson fut considérable puisqu'elle révéla près de 350 sources de rayonnement X.

Après *Uhuru*, nombre de satellites consacrés à l'observation du ciel en rayons X ont vu le jour, dont la série des HEAO *(High Energy Astronomical Observatory)*. Parmi ces derniers, le n° 2 donna les résultats les plus spectaculaires et fut baptisé *Einstein*, pour commémorer en 1979 le centenaire de celui qui, à sa façon, avait ouvert de nouvelles fenêtres sur le ciel : celles de l'esprit. L'Europe n'est pas absente de l'exploration astronomique spatiale. Dans le domaine de l'astronomie des hautes énergies qui nous intéresse ici, le satellite soviétique Granat lancé au début 1990 a emporté à son bord un certain nombre de détecteurs dont le Télescope français Sigma, consacré au rayonnement X « dur » (de haute énergie) et au rayonnement gamma « mou ». La moisson de résultats, toujours en cours, est d'ores et déjà prolifique et console quelque peu les astronomes du relatif échec du Télescope Spatial américain dans le domaine optique.

Les pulsars X

Parmi les sources X découvertes grâce aux observatoires volants, plus de la moitié appartiennent à notre Galaxie ; les autres sont des noyaux de galaxies actives ou le gaz très chaud des grands amas de galaxies. Parmi les sources galactiques, la majorité est associée à des formes diverses d'étoiles effondrées : restes de supernovæ en expansion dans le milieu interstellaire, naines blanches, mais surtout systèmes binaires comprenant une étoile à neutrons.

Au début 1971, *Uhuru* détecta Centaurus X-3, une source X variable dont la luminosité moyenne est dix mille fois supérieure à celle que le Soleil émet sur toutes les longueurs d'onde. Le rayonnement de Centaurus X-3 présente en outre des impulsions régulièrement espacées de 4,84 secondes. Lorsqu'on a affaire à d'aussi courtes périodes, on pense inévitablement à une étoile à neutrons en rotation rapide, par analogie avec les pulsars radio. Mais Centaurus X-3 se distingue par le fait que, tous les 2,087 jours, son émission X s'éteint pendant presque 12 heures. Cela signifie que cette source fait partie d'un système binaire « à éclipses », son occultation correspondant à la phase où le pulsar passe derrière un compagnon géant. Une nouvelle branche fructueuse de l'astronomie s'ouvrait : celle des *sources X binaires*.

A la suite de Centaurus X-3, d'autres « pulsars X » furent rapidement découverts. L'un des plus intéressants est Hercules X-l, qui fluctue périodiquement toutes les 1,24 secondes et dont la nature binaire est attestée par plusieurs arguments indépendants. Tout d'abord, sa luminosité X est occultée pendant 6 heures tous les 1,7 jours. D'autre part, la mesure extrêmement précise des temps d'arrivée de ses impulsions X montre des fluctuations régulières autour de la période moyenne de 1,24 seconde, le décalage temporel étant dû au mouvement orbital autour d'un compagnon, selon une période coïncidant exactement avec celle des éclipses. Pour confirmer le tout, des observations optiques très fines de Hercules X-l ont fini par révéler le compagnon dans le domaine visible, une étoile dont la luminosité est également éclipsée tous les 1,7 jours. Hercules X-l est donc une sorte de binaire spectroscopique « à rebours », dans la mesure où la composante compacte a été découverte en premier grâce à son émission X, et a aidé a révéler la composante optique « normale ».

Comment s'explique le mécanisme d'émission de rayons X dans les sources binaires ? Un indice essentiel vient du fait que ces couples ont tous des périodes orbitales courtes, signifiant que la distance entre les partenaires doit être très faible. Cette promiscuité met l'étoile à neutrons en mesure de capturer le gaz de son compagnon, en utilisant un « aspirateur gravitationnel » qui fonctionne de la façon suivante. Si, autour d'une étoile célibataire, on cherche les points où le champ gravitationnel a une valeur constante donnée, on obtient des sphères centrées sur l'étoile. Si l'on fait le même exercice pour un système double, on trouve des surfaces plus compliquées *(figure 59)*. L'une d'entre elles est le lieu de neutralité gravitationnelle entre les deux partenaires. Elle a la forme d'un huit, chacune des boucles entourant une étoile et portant le nom de *lobe de Roche*, d'après le nom d'un mathématicien français de l'université de Montpellier qui, le premier, étudia le problème dans les années 1850. Une étoile compacte telle qu'une étoile à neutrons n'est qu'un point minuscule dans son lobe de Roche. En revanche, une étoile non effondrée peut parfaitement occuper une bonne partie de son lobe de Roche, voire le déborder si elle se trouve dans sa phase de géante rouge. Les pulsars X tels que Centaurus X-3 et Hercules X-l s'expliquent précisément par un système binaire dont l'une des composantes est une étoile à neutrons et l'autre une étoile géante remplissant son lobe de Roche. Cette dernière peut facilement perdre de la matière, principalement par le point de contact entre les deux lobes. Transféré d'un lobe à l'autre, le gaz passe dans la zone d'influence de l'étoile à neutrons. Dans Centaurus X-3, on estime qu'une

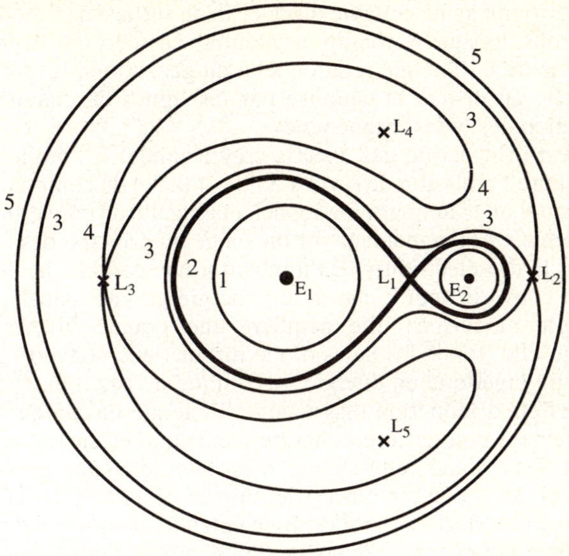

Figure 59 : Le champ gravitationnel d'une étoile double. Chaque courbe en traits pleins, appelée « équipotentielle », représente l'ensemble des points où le champ gravitationnel créé par les deux étoiles E_1 et E_2 garde la même valeur. Près de chacune des étoiles, les équipotentielles sont sphériques (courbes 1) car le champ de l'étoile centrale est dominant. Le lobe de Roche (courbe 2) est le lieu des points où les attractions des deux étoiles sont égales. Au-delà du lobe de Roche (courbes 3, 4, 5) les équipotentielles enveloppent les deux étoiles et tendent à nouveau vers des sphères car à grande distance le système binaire perd sa dualité.
Les points indiqués, dits de Lagrange, sont des positions d'équilibre stable (pour L_4 et L_5) ou instable (pour L_1, L_2, L_3). Si une étoile remplit son lobe de Roche, elle perd de la matière par le point de Lagrange intérieur L_1.

masse de gaz équivalente à celle de la Lune est transférée chaque année de l'étoile géante à l'étoile compacte.

Comme dans un pulsar radio, l'étoile à neutrons d'un pulsar X peut tourner rapidement et posséder un champ magnétique énorme, incliné sur l'axe de rotation. Dans ce cas, le gaz arraché au compagnon ne tombe pas directement sur l'étoile à neutrons mais est lentement entraîné par les forces centrifuges en un mouvement de « spirale ». Le gaz peut alors former un *disque d'accrétion* plus ou moins épais, qui s'interrompt à une certaine distance de la surface de l'étoile à neutrons, lorsque le champ magnétique acquiert une énergie supérieure à l'énergie rotationnelle du gaz. Alors, le gaz est arraché au disque et canalisé par les lignes de champ en direction des pôles magnétiques.

C'est l'impact du gaz avec la croûte solide de l'étoile qui engendre l'émission de rayons X. Il est facile de comprendre pourquoi un champ gravitationnel a la faculté de convertir de l'énergie en rayonnement si l'on songe au principe des centrales hydro-électriques. En tombant d'une certaine hauteur, l'eau convertit tout d'abord de l'énergie gravitationnelle en énergie cinétique ; elle acquiert une grande vitesse et lorsqu'elle frappe les pales d'une turbine, elle convertit son énergie cinétique en énergie mécanique de rotation. Grâce aux effets d'induction magnétique, l'énergie mécanique est finalement convertie en énergie électrique et en rayonnement. Dans toute cette chaîne, c'est bien le champ gravitationnel de la planète qui est le moteur. Il agit de la même façon à la surface des étoiles. Bien entendu, pour une hauteur de chute donnée, la conversion de l'énergie gravitationnelle en rayonnement est d'autant plus efficace que le champ gravitationnel est plus intense. Une bille de dix grammes tombant au sol libère un peu de chaleur et de rayonnement infrarouge. Si elle tombe à la surface d'une naine blanche, l'énergie gravitationnelle libérée est beaucoup plus grande et se manifeste sous forme de lumière visible ou ultraviolette. A la surface d'une étoile à neutrons, la gravité est si gigantesque que la vitesse de chute atteint 100 000 km/s. Dans ces conditions, dix grammes de gaz libèrent sous forme de rayonnement X une énergie équivalente à la bombe d'Hiroshima.

Dans un pulsar X, ce sont mille milliards de tonnes de gaz qui, chaque seconde, viennent s'écraser sur les calottes magnétiques de l'étoile à neutrons. Les calottes, dont le diamètre est d'environ un kilomètre, sont chauffées à cent millions de degrés et émettent des rayons X avec une luminosité dix mille fois plus grande que celle émise dans toutes les longueurs d'onde par le Soleil ! Bien entendu, le phénomène de pulsar proprement dit est dû au balayage du faisceau radiatif, modulé par la rotation propre de l'étoile à neutrons.

Les sursauteurs X

Les sources X binaires ne se réduisent pas aux seuls pulsars. Dans bien des cas, l'émission n'est pas régulière mais erratique. Au lieu d'un impact direct sur les calottes polaires, elle peut provenir de taches chaudes du disque d'accrétion et le phénomène de pulsar n'a pas lieu. D'autre part, le compagnon de l'étoile à neutrons n'est pas nécessairement massif et géant, mais peut tout aussi bien être une étoile naine, le transfert de masse étant dans ce cas beaucoup moins abondant *(figure 60)*. Enfin et surtout, en l'absence de toute périodicité, il n'est plus possible d'affirmer que l'étoile compacte est une étoile à neutrons. C'est dans cette catégorie de sources X erratiques, analogues aux variables cataclysmiques fonctionnant avec des naines blanches (voir chapitre 5), que doivent être recherchés les trous noirs stellaires.

Les satellites ont détecté à partir de 1975 des étoiles agitées de brutales éruptions de rayons X durant quelques secondes. Il s'agit des *sursauteurs*[4]. Plusieurs dizaines de sources de ce type sont aujourd'hui connues, la plupart localisées dans notre Galaxie. Les sursauteurs sont tout à fait analogues aux novæ, mais libèrent beaucoup plus d'énergie. Ce sont vraisemblablement des systèmes binaires serrés avec transfert de masse, la différence avec les novæ étant que dans un sursauteur le cadavre stellaire est une étoile à neutrons ou un trou noir au lieu d'être une naine blanche.

Lorsqu'il s'agit d'étoiles à neutrons, le mécanisme responsable des sursauts peut être une explosion thermonucléaire de surface. Comme avec les naines blanches, la gravitation joue le rôle d'un catalyseur de réactions nucléaires. Mais la gravité colossale des étoiles à neutrons permet une cuisson plus poussée qu'avec les naines blanches (qui n'autorisent que la combustion explosive de l'hydrogène). Dans l'état « calme » de la source X, l'hydrogène, accumulé en couches denses et très chaudes à la surface de l'étoile à neutrons, se transforme rapidement en hélium, mais de façon non explosive. A son

4. Traduction personnelle de l'anglais « bursters ». On les appelle aussi sources X transitoires.

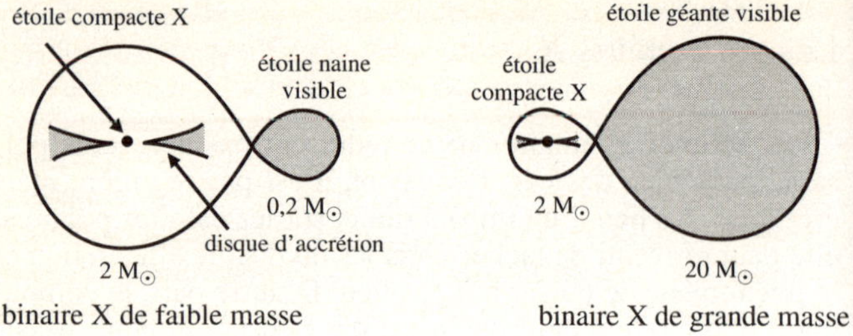

Figure 60 : Les deux classes de sources X binaires.

tour, l'hélium recouvre la surface et ce n'est que lorsque la couche atteint un mètre d'épaisseur que la fusion explosive se déclenche, engendrant le sursaut proprement dit. Néanmoins, des éruptions de rayonnement X peuvent être émises par un tout autre mécanisme, lors d'instabilités dans un disque d'accrétion. Nul besoin alors d'évoquer une surface dure d'étoile à neutrons, un trou noir fait parfaitement l'affaire.

Certains sursauteurs sont des sources X permanentes (c'est-à-dire qu'elles émettent toujours à un certain niveau), tandis que d'autres, transitoires, ne deviennent visibles en X qu'au cours d'un sursaut. D'autre part, tout comme les novæ récurrentes, certains sursauteurs explosent plusieurs fois, mais à une cadence véritablement frénétique. On connaît un sursauteur ultra-rapide pour lequel l'intervalle moyen entre deux sursauts n'est que de quelques dizaines de seconde !

Mais récurrence ne signifie nullement stricte périodicité. La parfaite régularité d'un pulsar provient de la rotation de l'étoile à neutrons, la récurrence d'un sursauteur vient de la détonation répétitive de l'hélium accumulé à sa surface. Il s'avère que *les pulsars ne sursautent pas et que les sursauteurs ne pulsent pas*. D'autre part, les sursauteurs ne sont pas forcément récurrents. Ceci suggère que les sursauteurs pourraient être dans la plupart des cas des systèmes binaires plus évolués que les pulsars, contenant soit des étoiles à neutrons si vieilles qu'elles ont perdu leur champ magnétique, soit des *trous noirs* à la surface desquels aucune accumulation de matière n'est possible.

Les étoiles X, aussi spectaculaires soient-elles, sont excessivement rares et l'on estime que sur une moyenne d'un milliard d'étoiles, une seule d'entre elles émet l'essentiel de sa lumière sous forme de rayons X. Notre Galaxie n'abrite qu'une centaine de telles sources. Cette rareté s'explique par la brièveté de la phase d'émission X dans un système binaire : dix mille années seulement, un éclair, comparé à la durée de vie des étoiles *(figure 61)*. Au bout de ce laps de temps, l'étoile compagnon s'est dilatée jusqu'à déborder son lobe de Roche. L'afflux de gaz sur l'étoile compacte devient alors si grand qu'il finit par étouffer la source X.

A la recherche de l'animal rare

Notre promenade dans le zoo des étoiles X nous a appris que les trous noirs stellaires sont à chercher en premier lieu dans les sources X binaires qui ne sont ni périodiques ni récurrentes. Un premier « tri » des candidats consiste à mesurer les fluctuations de la luminosité X sur de très courtes durées. La raison est la suivante. Toute variation d'éclat dans une source quelconque signifie que la source modifie sa configuration – par exemple gonfle, ou se déforme. Puisque rien ne peut voyager plus vite que la lumière, une source lumineuse variable ne peut changer son éclat global en un temps plus court que le temps mis par la lumière pour la traverser. La lumière parcourant 300 kilomètres en une milliseconde, toute source fluctuant en moins d'une milliseconde doit donc être extrêmement compacte.

A quel phénomène peuvent être dues les variations d'éclat ? Prenons l'exemple d'un trou noir stellaire. Son diamètre n'est que de quelques dizaines de kilomètres, mais ce n'est pas cette grandeur qui importe pour les fluctuations ; en effet, la source de rayonnement X n'est pas due à l'impact de matière sur le trou noir, qui n'a qu'une surface géométrique sans consistance, mais provient du disque d'accrétion. Ses régions internes sont très chaudes et agitées de turbulences, un peu à l'image de l'eau lorsqu'elle entre en ébulli-

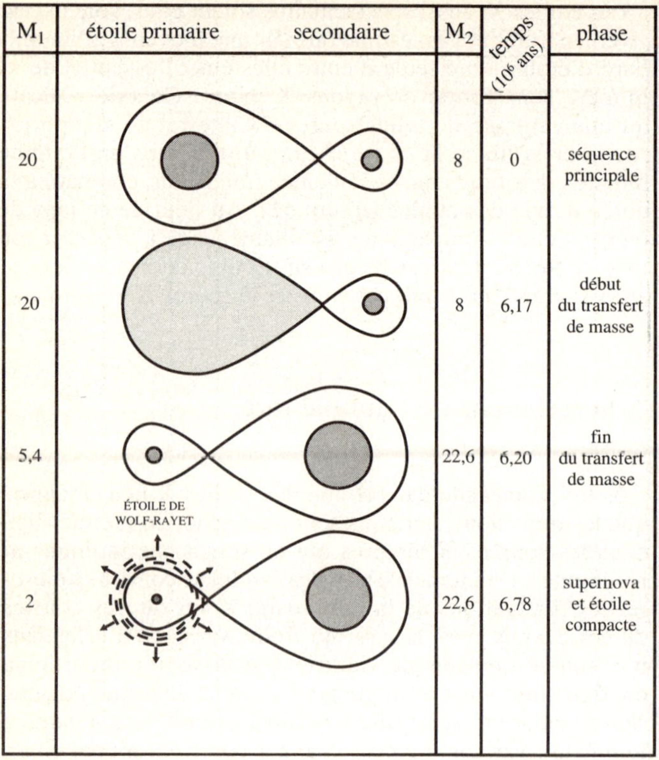

Figure 61 : La vie d'un système binaire massif. Le schéma représente l'évolution d'un couple rapproché d'étoiles dont les masses sont initialement 20 $M_\odot$ (étoile primaire, colonne de gauche) et 8 $M_\odot$ (étoile secondaire, colonne de droite). Le temps est indiqué dans la deuxième colonne de droite, en millions d'années. L'étoile primaire, plus massive, évolue rapidement vers le stade de géante et remplit son lobe de Roche au bout de 6 millions d'années. C'est le début du transfert de masse vers la secondaire. A la fin du transfert, durant 30 000 ans, c'est l'étoile secondaire qui est devenue massive, tandis que la primaire se réduit à son cœur enrichi en hélium et très chaud. C'est une « étoile de Wolf-Rayet » qui au bout de 580 000 ans explose en supernova. Une étoile à neutrons de 2 $M_\odot$ se

M_1	étoile primaire secondaire	M_2	temps (10^6 ans)	phase
2	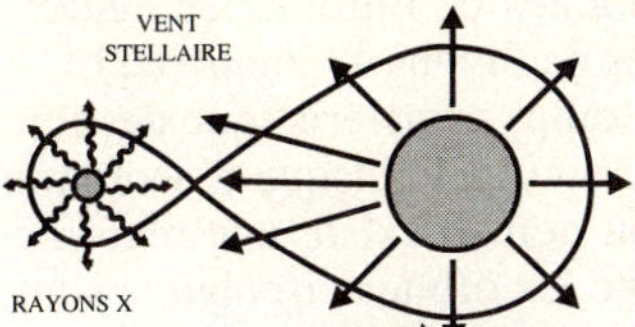	22,6	11,19	activation de la source X
2	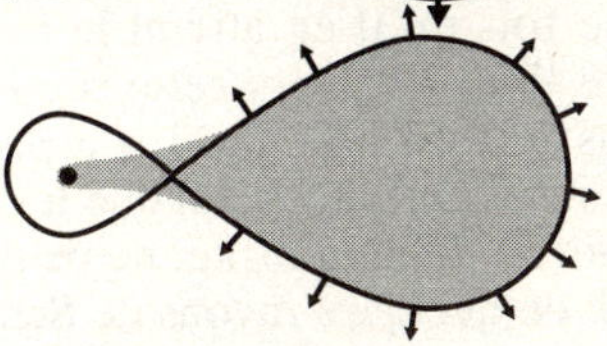	22,6	11,21	extinction de la source X
2	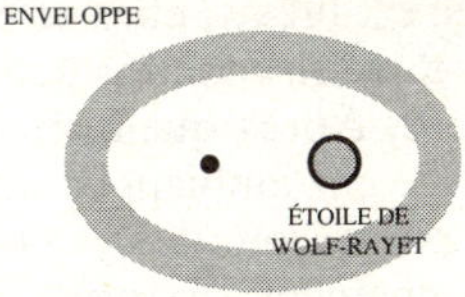	6	11,22	fin du transfert de masse
2	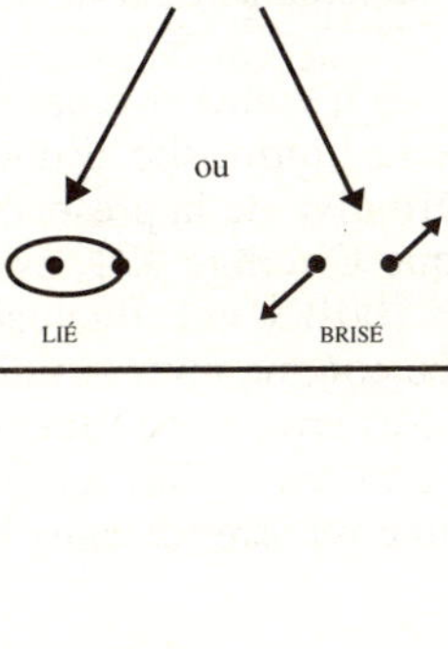	3		deux étoiles compactes

---

forme. Après 11 millions d'années, l'étoile secondaire s'est dilatée et perd de la matière par vent stellaire. Une partie du vent est capturée par l'étoile compacte, qui s'allume sous forme de source X. Cette phase ne dure que 20 000 ans, jusqu'à ce que l'étoile secondaire déborde de son lobe de Roche et « noie », la source X. Un transfert de masse inverse se produit, laissant une étoile de Wolf-Rayet en orbite serrée autour de l'étoile à neutrons, le tout entouré d'une enveloppe circumstellaire. Lorsque finalement l'étoile de Wolf-Rayet explose en supernova et engendre une seconde étoile compacte (étoile à neutrons ou trou noir), le couple peut rester lié ou au contraire être brisé.

tion. Le disque est localement instable et des « bulles » de gaz émergent épisodiquement, chauffées durant de brefs instants à plusieurs centaines de millions de degrés et lançant de copieuses bouffées de rayons X *(figure 62)*.

Pour en déduire le temps caractéristique des fluctuations, il faut tenir compte du fait que le disque d'accrétion ne touche pas la surface du trou noir. Il existe une région entourant le trou noir dans laquelle les orbites circulaires sont interdites ; le gaz du disque, une fois qu'il en atteint le bord interne, plonge donc en chute libre à travers cette région interdite et tombe si vite dans le trou noir qu'il n'a pas le temps d'émettre du rayonnement. On en conclut que les bulles, responsables des fluctuations de luminosité, ne peuvent se former qu'à une distance de quelques rayons de Schwarzschild du trou noir. Là, leur destinée est brève ; elles effectuent une révolution complète en une milliseconde, à une vitesse proche de celle de la lumière. Après quelques tours elles éclatent, se redissolvent dans le gaz ambiant et la fluctuation de rayonnement cesse. Observé de loin, le système présente des variations du flux de rayonnement X parvenant en rafales courtes.

Pendant quelques années, on a voulu voir dans ce type de variations ultra-rapides de la luminosité d'une source X binaire une « signature » définitive de la présence d'un trou noir stellaire. C'est ainsi que Circinus X-1, associée à un reste de supernova datant de 100 000 ans, fluctuait si rapidement qu'elle était considérée comme un trou noir probable. On se trompait lourdement. Les progrès de l'instrumentation astronomique, permettant une résolution temporelle plus fine, ont mis en évidence une récurrence dans les sursauts

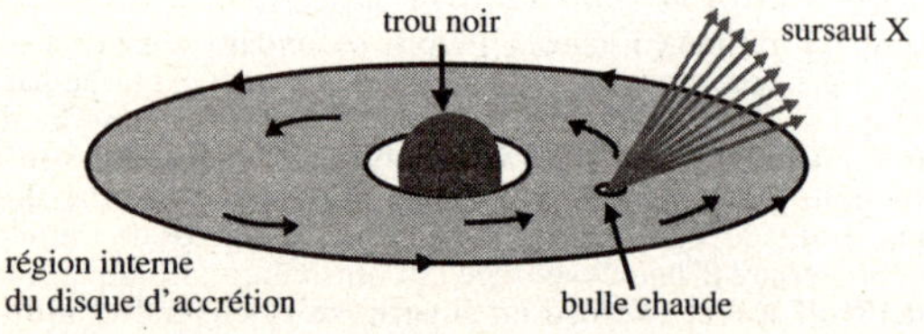

Figure 62 : Fluctuations d'un disque d'accrétion autour d'un trou noir.

de Circinus X-1 et d'autres sources analogues, prouvant qu'il s'agit d'étoiles à neutrons. Pour découvrir des trous noirs dans les sources X, il faut trouver mieux que leur fébrilité !

Pesée d'étoiles

Mesure mille fois et coupe une seule fois.

Proverbe turc

L'arme absolue du chasseur de trous noirs est la balance. Il sait en effet que, moyennant l'acceptation de la théorie de la Relativité Générale et de quelques hypothèses raisonnables sur l'état de la matière dense, la masse maximale d'une étoile à neutrons stable ne peut pas dépasser 3 $M_\odot$. Si la « pesée » d'étoiles donne une valeur supérieure, la physique moderne n'offre pas d'autre possibilité que le trou noir.

La pesée séparée de chacune des composantes d'un système binaire est malheureusement impossible. L'astronome ne dispose que du spectre de la composante optique – s'il n'est pas noyé dans le spectre du disque d'accrétion comme c'est souvent le cas. Le déplacement régulier des raies spectrales par effet Doppler est relié à la période de révolution orbitale de la binaire, période qui permet de calculer une certaine « fonction de masse » par simple application des lois de la Mécanique Céleste. La fonction de masse comporte trois inconnues : les masses des deux composantes et l'inclinaison du plan orbital par rapport à la direction d'observation.

Pour aller plus loin, l'astronome doit faire appel à un certain nombre d'approximations. La spectroscopie de la composante optique permet de déduire son « type spectral » (voir Appendice 1) et, compte tenu de sa luminosité, permet de déterminer ses paramètres physiques : masse, rayon, degré d'évolution. Toutefois, cette façon de peser les étoiles par leur seul type spectral est entachée d'incertitude.

L'autre inconnue, l'inclinaison du plan orbital par rapport à la direction d'observation, est en général ignorée, hormis dans certaines binaires à éclipses qui permettent de placer des limites sur cette inclinaison[5].

Moyennant ces approximations, l'astronome peut finalement déduire la masse de l'étoile compacte qui l'intéresse. La valeur obtenue se situe dans une certaine « barre d'erreur ». Le milieu de la barre est la masse la plus probable, les extrémités le sont moins – elles correspondent aux hypothèses respectivement les plus « optimistes » et les plus « pessimistes ». Mais, comme la preuve même de l'existence des trous noirs est en jeu, la plus grande sévérité est de mise et seuls sont retenus les candidats pour lesquels la barre d'erreur est entièrement située au-dessus des 3 $M_{\odot}$ fatidiques.

A l'heure actuelle (1992), cinq sources X binaires satisfont à tous les critères du trou noir.

Le Cygne Noir

Cygnus X-1 a d'abord été découverte en 1965 par un détecteur X embarqué à bord d'une fusée. Elle ne pouvait pas échapper à la perspicacité du satellite *Uhuru*. En mars et en avril 1971, le satellite enregistra une variation rapide de la luminosité X. Par chance, cette variation fut accompagnée de l'apparition d'une source d'ondes radio. Contrairement aux détecteurs de rayons X, les radiotélescopes peuvent localiser les sources avec une grande précision. L'émission inopinée d'ondes radio par Cygnus X-1 a donc permis de déterminer sa direction. Elle coïncide avec celle d'une étoile optiquement visible connue depuis longtemps sous le nom de HDE 226 868. C'est une étoile brillante dont le type spectral indique qu'il s'agit d'une géante bleue, chaude et massive : entre 25 et 40 masses solaires. Incapable d'émettre à elle seule de grandes quantités de rayonnement X, HDE 226 868

5. L'existence ou l'absence d'éclipses indiquent que le système est vu « plutôt par la tranche » ou « plutôt par-dessus ».

doit être dotée d'un compagnon compact qui, lui arrachant du gaz et le chauffant à plusieurs millions de degrés, est responsable de la source Cygnus X-l.

Pour confirmer cette hypothèse, il faut analyser le spectre de HDE 226 868 et détecter le va-et-vient périodique qui caractérise les raies des binaires spectroscopiques. Le résultat est probant ; il fournit la période orbitale du système, 5,6 jours, tandis que le décalage maximal des raies permet de calculer la taille de l'orbite. Celle-ci est extrêmement serrée : 30 millions de kilomètres ; en ramenant la taille de HDE 226 868 à celle d'un ballon de football, son compagnon Cygnus X-1 ne serait qu'un grain de sable tournant à quelques centimètres de sa surface !

Par ailleurs, l'absence d'éclipses permet de conclure que l'inclinaison du plan orbital par rapport à la direction d'observation est supérieure à 550. Connaissant tous ces paramètres, il est facile de déduire la masse de Cygnus X-1. Des mesures sont régulièrement effectuées depuis quinze ans, avec un raffinement sans cesse accru. Elles donnent toutes une masse minimale de 7 $M_{\odot}$. Cette valeur est sensiblement supérieure à la masse limite d'une étoile à neutrons. *Avec Cygnus X-1 on a donc vraisemblablement découvert le premier trou noir stellaire !*

Les avocats du diable

Avoir à sa disposition un modèle de trou noir en état d'accrétion qui explique correctement les phénomènes observés dans Cygnus X-l ne dispense nullement de chercher si d'autres modèles sont possibles, ne serait-ce que pour obliger les partisans du trou noir à consolider leurs arguments.

La partie relativement « fragile » du raisonnement consiste à inférer la masse du compagnon optique de Cygnus X-1 à partir de son type spectral puis, par soustraction, en déduire celle de Cygnus X-1. Une analyse approfondie montre qu'en fait on peut se dispenser de cette opération et obtenir directement la masse minimale de Cygnus X-1 en se fondant uniquement sur l'absence d'éclipses. Dans ces conditions, la distance de la source X entre en jeu. Pour Cygnus X-1, cette distance est estimée à 6 000 années-lumière. La masse minimale ainsi obtenue est 3,4 $M_{\odot}$, ce qui reste suffisant pour exclure une étoile à neutrons. Mais cette masse limite diminue avec la distance, et l'on n'est pas très sûr de cette dernière ; il suffirait qu'elle soit plus courte de 10 % pour que la masse minimale de Cygnus X-1 tombe en dessous du seuil fatidique de 3 $M_{\odot}$.

Un autre contre-argument moins sérieux a été avancé, selon lequel Cygnus X-1 serait en réalité un système triple, l'étoile visible HDE 226 868 étant affublée de deux compagnons invisibles. Il pourrait s'agir d'une étoile à neutrons et d'une naine blanche si rapprochées qu'elles posséderaient un disque d'accrétion commun. La paire invisible pourrait aussi être composée d'une étoile normale d'une dizaine de masses solaires mais enfouie dans un nuage de poussière (comme Epsilon Aurigae), et d'une étoile à neutrons responsable de l'émission X.

Le modèle du système triple souffre de graves défauts. On ne peut expliquer comment un tel système aurait pu se former et survivre durablement, dans la mesure où les systèmes triples sont très instables. Mais peut-être l'observe-t-on justement dans une phase très particulière de son évolution ? Tant que Cygnus X-1 était le seul candidat trou noir connu, une telle argumentation « ad hoc » restait recevable ; si dans l'Univers on n'observe qu'un seul astre présentant certaines propriétés étranges, on peut toujours faire valoir que cet astre se trouve dans un état statistiquement très improbable ! Mais ce n'est plus le cas : l'abondance des données X recueillies depuis dix ans a révélé d'autres sources X binaires au dossier tout aussi solide que Cygnus X-1. Le modèle du trou noir dans Cygnus X-1 et ses semblables, loin de bouleverser l'astrophysique, est au contraire le plus conservateur qui soit puisque c'est celui qui met en jeu le moins d'hypothèses arbitraires. Il obéit en cela à l'une des grandes règles de la méthodologie scientifique : le principe de simplicité (voir page 228). Nul doute que le nombre de trous noirs stellaires observés augmentera encore au cours des prochaines années...

Le Club des Cinq

Les lecteurs que trop de chiffres rebutent peuvent se reporter directement à la *figure 63*, qui esquisse un portrait-robot vraisemblable des cinq membres du Club très fermé des trous noirs stellaires. Mais il n'est pas sans intérêt de détailler leurs particularités.

Deux d'entre eux, nommés LMC X-1 et LMC X-3, ne résident pas dans notre Galaxie mais dans le Grand Nuage de Magellan[6], l'une des deux galaxies satellites de la nôtre visibles à l'œil nu dans l'hémisphère Sud, que le célèbre navigateur portugais avait décrites dans son livre de bord. Les partenaires optiques ont des types spectraux indiquant qu'il s'agit d'étoiles massives, moyennant quoi on en déduit que les masses des composantes compactes excèdent 3 $M_{\odot}$. Si on leur applique les mêmes exigences qu'à Cygnus X-1, on doit oublier le type spectral du compagnon et ne déduire la masse des candidats trou noir qu'en fonction de leur distance à la Terre. La différence avec Cygnus X-1 est que la distance du Grand Nuage de Magellan est bien connue : 170 000 années-lumière. Les masses minimales obtenues restent dans la fourchette permise. L'interprétation « trou noir » est encore plus vraisemblable que pour Cygnus X-1 !

Le quatrième candidat trou noir porte le nom de A 0620-00. Situé à environ 3 000 années-lumière, c'est une source X appartenant à la sous-classe des « binaires de faible masse », en ce sens que la partenaire non compacte est une étoile naine dont la masse ne représente qu'une fraction de masse solaire. On connaît actuellement quelques dizaines de binaires X de faible masse dont la composante non compacte a pu être identifiée optiquement. Mais dans la plupart des cas l'émission de rayonnement X est si intense qu'elle noie le spectre optique, empêche de déterminer les paramètres orbitaux et interdit la pesée de la composante non compacte.

Par chance, l'activité de A 0620-00 entre les sursauts est suffisamment discrète pour ne pas gommer le rayonnement

6. LMC est l'abréviation de Large Magellanic Cloud.

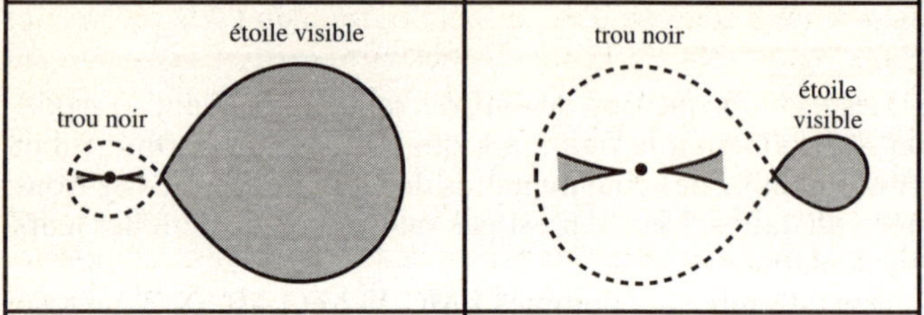

binaire X de grande masse		binaire X de faible masse	
CYGNUS X-1		A 0620-00	
$> 7\ M_\odot$	$33\ M_\odot$	$> 3\ M_\odot$	$0{,}7\ M_\odot$
LMC X-3		V 404 CYG	
$> 3\ M_\odot$	$9\ M_\odot$	$> 8\ M_\odot$	$0{,}9\ M_\odot$
LMC X-1			
$> 4\ M_\odot$	$20\ M_\odot$		

Figure 63 : Le Club des trous noirs stellaires.

visible de sa compagne. Le spectre optique peut donc être mesuré ; il indique qu'il s'agit effectivement d'une binaire spectroscopique dont la période est de 7,75 heures. Moyennant une masse de $0{,}7\ M_\odot$ pour l'étoile visible, on déduit la masse obscure, qui doit dépasser $7\ M_\odot$.

Mais il y a une argumentation encore plus forte en faveur du trou noir. Elle vient du fait que la vitesse et la période orbitales, accessibles à l'observation, fournissent une *fonction de masse* du système binaire, dépendant des masses des deux composantes et de l'inclinaison du plan de leur orbite par rapport à la ligne de visée. La forme mathématique de cette fonction de masse est telle que si l'on suppose la masse de l'étoile normale égale à zéro (ce qui est bien entendu une sous-estimation) et l'inclinaison du plan orbital égale à 90° (cas le plus défavorable), la fonction se réduit à la plus petite valeur possible de la masse obscure – et ce sans aucune hypothèse sur le type spectral ou la distance du système. Pour Cygnus X-1, LMC X-1 et LMC X-3 les fonctions de masse sont inférieures à 3 $M_{\odot}$ et l'on ne peut rien en conclure. Mais pour A 0620-00 elle est de 3,2 $M_{\odot}$. C'est donc la masse minimale absolue de la composante compacte.

Une autre propriété remarquable de ce système binaire est sa taille, si infime que les « avocats du diable » ne pourraient même pas y caser une troisième étoile. Tout concourt donc pour que A 0620-00 soit le premier candidat trou noir à faire réellement l'unanimité chez les observateurs. On peut même ajouter que A 0620-00 est le *premier* trou noir à avoir été observé, et ce bien avant Cygnus X-1 : on s'est aperçu après coup, en dépouillant des clichés photographiques anciens, que A 0620-00 avait déjà été détecté en 1917 dans la constellation de la Licorne, lors d'un sursaut *optique* qui l'avait fait ranger dans la catégorie des novæ !

Le dernier candidat trou noir, quant à lui, surclasse tous les autres. En mai 1989, V 404 Cygni délivra une averse de rayons X détectés par le satellite japonais Ginga. Les observations optiques suscitées par l'événement révélèrent que V 404 (V signifie étoile variable) était subitement devenue une nova 1000 fois plus brillante que précédemment, qui avait déjà connu une éruption analogue en 1938. Les mesures spectrales effectuées en 1991 prouvèrent qu'il s'agissait d'une binaire de 6,47 jours de période, comparable aux 5,6 jours de Cygnus X-1 mais de vitesse orbitale beaucoup plus grande. Son compagnon obscur doit donc se situer dans la fourchette 8 à 16 $M_{\odot}$. L'argument définitif est la fonction de masse, égale à 6,3 $M_{\odot}$. C'est la plus petite masse possible du compagnon obscur de V 404. Le Cygne est vraiment noir.

Le jumeau d'un trou noir est-il un trou noir ?

Admettons que notre Galaxie produise une supernova par siècle depuis dix milliards d'années, et qu'une supernova sur cent engendre un trou noir ; on en conclut que la Galaxie devrait abriter un million de trous noirs stellaires. On peut dès lors être déçu que l'observation des sources X binaires ne permette d'en révéler qu'une poignée. Il est vrai que dans plusieurs autres sources X binaires, la détermination de la masse est entachée de telles incertitudes qu'il est impossible de conclure à la présence d'un trou noir, sans toutefois l'exclure. Parmi ces trous noirs potentiels se trouvent une demi-douzaine de sources galactiques en file d'attente pour une meilleure calibration.

Les chasseurs de trous noirs ont cherché des moyens de tester les candidats sans les faire « passer sur la balance ». La mesure des fluctuations à très courte échelle de temps est l'un d'entre eux mais, comme on l'a vu, l'épreuve ne constitue pas un critère suffisant. Une autre méthode a été suggérée, fondée sur un « critère de similitude » : l'idée est que, si Cygnus X-1 est un trou noir, toute source X ayant une courbe de luminosité X semblable a de bonnes chances d'en être un aussi. Or, Cygnus X-1 présente une signature « spectrale » bien particulière ; elle émet son rayonnement selon deux états, un état « haut » et un état « bas », et son spectre en énergie se prolonge jusque dans le domaine gamma. Une poignée de sources X binaires présente aussi deux états d'émission. Il est tentant de leur attribuer le statut de trou noir... Mais là encore, le critère de sélection est ambigu : Circinus X-1 se trouverait chez les « reçus » tout en ayant prouvé par ailleurs, en raison de son agitation trop régulière, qu'elle est une étoile à neutrons. Il faut se rendre à l'évidence : pour débusquer les trous noirs stellaires, on n'a pas encore trouvé mieux que la pesée d'étoiles !

Le Télescope français Sigma embarqué sur le satellite soviétique Granat a localisé au printemps 1990 une puissante source X et gamma dont la ligne de visée passe à 300 années-lumière du Centre Galactique (voir chapitre 17). Cette source au nom impossible (mais, espérons-le, provisoire) de 1E 1740.7-2942 est vue par beaucoup comme un nouveau candidat trou noir stellaire de la Galaxie. Son spectre d'énergie est en effet une réplique parfaite de celui de Cygnus X-1. De plus, Sigma a détecté « en direct », dans la nuit du 13 au 14 octobre 1990, une éruption d'antimatière en provenance de 1E 1740.7-2942, sous forme d'une annihilation massive entre électrons et positrons (le positron est l'antiparticule de l'électron). Selon les spécialistes de l'astrophysique des hautes énergies, seul un trou noir est la machine à même de susciter dans son environnement proche les conditions physiques extrêmes permettant une production importante de positrons. Mais il n'est même pas sûr que « 1E… » soit un système binaire ; ce pourrait être un trou noir célibataire dévorant le gaz d'un grand nuage moléculaire (50 000 masses solaires) qui a été détecté dans les parages.

Que la binaire de faible masse A 0620-00 ne se sente pas délaissée ; elle a aussi un frère jumeau : GRS 1124-68, détecté en 1991 par le même satellite Granat, dans la constellation de la Mouche.

Inutile d'épiloguer... le lecteur studieux aura compris qu'après un démarrage hésitant, la classe des trous noirs stellaires recrute chaque année.

L'étoile-galaxie

Il existe des astres n'appartenant pas à la catégorie des sources X, pour lesquels l'hypothèse de trou noir est tout à fait plausible, mais difficile à prouver. J'ai déjà mentionné Cassiopée A (voir page 126), l'une des plus brillantes radiosources du ciel, associée à un reste de supernova. L'explosion a eu lieu vers 1680 mais n'a pas été signalée comme elle aurait dû l'être. Ce reste de supernova ne contient ni pulsar, ni source X, alors qu'on s'attendrait à ce qu'une étoile à neutrons aussi jeune soit détectable. Il est donc possible que l'étoile ayant donné naissance à Cassiopée A ait été très massive et que son cœur se soit effondré directement en trou noir, inhibant la formation d'une supernova très brillante.

L'un des astres les plus énigmatiques de la Galaxie se nomme SS 433. Déjà remarquable par l'intensité de ses raies spectrales, SS 433 présente en outre deux ensembles symétriques de raies, l'un fortement décalé vers le bleu, l'autre vers le rouge, oscillant autour d'une position moyenne avec une période de 164 jours.

L'interprétation du décalage spectral moyen en termes de l'effet Doppler indique que la vitesse de déplacement de la source atteint 78 000 km/s. Comment une étoile pourrait-elle se déplacer à une telle vitesse ? Une indication précieuse est fournie par le fait qu'il ne s'agit pas de raies d'absorption provenant d'une lumière stellaire filtrant à travers l'enveloppe, mais de raies *d'émission*, émises par du gaz chaud en mouvement. Ces deux ensembles de raies trouvent donc leur origine dans deux *jets* gazeux symétriques issus d'une étoile centrale, chacun pointant à tour de rôle en direction de la Terre, l'autre dans la direction opposée. Des observations dans le domaine radio ont confirmé l'existence de ces jets.

La spectroscopie de SS 433 indique par ailleurs qu'il s'agit d'un système binaire, composé d'une étoile naine faiblement lumineuse et d'une étoile compacte. Jusqu'en 1991, la marge d'erreur était trop grande pour trancher entre étoile à neutrons et trou noir. C'est alors qu'un groupe d'astronomes européens a effectué de nouvelles mesures permettant de déterminer la masse obscure : entre 0,7 et 0,9 $M_\odot$ seulement, ce qui exclut l'hypothèse trou noir. Mais SS 433 n'en continue pas moins à passionner les astronomes par son extraordinaire système de jets gazeux, dont les tentatives de modélisation permettent d'améliorer la théorie des disques d'accrétion.

Qu'arrive-t-il si l'étoile compagnon, fournisseuse de gaz, déborde son lobe de Roche et se met à déverser subitement des flots de gaz en quantités plus grandes que ce que l'étoile compacte peut recueillir ? Le trop-plein doit être éjecté. Il est clair que la pression du gaz qui s'accumule dans le disque rencontre une plus forte résistance dans le plan du disque, là où du gaz frais arrive en permanence. Par conséquent, le chemin offrant la moindre résistance est la direction perpendiculaire au plan du disque. L'étoile compacte ne peut soulager son trop-plein qu'en éjectant le surplus de gaz dans cette direction privilégiée. Les deux jets puissants de gaz chaud

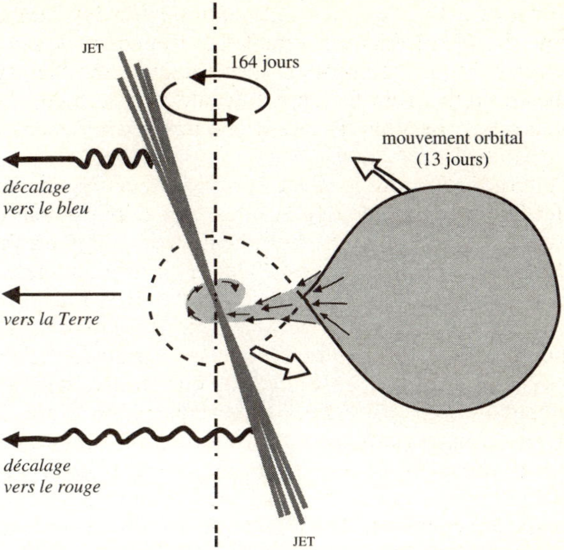

Figure 64 : Le système SS 433. Le gaz de l'étoile remplissant son lobe de Roche est capturé dans un disque d'accrétion autour d'un compagnon compact. Deux jets sont expulsés de chaque face du disque, perpendiculairement à son plan. Mais comme le plan du disque est incliné par rapport au plan orbital de la binaire, les deux jets ont un mouvement de précession autour de l'axe perpendiculaire au plan orbital, avec une période de 164 jours. Chacun des jets se rapproche et s'éloigne à tour de rôle de l'observateur terrestre, produisant par effet Doppler un décalage spectral alternativement vers le bleu et vers le rouge.

éjectés de SS 433 montrent vraisemblablement ce mécanisme à l'œuvre *(figure 64).*

SS 433 est le fascinant modèle réduit de ce qui se passe à beaucoup plus grande échelle dans le cœur des galaxies actives et des quasars : une paire de jets ultra-rapides jaillissant d'un astre compact. Or, la masse ici mise en jeu n'est plus de trois ou dix masses solaires, mais de dix millions ou un milliard de masses solaires. Plus question d'invoquer une étoile à neutrons ! C'est peut-être le royaume de grandioses *trous noirs géants*, capables d'avaler des étoiles entières. Le chapitre suivant va nous y introduire.

17. Les trous noirs géants

Outre les trous noirs produits par l'évolution stellaire, dont la masse ne peut guère dépasser une dizaine de fois celle du Soleil, la théorie de l'effondrement gravitationnel permet d'envisager l'existence de trous noirs de mille, un million, voire plusieurs milliards de masses solaires (voir Appendice 2). Quels sont les mécanismes susceptibles d'engendrer des trous noirs géants ?

On en connaît trois. L'un d'entre eux a déjà été mentionné au chapitre 15 ; il s'agit de la formation de trous noirs *primordiaux* par condensation de gros grumeaux dans la « pâte » de l'Univers primitif. Le second mécanisme fait appel à la tendance au grossissement irréversible qui est l'une des propriétés caractéristiques des trous noirs[1] ; on conçoit en effet qu'un trou noir géant puisse résulter de la *croissance* d'un « germe » initial de dix masses solaires engendré dans le cœur d'une supernova, à condition que l'environnement astrophysique soit suffisamment riche pour l'alimenter. Le troisième mécanisme n'est autre que la formation directe d'un trou noir massif par effondrement gravitationnel d'un *amas d'étoiles*.

Mis à part une possible origine primordiale, la formation de trous noirs géants requiert donc une importante quantité de matière, sous forme stellaire ou gazeuse, confinée dans une région assez compacte pour que la gravitation gouverne son évolution. Où ces conditions se trouvent-elles réalisées ?

Dans l'Univers, la matière est beaucoup plus concentrée

1. Dans le présent contexte, l'évaporation des mini-trous noirs quantiques est bien entendu négligée.

dans les galaxies que dans l'espace intergalactique[2], et, à l'intérieur même des galaxies, le plus grand rassemblement de matière se trouve au centre. Si l'on veut chercher les trous noirs géants, il faut donc examiner de près les galaxies. Commençons par la nôtre.

Portrait-robot

Voie Lactée ô sœur lumineuse
Des blancs ruisseaux de Chanaan
Et des corps blancs des amoureuses
Nageurs morts suivrons-nous d'ahan
Ton cours vers d'autres nébuleuses ?

GUILLAUME APOLLINAIRE

La Voie Lactée se présente sous la forme d'un disque de 100 000 années-lumière de diamètre et de 300 années-lumière d'épaisseur. C'est exactement le rapport entre le diamètre et l'épaisseur d'un disque microsillon. Au centre se trouve un gros renflement : le bulbe. Disque et bulbe baignent dans un ensemble d'étoiles beaucoup plus ténu, de forme sphérique : le halo *(figure 65)*.

Une centaine de milliards d'étoiles peuplent la Voie Lactée. Elles sont pour la plupart rassemblées dans le disque. Le Soleil lui-même y occupe une position assez périphérique, à environ 30 000 années-lumière du Centre Galactique. Outre des étoiles, le disque contient du gaz et des poussières mais il n'est pas rempli uniformément ; la substance stellaire et gazeuse se répartit préférentiellement dans de longs « bras » dont la forme définit la morphologie de la galaxie, celle d'une *spirale*.

Le disque est en continuelle transformation dynamique et chimique. Les bras tournent et se déforment, des étoiles naissent au sein des grands nuages d'hydrogène moléculaire ; les plus massives explosent rapidement en supernova et ensemencent leur voisinage en éléments chimiques complexes, qu'incorporeront les générations ultérieures d'étoiles. A l'in-

2. Tout au moins la matière lumineuse.

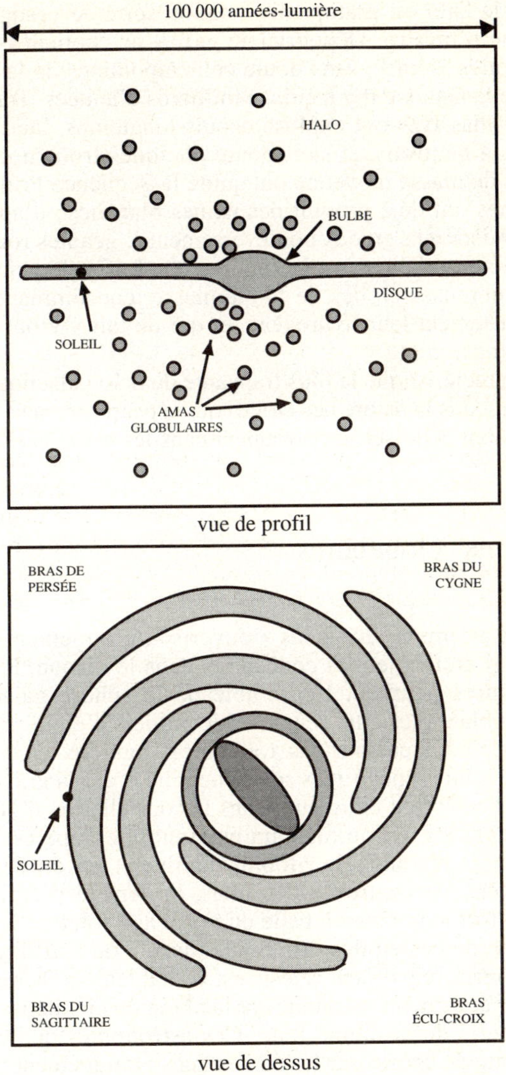

Figure 65 : La structure de la Galaxie.

verse, le halo est pratiquement éteint, sorte de vestige de la Galaxie primitive. Dépourvu de gaz, il ne contient plus que des étoiles vieilles, sans doute contemporaines de la formation de la Galaxie il y a quinze milliards d'années. Toutes les étoiles massives ont explosé depuis longtemps, laissant des étoiles à neutrons, et sans doute quelques trous noirs. Les étoiles de masse moyenne ont quitté la Séquence Principale certaines ont déjà produit des naines blanches ; d'autres en sont encore aux grands bouleversements : géantes rouges en pulsation, variables et très lumineuses. Enfin, le halo abrite de nombreuses étoiles de faible masse, consommant parcimonieusement leur hydrogène, et qui de fait vivront encore longtemps.

La caractéristique la plus frappante du halo galactique n'est pas tant dans la nature des étoiles qui le peuplent, mais dans la façon dont celles-ci se regroupent dans les *amas globulaires*

Les amas globulaires

Contrairement aux amas « ouverts », groupements assez lâches d'étoiles jeunes concentrés dans le disque, les amas globulaires peuplent l'ensemble de la sphère galactique. Rassemblant plusieurs centaines de milliers d'étoiles dans un diamètre ne dépassant pas 150 années-lumière, ils ont l'aspect de boules sphériques solidement liées par la gravitation. Le plus célèbre d'entre eux, dans la constellation d'Hercule, est visible à l'œil nu mais un puissant télescope est nécessaire pour résoudre le globule lumineux en étoiles individuelles. Au centre de cet amas, la densité d'étoiles est 20 000 fois supérieure à celle du voisinage solaire. Si autour de l'une de ces étoiles orbite une planète où s'affairent des astronomes, le paysage céleste est véritablement féerique. La nuit est quasiment inconnue car la clarté du ciel dépasse toujours celle de la pleine lune. Ces astronomes connaissent beaucoup de choses sur les étoiles mais pratiquement rien sur les galaxies lointaines, dont la faible lumière est perpétuellement noyée dans celle des étoiles proches...

Accumulant autant d'étoiles dans un volume aussi réduit, les amas globulaires sont très brillants grâce à la contribution des géantes variables. Par leur éclat exceptionnel, les amas globulaires peuvent être vus de très loin et permettent de mieux fixer les frontières de la Galaxie[3].

La distribution des amas globulaires permet également de déterminer avec précision le *centre dynamique* de la Galaxie. Ils suivent en effet des orbites très excentriques dont le centre de gravité de la Galaxie occupe l'un des foyers. Accomplissant une révolution en quelque deux cents millions d'années, les amas globulaires traversent régulièrement le disque galactique et perdent à chaque passage, sous l'effet des forces de marée, les étoiles périphériques les moins liées.

Par leur compacité, les amas globulaires soulèvent des problèmes d'évolution complexes qui ne sont pas encore totalement élucidés, parmi lesquels l'éventuelle formation d'un gros trou noir central par fusion d'étoiles. Les grandes lignes de leur évolution peuvent toutefois être esquissées de la façon suivante.

Les amas globulaires s'évaporent. De la même façon que les étoiles rayonnent leur énergie sous forme de chaleur et de lumière, les amas d'étoiles perdent de l'énergie en éjectant des étoiles entières. La raison est facilement compréhensible : en se frôlant, les étoiles sont accélérées – d'autant plus que leur masse est plus faible – et peuvent acquérir une vitesse qui les libère de l'emprise gravitationnelle de l'amas. Le halo galactique n'est peut-être que la « vapeur » des amas globulaires...

En contrepartie, les étoiles qui restent – les plus massives – se lient davantage et le cœur de l'amas se contracte. Là où l'amas diffère radicalement d'une étoile, c'est par l'impossibilité d'allumer des réactions thermonucléaires susceptibles d'interrompre sa contraction gravitationnelle et de le stabiliser. En fait, l'énergie de contraction est convertie en énergie cinétique qui augmente les vitesses des étoiles. De plus en plus parviennent à acquérir la vitesse de libération. L'évaporation s'accentue, la contraction du cœur s'accélère : l'amas

3. Des amas globulaires accompagnent la plupart des autres galaxies, quel que soit leur type morphologique.

est instable. L'évaporation des amas globulaires n'est pas sans rappeler celle des mini-trous noirs, et il n'y a pas lieu de s'étonner. Ils partagent en effet la propriété thermodynamique caractéristique des systèmes purement gravitationnels déjà mentionnée au chapitre 14 : leur température[4] augmente quand ils perdent de l'énergie. Dans les amas globulaires l'instabilité se traduit par l'effondrement gravitationnel du cœur, que l'on appelle plus spécifiquement la *catastrophe gravothermale*.

Les astrophysiciens se sont donc demandé si les cœurs des amas globulaires n'étaient pas propices à la formation de trous noirs massifs de quelques centaines ou quelques milliers de masses solaires, résultats de la fusion de nombreuses étoiles massives tombées au fond du puits gravitationnel central. Cette intuition théorique était renforcée par certains arguments observationnels. Si un gros trou noir gît au centre d'un amas globulaire, les étoiles attirées dans le puits doivent s'accumuler en orbites liées au trou noir et renforcer la luminosité centrale. Or, quelques amas évolués présentent effectivement un « pic » central de la luminosité. D'autre part, une dizaine d'amas globulaires sont source de rayonnement X. C'est une proportion considérable au regard du nombre d'étoiles contenues dans les amas. On observe en effet une cinquantaine de sources X disséminées dans toute la Galaxie. La masse totale de la Galaxie est de cent milliards de masses solaires, celle de l'ensemble des amas globulaires est 2 000 fois moindre. Si le rapport entre le nombre de sources X et le nombre d'étoiles dans un amas globulaire était le même que dans la Galaxie, il serait très improbable d'en trouver une seule parmi tous les amas globulaires ! Le fait d'en trouver *dix* prouve que les amas globulaires sont des sites hautement favorables à l'éclosion de sources de rayonnement X. Celles-ci sont la plupart du temps associées à des astres compacts, capables de capturer le gaz environnant et de le chauffer à plusieurs millions de degrés. Un trou noir de mille masses solaires attirant le gaz perdu par les étoiles proches pourrait faire l'affaire.

4. Il s'agit ici d'une température déduite de la vitesse d'agitation moyenne des étoiles, de la même façon que, dans un gaz, la température est liée à la vitesse moyenne d'agitation des molécules.

Mais la situation n'est pas aussi favorable aux trous noirs qu'il y paraît. Des progrès tant théoriques qu'observationnels récemment accomplis tendent même à exclure l'existence de trous noirs massifs dans les amas globulaires. Les raisons sont les suivantes. Si l'évolution dynamique d'un amas globulaire devait systématiquement aboutir à la formation d'un trou noir massif, on devrait observer une forte proportion d'amas présentant un pic de la luminosité centrale. Or, cette propriété n'est que rarement observée. Il existe donc un mécanisme capable d'interrompre l'effondrement du cœur et le stabiliser à une taille « normale ». Il s'agit de la *formation de systèmes binaires.*

L'idée est somme toute naturelle, mais il a fallu attendre des calculs numériques complexes sur de puissants ordinateurs pour se convaincre que les frôlements de nombreuses étoiles réunies dans un espace exigu ne pouvaient que favoriser la formation de couples ! Les lois de la Mécanique Céleste veulent que, dès qu'un couple d'étoiles assez massif se forme au cœur d'un amas globulaire, toute étoile s'approchant de trop près soit éjectée d'une ruade gravitationnelle vers une orbite plus éloignée. C'est la raison fondamentale pour laquelle la création « forcée » d'une binaire peut interrompre la contraction du cœur.

Le fait que nombre d'amas globulaires soient des sources X est une preuve supplémentaire de la présence d'étoiles binaires. En effet, dans la mesure où les sources X des amas globulaires ne sont pas particulièrement plus brillantes que celles du disque galactique, il n'y a aucune raison d'invoquer des mécanismes autres que l'accrétion de gaz sur une étoile à neutrons ou un trou noir stellaire dans un système binaire serré (voir chapitre précédent). D'ailleurs, les sources X des amas globulaires sont fréquemment des sursauteurs, qui s'allument et s'éteignent épisodiquement en quelques secondes, et l'on sait que ces phénomènes sont liés à des étoiles compactes vivant en couple.

Enfin, l'amélioration de la résolution des détecteurs X a confirmé que les sources X globulaires sont légèrement décalées du centre des amas. Or, un gros trou noir dominerait par sa masse la dynamique du cœur de l'amas et occuperait la position centrale.

L'hypothèse des trous noirs massifs dans les amas globulaires est donc aujourd'hui « tombée en disgrâce ». Elle n'est toutefois pas exclue, et sur les quelques centaines d'amas globulaires que compte notre Galaxie, ou sur les quinze mille qui accompagnent la grande galaxie elliptique Messier 87, les chances pour qu'un amas particulièrement massif ait réussi à développer un gros trou noir central ne sont pas négligeables.

Sagittarius ou le Trou Noir Galactique

Le centre dynamique de la Galaxie, dans la direction de la constellation du Sagittaire, se dissimule à la vue des astronomes par de gigantesques bancs de gaz et de poussières cosmiques. Sur mille milliards de photons émis dans le domaine visible, un seul survit au voyage de 30 000 années-lumière qui le sépare de la Terre. Dans ces conditions, l'observation du Centre Galactique au moyen des télescopes traditionnels est sans espoir ! Par bonheur pour les astronomes, la radiation électromagnétique a un large spectre s'étendant des ondes radio aux rayons gamma, et certaines longueurs d'onde peuvent franchir l'obstacle des poussières. C'est le cas des rayonnements radio, infrarouge, X et gamma. On peut donc étudier le Centre Galactique au moyen des radiotélescopes et des satellites artificiels.

Tout se passe dans une région de 30 années-lumière. La luminosité « bolométrique » (somme de toutes les contributions radio, infrarouge, X, etc.) atteint dix millions de fois la luminosité solaire. On y trouve deux sources radio. L'une, Sagittarius A Est, a toutes les caractéristiques d'un reste de supernova. L'autre, Sagittarius A Ouest, présente une superposition de deux types d'émission radio : l'une est « thermique », c'est-à-dire qu'elle provient du rayonnement naturel d'un nuage de gaz chaud ; l'autre émission, au cœur même de Sagittarius A Ouest, n'est pas thermique mais produite par des électrons animés de vitesses proches de celle de la lumière[5].

5. Il s'agit du *rayonnement synchrotron* ; voir aussi page 336.

Cette source « non thermique », baptisée Sagittarius A_*, est la plus puissante de toutes les sources radio de la Galaxie. Sa luminosité est dix fois supérieure à la luminosité optique du Soleil. Mais le plus remarquable est sa compacité : l'émission provient d'une région plus petite que 3 milliards de kilomètres, c'est-à-dire de la taille de l'orbite de Saturne ou celle d'une géante rouge. Il est impossible de « caser » un amas d'étoiles dans un volume aussi faible. L'émission radio est donc due à un astre unique. Quels sont les types d'astres capables d'émettre du rayonnement radio synchrotron ? Les pulsars, les restes de supernovæ, les sources X binaires et les trous noirs massifs. Examinons les cas un par un.

Il ne peut s'agir d'un pulsar ; le pulsar connu pour être le plus brillant a une luminosité radio dix mille fois plus faible que celle de Sagittarius A_*, et de toute façon l'émission radio du Centre Galactique ne pulse pas ; elle est au contraire remarquablement stable.

Il ne peut s'agir d'une source X binaire ; la luminosité des sources X binaires fluctue dans tous les domaines de longueur d'onde ; leur luminosité radio moyenne est cent mille fois plus faible que celle de Sagittarius, et atteint un dixième au maximum d'un sursaut. D'autre part, si la luminosité radio de Sagittarius A_* est trop grande au regard de celle d'un système binaire serré, sa luminosité X est bien trop faible !

Un reste de supernova ayant explosé récemment serait une puissante source radio. Le problème est sa vitesse d'expansion : elle serait beaucoup plus grande que les 15 km/s observés dans Sagittarius A_*.

Il est en fait exclu que l'astre responsable de l'émission radio ait une masse stellaire. Si c'était le cas, l'astre serait animé d'une vitesse propre typique de celle des étoiles dans le Centre de la Galaxie, qui est de 150 km/s. Cette vitesse se traduirait par un lent déplacement de la source radio sur la sphère céleste. Ce mouvement n'est pas observé. Les mesures confirment que l'astre doit rester au repos au Centre de la Galaxie ; sa masse doit donc excéder largement celle d'une étoile.

On en conclut que l'hypothèse d'un trou noir de quelques millions de masses solaires est compatible avec toutes les observations radioastronomiques.

Il s'agit maintenant de confronter cette idée aux observations effectuées à travers une autre fenêtre ouverte sur le Centre Galactique : le domaine infrarouge. L'astronomie du rayonnement infrarouge est réalisée depuis quelques années grâce à des détecteurs très sophistiqués placés à bord de satellites tels qu'IRAS[6]. On a ainsi découvert que la source radio Sagittarius A_* coïncide presque avec un émetteur infrarouge nommé IRS 16. C'est une source très compacte qui est probablement responsable de la luminosité totale des 30 années-lumière environnantes, et qui chauffe en l'illuminant le gaz de Sagittarius A Ouest. Quelle est la nature de IRS 16 ?

Les étoiles dans leur phase de géante rouge sont de puissants émetteurs infrarouges. En mesurant le flux infrarouge d'IRS 16 on peut donc « suivre à la trace » les géantes rouges, et en supposant une proportion « normale » de géantes rouges on en déduit la distribution d'étoiles dans IRS 16. Par cette méthode, on trouve que deux millions d'étoiles doivent graviter dans un rayon de 5 années-lumière. Une telle densité stellaire est prodigieuse : elle vaut mille fois celle régnant au cœur d'un gros amas globulaire ! Imaginons la prodigieuse clarté nocturne régnant sur une hypothétique planète en orbite autour de l'une des étoiles de cet amas... la notion même de nuit a-t-elle un sens ?

Mais les géantes rouges ne sont pas les seules sources de rayonnement infrarouge. Des mesures spectroscopiques montrent que des nuages de gaz chauffés à 300 °K gravitent à la périphérie d'IRS 16 et contribuent à son émission infrarouge. Si les géantes rouges servent à « tracer » la densité d'étoiles, le mouvement des nuages est un traceur de la masse totale d'IRS 16. Cette information capitale repose sur la simple hypothèse que le gaz est animé d'un mouvement circulaire dans un champ gravitationnel central. Dans ces conditions, la vitesse orbitale des nuages – livrée par le décalage Doppler de leurs raies spectrales – fournit directement la valeur de la masse centrale. Les mesures donnent un résultat compris entre 5 et 8 millions de masses solaires. Puisque

6. Infra Red Astronomical Satellite.

le nombre total d'étoiles dans cette région ne contribue que pour 2 millions de masses solaires, il reste une masse obscure de 3 à 6 millions de masses solaires. L'hypothèse du Trou Noir Galactique est ainsi corroborée par l'astronomie infrarouge[7] !

Reste enfin le rayonnement X. La première cible du satellite franco-russe Granat équipé du détecteur Sigma, lancé en 1990, a été le Centre Galactique. Surprise : une puissante source X est là, mais ne coïncide ni avec Sagittarius A_* ni avec IRS 16. Il s'en faut d'au moins 300 années-lumière. Cette découverte n'élimine nullement la présence d'un trou noir massif : ce dernier n'a aucune raison d'émettre un rayonnement énergétique s'il n'est pas en état d'accrétion violente. Comme on l'a vu au chapitre précédent (voir page 317), la source X dévoilée par Sigma est peut-être un trou noir, mais de masse stellaire.

A l'heure actuelle, nombre d'astrophysiciens s'accordent donc sur la nature du Centre Galactique en le décomposant en trois structures : un disque de gaz « tiède » et grumeleux accumulé dans une « couronne » s'étendant de 5 à 30 années-lumière du centre, le bord interne étant fortement chauffé par une source de rayonnement centrale ; à l'intérieur de la couronne, une cavité de cinq années-lumière de rayon contenant 2 millions de masses solaires sous forme d'étoiles regroupées en un amas très compact ; au centre même, un trou noir de 3 à 6 millions de masses solaires en état d'accrétion à faible débit[8].

Il est intéressant de remarquer que le diamètre d'un trou noir de trois millions de masses solaires est de vingt millions de kilomètres, soit cent fois plus petit que la dimension de la région résolue par les instruments actuels. Cette résolution s'améliorera au cours des prochaines années, mais on peut

7. D'autre part, du rayonnement X et gamma a été détecté, indiquant là encore la présence d'un astre compact.

8. Les avocats du diable ont fait valoir avec justesse que le mouvement des nuages de gaz pourrait n'être ni circulaire ni gravitationnel, mais consister en une éjection forcée par la pression de rayonnement d'un astre central. Dans cette hypothèse, une masse de 300 $M_\odot$ suffirait à expliquer les vitesses observées.

mesurer les progrès qui restent à faire en songeant que, vue depuis la Terre, la dimension angulaire du Trou Noir Galactique est égale à celle d'une balle de tennis placée à un million de kilomètres....

L'idée qu'un grand astre invisible, analogue à ceux prédits par Laplace, puisse résider au Centre de la Galaxie avait été invoquée dès 1801 par l'astronome allemand Johann Seldner. Mais Seldner avait échafaudé cette hypothèse dans le seul but d'expliquer la rotation galactique. La masse nécessaire était si considérable que Seldner abandonna aussitôt son idée. La première prédiction théorique sérieuse d'un trou noir galactique géant remonte à 1971, alors que les données radio et infrarouge étaient encore maigres. Due à Donald Lynden-Bell et Martin Rees, de l'université de Cambridge, elle n'était en fait que la conséquence logique d'un travail antérieur de Lynden-Bell, qui avait envisagé en 1969 que tous les noyaux de galaxies abritent des trous noirs géants, dont le débit d'énergie serait régulé par la quantité de carburant gazeux disponible[9].

Les développements de l'astronomie extragalactique sont venus étayer cette hypothèse. En comparaison des galaxies actives de Seyfert et surtout des quasars, le trou noir de Sagittarius n'est qu'un piètre moteur. Mais il est vraisemblable que, dans un passé récent, des événements autrement plus violents que ceux actuellement observés se soient déroulés dans le cœur de la Galaxie. Lorsque deux millions d'étoiles gravitent à faible distance d'un trou noir géant, il y a quelque chance pour qu'une fois tous les dix mille ans l'une d'entre elles dévie de son orbite circulaire pour plonger en direction du trou noir. Là, des forces de marée colossales vont l'écarteler et la briser[10]. Une partie de ses débris va alimenter le trou noir et provoquer une flambée de l'activité durant quelques dizaines d'années, l'autre partie va s'éloigner sur une orbite excentrique. On se demande sérieusement si les nuages

9. Ce sont les astrophysiciens russes Yacov Zeldovich et Igor Novikov qui, en 1964, ont pour la première fois proposé l'accrétion de gaz sur un trou noir supermassif comme source d'énergie des quasars.

10. Le mécanisme de rupture d'une étoile par les forces de marée d'un trou noir est détaillé plus loin.

tièdes observés dans IRS 16 ne sont pas les débris d'étoiles brisées au cours du dernier million d'années ayant échappé au trou noir. Leur nombre est en tout cas compatible avec une fréquence de rupture d'une étoile tous les dix mille ans...

Tout concourt pour affirmer que le noyau de notre Galaxie n'est qu'une version miniature des phénomènes cataclysmiques se déroulant au cœur des galaxies les plus lointaines.

Le monde des galaxies

Des milliards de galaxies sont visibles grâce aux télescopes modernes. A la façon de Buffon qui classa les espèces animales, Edwin Hubble a inventorié au début du siècle diverses « races » de galaxies se distinguant par leur morphologie : elliptiques, spirales, spirales barrées ou irrégulières. Nous avons vu à propos de la Voie Lactée que les spirales sont formées de trois composantes : un bulbe, un disque structuré en bras et un halo diffus. Les spirales barrées se contentent généralement de deux bras articulés autour d'une barre centrale. Les galaxies irrégulières ressemblent à une spirale à laquelle on aurait enlevé le halo et le noyau. Les galaxies elliptiques ressemblent au contraire à une spirale sans disque mais avec un noyau et un halo importants. C'est parmi ces dernières que l'on trouve les plus grosses galaxies, gigantesques essaims de mille milliards d'étoiles. La caractéristique essentielle des galaxies elliptiques est de ne contenir que des étoiles et pratiquement pas de gaz.

On estime que toutes les galaxies ont le même âge d'environ quinze milliards d'années et que si elles présentent des morphologies aussi différentes, c'est qu'elles ont eu des « métabolismes » différents. Le métabolisme d'une galaxie n'est autre que le taux de conversion de gaz en étoiles, symbole de la « vie » d'une galaxie. Dans cette optique, les galaxies elliptiques sont celles où le taux de conversion initial a été le plus rapide, de sorte que la plupart des étoiles ont pu se former avant que les nuages n'aient eu le temps d'interagir et de tomber graduellement dans le disque[11]. Les spirales sont au contraire des galaxies au métabolisme initial assez lent, dans lesquelles la formation d'étoiles n'a eu lieu qu'après que le gaz se fut aplati sous forme de disque. Quant aux galaxies irrégulières, elles illustrent le cas d'un développement interrompu : moins de la moitié du gaz a jusqu'ici été incorporé dans des étoiles et aucune morphologie précise n'a pu se dessiner.

Résumée à ce seul aspect métabolique, l'évolution des galaxies semble bien paisible. Celle des elliptiques est figée, celle des spirales est un cycle s'atténuant progressivement, au cours duquel des étoiles naissent, forgent des éléments lourds et explosent en enrichissant le gaz ambiant ; puis de nouvelles générations d'étoiles se succèdent, chacune assimilant l'œuvre chimique des précédentes.

Noyau actif

L'une des révolutions astronomiques des trente dernières années a été de comprendre que les galaxies font bien plus que produire simplement de la lumière stellaire. Nombre d'entre elles abritent en leur centre une source de rayonnement intense « non thermique », c'est-à-dire qui ne peut pas être attribuée à des étoiles. La Voie Lactée elle-même est l'exemple le plus évident, bien que l'énergie produite par son noyau ne représente que les trois millièmes de l'énergie totale émise par les cent milliards d'étoiles du disque et du halo. Mais, dans 1 % de toutes les galaxies observées, l'activité centrale est si vive que l'énergie « non thermique » dégagée dans un volume aussi petit que celui du Système Solaire est bien plus grande que celle de la galaxie-hôte. Ces *galaxies à noyau actif* ont un formidable « moteur » à la place du cœur.

Un cas exemplaire illustrera mieux la nature du problème

11. La collision de deux nuages gazeux dissipe en effet beaucoup d'énergie orbitale et tend à les faire tomber dans le « plan équatorial » de la galaxie.

posé par les galaxies actives. Il s'agit du quasar[12] 3C 273. De tous les phénomènes astronomiques, les quasars sont sans doute les plus étonnants en raison de la fabuleuse énergie qu'ils émettent. Situé à 3 milliards d'années-lumière, 3C 273 a l'éclat d'un millier de galaxies. Or, comme l'indique son apparence ponctuelle, sa taille est très réduite ; certaines mesures ont révélé que son diamètre est inférieur à une année-lumière. Comparé au volume total occupé par notre Galaxie, le quasar 3C 273 est aussi minuscule que la tour Eiffel par rapport au globe terrestre... Comment peut-il être mille fois plus brillant ?

Tout le problème des noyaux actifs de galaxies est ici posé dans sa version la plus extrême. Notre savoir actuel sur la nature et le fonctionnement du « moteur central » est à peu près au même niveau que notre savoir d'il y a cinquante ans concernant la constitution interne des étoiles. On ignorait alors que le cœur des étoiles est alimenté par des réactions thermonucléaires. Grâce aux développements de la physique nucléaire, on est parvenu à comprendre pourquoi les étoiles ont les masses et les luminosités observées, on a pu calculer leur structure et retracer leur évolution. Pour les galaxies, aucun schéma aussi clair n'a encore émergé. Mais il est vraisemblable que *l'accrétion de matière par un trou noir géant* *y* joue un rôle analogue à celui de la libération d'énergie thermonucléaire dans les étoiles. Nous allons tenter de comprendre pourquoi.

Cinq pièces faciles

La famille des galaxies à noyau actif regroupe des genres assez divers de sources extragalactiques, allant des radiogalaxies aux quasars, en passant par les « galaxies de Seyfert »,

12. Le terme *quasar* est une contraction de l'expression « quasi-star », elle rappelle qu'au moment de la découverte des quasars au début des années 1960 leur apparence ponctuelle les faisait ressembler à des étoiles, avec les progrès instrumentaux, on observe aujourd'hui des nébulosités entourant les quasars, montrant qu'il s'agit de noyaux très brillants de galaxies lointaines.

les « Lacertides » ou les galaxies explosives. Ce serait déborder le propos de ce livre que de décrire en détail les particularités observationnelles de chacun de ces genres[13]. Nous allons plutôt nous intéresser à leurs propriétés communes, qui seront autant de pièces permettant de reconstituer le puzzle posé aux astronomes : quelle est la nature de leur moteur central ? On peut en retenir cinq : le caractère « non thermique » du rayonnement, une forte concentration de masse, la variabilité de la luminosité, l'expulsion de jets gazeux à de très grandes distances, et la ressemblance avec les noyaux de galaxies usuelles.

Les noyaux actifs de galaxies peuvent être observés dans pratiquement tous les domaines de longueur d'onde : radio, infrarouge, visible, ultraviolet, X. Le plus remarquable dans cette émission est le *spectre du rayonnement*, c'est-à-dire la distribution de l'intensité en fonction de la fréquence : il ne ressemble jamais à celui d'une étoile ou d'une collection d'étoiles. Le rayonnement émis par la surface d'une étoile se rapproche de l'idéal de « corps noir » (voir page 269), caractérisé par sa température ; il est dit *thermique*. Le rayonnement des noyaux actifs est au contraire *non thermique*, l'exemple le plus immédiat étant celui des radiogalaxies, qui est du type « synchrotron », c'est-à-dire qu'il est émis par des électrons animés de vitesses proches de celle de la lumière et freinés par un champ magnétique.

Psychologie des masses

Tout un faisceau d'arguments théoriques et observationnels étaie l'hypothèse de fortes concentrations de matière dans les noyaux de galaxies. Le premier d'entre eux est une considération très générale sur la quantité de lumière que peut émettre un astre de nature quelconque. Une masse donnée ne peut rayonner plus qu'une certaine luminosité critique appe-

13. Lire par exemple *Les Quasars* de S. Collin et G. Stasinska, Le Rocher, 1987.

lée *limite d'Eddington*. L'explication est simple ; dans une source de lumière stable[14], la force centrifuge exercée par la pression du rayonnement sortant ne peut pas excéder la force gravitationnelle centripète, qui assure la cohésion de la source. La luminosité d'Eddington est le cas limite où ces deux forces sont égales. Si la luminosité du Soleil devenait 25 000 fois plus grande que sa luminosité actuelle, il s'évaporerait purement et simplement, ne parvenant plus à maintenir la cohésion de son gaz ; d'ailleurs, certaines étoiles jeunes, géantes et très chaudes rayonnent si près de leur limite d'Eddington qu'elles « soufflent » rapidement leur enveloppe gazeuse. Si, au lieu d'une étoile, la source est constituée d'un trou noir absorbant un nuage de gaz, la pression de rayonnement émis par le gaz en chute libre ne peut pas dépasser la force gravitationnelle que le trou noir exerce sur les particules gazeuses ; sinon, les particules seraient repoussées et l'accrétion cesserait.

Si l'on suppose que les noyaux de galaxies très actifs rayonnent à leur limite d'Eddington, la seule mesure de leur flux lumineux permet d'estimer leur masse. Les luminosités des noyaux actifs s'échelonnent entre cent milliards et un million de milliards de fois la luminosité du Soleil. Leurs masses sont donc comprises entre un million et dix milliards de masses solaires, les bornes supérieures étant atteintes par les noyaux les plus actifs, en l'occurrence les quasars.

Un second argument théorique en faveur d'un moteur massif repose sur des considérations de *rendement*. La luminosité d'une source résulte toujours de la conversion d'une certaine masse en énergie de rayonnement. Prenons l'exemple de l'énergie thermonucléaire libérée au centre des étoiles, que l'on a coutume de considérer comme un mécanisme particulièrement efficace pour produire de l'énergie à partir de masse. Pourtant, lorsqu'un kilogramme d'hydrogène se transforme en hélium, sept grammes seulement sont dissipés en énergie radiative (voir page 90) ; en d'autres termes, le « rendement » de l'énergie thermonucléaire n'est que de sept millièmes. Admettons un instant que l'énergie dégagée par

14. La condition de stabilité de la source est essentielle ; la luminosité d'une explosion de supernova dépasse allègrement la limite d'Eddington !

un noyau actif soit également d'origine thermonucléaire. Cela signifierait qu'un quasar transforme chaque année mille masses solaires en énergie pure ; comme on a de bonnes raisons de croire qu'un quasar brille pendant plusieurs millions d'années, cela impliquerait qu'au cours de son existence un quasar consomme l'équivalent d'une galaxie entière. Cela paraît si excessif, compte tenu notamment du faible volume mis en jeu, que l'on doit se demander si un mécanisme plus efficace que la libération d'énergie thermonucléaire n'est pas à l'origine des quasars.

Or, nous avons vu à propos des sources X binaires que la *libération d'énergie gravitationnelle dans un champ gravitationnel fort* satisfait notre exigence. Lorsqu'un kilogramme d'hydrogène tombe progressivement dans un trou noir en parcourant un disque d'accrétion, *cent grammes* sont transformés en énergie. Le rendement est notoirement meilleur. Cette simple constatation des formidables possibilités énergétiques des champs gravitationnels a conduit les astrophysiciens à s'intéresser de près aux astres compacts pour expliquer les phénomènes célestes les plus violents, que ce soit à l'échelle stellaire avec les novæ et les sources X, ou à l'échelle des noyaux de galaxies. Une nouvelle branche de l'astrophysique s'est ainsi créée dans les années 1970, consacrée à l'étude du comportement de la matière dans le champ gravitationnel d'un astre compact, et aujourd'hui en plein essor : *l'Astrophysique Relativiste*.

Ces remarques théoriques, suggérant une masse compacte importante dans les noyaux actifs de galaxies, resteraient un peu vaines si aucune observation ne venait les corroborer. Il existe deux méthodes permettant de mesurer approximativement des masses concentrées, mais elles ne sont applicables qu'aux galaxies relativement proches [15]. La première consiste à étudier la distribution de la lumière stellaire près du centre. On s'en souvient, cette méthode est couramment appliquée pour étudier le cœur des amas globulaires (voir page 324). Si une importante masse centrale est présente, les étoiles atti-

15. Les quasars sont donc exclus de ces mesures ; leur masse se déduit seulement de leur luminosité.

rées dans le puits gravitationnel doivent s'accumuler et renforcer de façon inhabituelle la luminosité. La seconde méthode consiste à déduire la masse à partir du mouvement de la matière environnante ; elle a notamment été appliquée avec succès au Centre Galactique (voir page 331). Dans les galaxies extérieures, il s'agit de mesurer les vitesses d'agitation des étoiles près du centre ; en les interprétant comme celles d'un mouvement circulaire autour d'une masse centrale, on déduit la valeur de cette masse.

L'application la plus illustre de ces deux techniques remonte à 1978 et concerne le noyau de la galaxie elliptique Messier 87, l'une des radiosources les plus puissantes du ciel. Les mesures (confirmées en 1991 par le Télescope Spatial) indiquent une masse centrale comprise entre 3 et 5 milliards de masses solaires ; de plus, comme le noyau de Messier 87 n'est pas assez brillant pour être constitué d'étoiles, il s'agit peut-être de la première découverte observationnelle d'un trou noir supermassif. Toutefois, comme dans le cas du Centre Galactique, l'interprétation des vitesses stellaires dans Messier 87 a été justement contestée ; si le mouvement des étoiles n'est pas circulaire mais radial, une grande masse centrale n'est plus requise.

Les mesures effectuées dans Messier 87 ont eu au moins le mérite d'ouvrir la voie à une investigation systématique des noyaux de galaxies proches. En ce qui concerne les noyaux actifs (dans les galaxies de Seyfert), les masses centrales sont le plus souvent estimées à dix ou cent millions de soleils, parfois plus. Le record est actuellement détenu par NGC 6240, qui semble abriter un gigantesque cœur obscur de 50 milliards de masses solaires ! Mais l'efficacité du « moteur gravitationnel » requiert une masse non seulement importante, mais concentrée. Pour les radiogalaxies, il est possible de mesurer directement la taille maximale du noyau émetteur par *interférométrie à longue base*[16]. C'est ainsi que dans les sources proches les mieux résolues on trouve que la source centrale est confinée dans un diamètre de moins d'une année-lumière.

16. Cette technique utilise des ensembles de radiotélescopes séparés de plusieurs milliers de kilomètres (sur des continents différents), dont les interférences permettent d'obtenir une résolution très fine.

Cœur qui varie...

Tous les noyaux actifs ne sont pas des sources de rayonnement radio. Comment accéder à leur taille ? Par un argument indirect mettant en jeu la *variabilité* de leur éclat.

Nous avons déjà vu au chapitre précédent pourquoi la variabilité d'une source donne une indication sur sa dimension : une modification quelconque dans la configuration de la source ne peut jamais se propager plus vite que la lumière. Si par exemple la luminosité d'un noyau actif subit une fluctuation sensible en une journée, on peut affirmer que la source est confinée dans une région d'un jour-lumière, soit 26 milliards de kilomètres.

On a vu par ailleurs que la luminosité d'une source nous renseigne sur sa masse. Il est clair que la taille de la source doit être plus grande que le rayon de Schwarzschild d'un trou noir de même masse. Un trou noir de cent millions de masses solaires a une dimension d'une heure-lumière, ce qui implique que l'éclat d'un noyau actif de cent millions de masses solaires ne peut pas varier plus rapidement qu'en une heure. C'est la raison pour laquelle le temps caractéristique de variabilité d'une source donne une indication précieuse sur sa compacité. Dans un quasar tel que 3C 273, la luminosité varie sur des temps aussi courts que sept mois ; la dimension correspondante de la source, sept mois-lumière, n'est que dix fois le rayon de Schwarzschild de la masse centrale. La majorité des noyaux actifs émet l'essentiel de son rayonnement depuis une région comprise entre le rayon de Schwarzschild et quelques centaines de rayons de Schwarzschild. Un noyau actif particulièrement remarquable, nommé OX 169, a une luminosité (observée dans le domaine des rayons X) qui peut tripler en un laps de temps de 100 minutes, ce qui implique que la source d'énergie tiendrait dans l'orbite de Saturne. Il est évident qu'une source d'énergie compacte d'une nature bien particulière est requise pour alimenter les quasars.

Les jets cosmiques

A une distance de 16 millions d'années-lumière, Centaurus A est la plus proche radiogalaxie. Ce n'est pas une source particulièrement puissante, mais elle présente deux fins faisceaux de gaz ionisé jaillissant de part et d'autre du Centre de la Galaxie et s'étendant très au-delà de ses frontières optiques, jusqu'à un million d'années-lumière. Ces *jets cosmiques* se terminent en nuages émetteurs de rayonnement radio synchrotron, que l'on appelle des *lobes*.

Dans le domaine visible, Centaurus A est un astre d'une grande beauté, ressemblant à une galaxie elliptique barrée d'une couche de poussière. Son cœur renferme une minuscule source radio variable, dont la taille est inférieure à quelques heures-lumière. Bien que sa puissance radio soit actuellement basse, la quantité d'énergie qui a dû être injectée dans les lobes équivaut à celle de plusieurs millions d'explosions de supernovæ, ce qui prouve que Centaurus A a été très active et renferme un moteur central d'au moins 10^7 $M_\odot$.

Cette structure en jets dédoublés n'est pas particulière à Centaurus A, mais constitue l'une des caractéristiques les plus remarquables des noyaux actifs radioémetteurs. Au cours des dernières années, les techniques d'interférométrie à longue base ont permis aux radioastronomes de résoudre les jets en différentes sous-unités emboîtées les unes dans les autres à la façon de poupées russes. Des micro-jets de quelques années-lumière s'échappent du noyau compact et sont parfaitement alignés avec les jets géants se déployant un million de fois plus loin. Cet alignement frappant de structures gazeuses sur d'aussi longues distances signifie que les jets ont été expulsés d'un moteur central ayant conservé pendant plusieurs millions d'années la « mémoire » de leur direction. Par ailleurs, les jets cosmiques sont une version géante de ce qui est observé dans quelques systèmes stellaires tels que SS 433 (voir page 318). Ces arguments renforcent l'opinion selon laquelle un astre massif et compact en rotation sert de propulseur, l'axe de rotation fournissant tout naturellement une direction privilégiée pour l'évasion du gaz.

Martin Rees a suggéré que les noyaux les plus violemment variables sont ceux dont les « tuyères » pointent par hasard dans notre direction. L'idée est d'expliquer une classe déconcertante de noyaux actifs appelés Lacertides[17]. Leur propriété la plus frappante est de présenter des fluctuations de leur éclat plus rapides et plus intenses que chez les autres genres de noyaux actifs. Elles fluctuent même si vite – quelques heures – que leur rayonnement semble provenir d'une région plus petite que la taille d'un trou noir de même masse ! Autre différence importante : alors que le spectre des autres noyaux actifs est caractérisé par des raies d'émission très intenses[18], les Lacertides ont des spectres pratiquement « vierges ». On croit pourtant que les raies d'émission prennent leur origine dans un vaste nuage de gaz enveloppant la source centrale et illuminé par elle, et que tous les noyaux actifs doivent posséder de tels nuages.

Le modèle de Rees invoquant un jet pointant vers nous a la vertu d'expliquer simultanément les variations apparentes « trop » rapides des Lacertides et l'absence de raies d'émission. En effet, la théorie de la Relativité Restreinte prédit que, si un jet de matière se déplace à une vitesse proche de celle de la lumière dans la direction de l'observateur, son intensité lumineuse est amplifiée et son temps apparent de fluctuation raccourci[19]. On comprend aussi que, si le jet d'une Lacertide est dirigé vers nous, les raies d'émission provenant des couches plus profondes sont complètement noyées dans le rayonnement très intense du jet.

17. La première galaxie de ce type ayant été découverte dans la constellation du Lézard ; elle avait de prime abord été classifiée parmi les étoiles variables, jusqu'à ce qu'on l'identifie en 1968 avec une source radio extragalactique.

18. Dont le décalage vers le rouge, lorsqu'il s'agit de quasars, permet de déterminer la distance.

19. Elle explique aussi pourquoi certains jets semblent se propager à des vitesses supérieures à celle de la lumière.

Le changement dans la continuité

L'observation des galaxies « normales » – celles dont le noyau est moins lumineux que le reste de la galaxie – révèle maintes caractéristiques communes aux noyaux actifs. L'illustration la plus évidente est la Voie Lactée, dont le noyau présente une émission radio associée à une forte concentration de masse. Il semble donc raisonnable de supposer que les galaxies à noyau actif ne sont pas des monstres exotiques, mais constituent une certaine frange de la population des galaxies, réunissant à un moment particulier de leur évolution les conditions favorables à une activité centrale.

La propriété essentielle d'un noyau actif est la présence d'une forte concentration de masse. Les méthodes observationnelles mentionnées plus haut, permettant d'accéder à la valeur de cette masse, peuvent bien entendu s'appliquer à n'importe quel noyau de galaxie proche, pourvu qu'il ne soit pas caché par des poussières obscures. L'application de ces méthodes à l'étude des noyaux de galaxies voisines, mise en œuvre au cours des dernières années, a donné et continue de donner un résultat étonnant : la présence d'une masse centrale compacte semble être le lot commun de presque toutes les galaxies, qu'elles soient spirales ou elliptiques, géantes ou naines ! De nombreux exemples l'attestent ; prenons-en deux, particulièrement révélateurs.

Notre Galaxie appartient à un groupe d'une vingtaine de membres dominé par la nébuleuse d'Andromède, visible à l'œil nu à seulement deux millions d'années-lumière de distance. La galaxie d'Andromède est une proche parente de la Voie Lactée ; à peine une fois et demie plus massive, elle est aussi de type spirale, présente la même composition chimique et possède des petites galaxies satellites. Comme le plan de son disque est incliné par rapport à la direction d'observation, son noyau central – non actif – est accessible aux télescopes optiques, et il est possible de mesurer la distribution d'étoiles dans son voisinage. Les déterminations les plus récentes font état d'une masse centrale obscure de $10^7\ M_\odot$. La Galaxie d'Andromède a un bon moteur, mais il ne fonctionne pas !

Déplaçons-nous maintenant très légèrement, et observons Messier 32, l'une des galaxies satellites d'Andromède. C'est une elliptique naine, cent fois moins massive et totalement inactive, se réduisant à un essaim d'étoiles vieilles orbitant autour du centre. L'absence de gaz et de poussière permet d'étudier le noyau avec une grande finesse. On y trouve un amas d'étoiles en rotation autour d'une masse centrale invisible de cinq millions de masses solaires. Cette naine a un cœur aussi gros que celui de la Voie Lactée...

On comprend dès lors que si des trous noirs géants résident dans tous les noyaux de galaxies, leur niveau d'activité dépend de la densité d'étoiles et de gaz – autrement dit de « carburant » – présents dans un rayon de plusieurs années-lumière. A cet égard, il n'est pas étonnant que le noyau de Messier 32, malgré son formidable moteur potentiel, soit totalement inactif : la galaxie hôte est une elliptique dépourvue de gaz, et en tant que naine elle ne contient pas non plus beaucoup d'étoiles. A l'autre extrême, revenons sur Messier 87, la galaxie elliptique géante renfermant peut-être un trou noir de cinq milliards de masses solaires. Son noyau manifeste une certaine activité, bien que faible comparée à celle d'un quasar. Pour rendre compte de sa luminosité, il suffirait qu'un centième de masse solaire gazeuse soit « digérée » chaque année par le trou noir central. Cette modeste quantité de matière peut aisément être fournie par les millions d'étoiles gravitant dans le voisinage, perdant « normalement » du gaz au cours de leur évolution nucléaire. Messier 87 ressemble à s'y méprendre à un quasar éteint. Il y a peut-être un milliard d'années, son quasar était en pleine vigueur ; à cinquante millions d'années-lumière de la Terre, il aurait été visible la nuit à l'œil nu, d'un éclat comparable à celui de Mercure.

Les moteurs alternatifs

La détection d'importantes concentrations de matière dans le cœur des galaxies actives ne prouve pas définitivement la présence de trous noirs géants. Deux autres types d'objets peuvent *en principe* jouer le rôle de moteur compact et efficace : un amas ultra-dense d'étoiles, ou une étoile unique « super-massive ». Ces modèles concurrents résistent-ils à une analyse approfondie ? Nous allons voir que non.

La thèse de l'amas stellaire repose sur un taux exceptionnel de supernovæ. Les explosions de supernovæ, survenant au terme de l'évolution nucléaire des étoiles massives, sont statistiquement assez rares dans une galaxie – quelques-unes par siècle. Mais on peut imaginer que, dans un amas très dense la fréquence des explosions soit amplifiée sous l'influence de *collisions d'étoiles*. En effet, les collisions d'étoiles conduisent généralement à la fusion des deux partenaires pour former un astre unique plus massif, donc évoluant plus vite vers le stade de supernova. On peut calculer que, dans un amas très dense contenant un milliard d'étoiles, les collisions sont si fréquentes et le nombre d'étoiles massives formées si élevé que dix supernovæ pourraient exploser chaque année !

Le modèle de l'amas stellaire concentré souffre de trois défauts majeurs. En premier lieu, il n'explique pas les grandes variations de luminosité des quasars et des Lacertides ; certes, chaque explosion de supernova produirait un sursaut lumineux, mais, comparée à la brusque flambée d'un quasar, l'explosion d'une supernova n'a que l'éclat d'une allumette. Pour reproduire les fluctuations des quasars, il faudrait admettre que mille supernovæ explosent simultanément... Un amas d'étoiles est également incapable d'engendrer de grands jets cosmiques stabilisés, car il ne définit aucune direction particulière permettant d'expulser de la matière. Mais l'objection la plus grave est l'extrême *instabilité* des amas stellaires denses ; une assemblée de un milliard d'étoiles confinée dans une année-lumière – telle est la contrainte observationnelle – ne peut survivre qu'un million d'années avant de s'effondrer en trou noir. Il faudrait une coïncidence tout à fait extraordinaire pour que les galaxies à noyau actif soient systématiquement observées dans une phase aussi brève et aussi particulière de leur évolution. Une fois de plus, c'est le *principe de simplicité* qui intervient pour exclure l'amas stellaire comme moteur des noyaux de galaxies.

Le modèle de l'étoile massive ne fonctionne pas mieux. La théorie de la structure stellaire permet de comprendre pourquoi aucune étoile observée n'a une masse supérieure à cent fois celle du Soleil, mais cela n'empêche nullement des astrophysiciens de spéculer régulièrement sur l'existence d'étoiles supermassives de cent mille à cent millions de masses solaires. La qualité principale d'une étoile super-massive est d'être prodigieusement brillante. C'est aussi son défaut : une étoile super-massive n'est qu'une énorme sphère de photons, et les sphères de photons ne sont pas des systèmes stables. En admettant même qu'elles puissent se former par un mécanisme que l'on ne comprend pas, les étoiles supermassives doivent exploser ou s'effondrer.

Qu'à cela ne tienne, on a inventé plusieurs variantes d'étoiles supermassives dans l'espoir de « consolider » la stabilité de ces énormes masses. Les « spinars » seraient des étoiles supermassives en rotation rapide, dont l'équilibre serait maintenu par les forces centrifuges, tandis que les « magnétoïdes » seraient soutenus par une pression magnétique interne colossale. Si ces étoiles théoriques, semblables à des pulsars géants, ont le mérite de posséder une direction privilégiée pour éjecter de la matière – l'axe de rotation ou celui du champ magnétique –, la théorie de la Relativité Générale démontre leur instabilité fondamentale, due notamment à la dissipation d'énergie par ondes gravitationnelles. Par ailleurs, un pulsar géant produirait des variations périodiques de la luminosité, lesquelles n'ont jamais été observées dans aucun noyau de galaxie.

En conclusion, le trou noir massif en état d'accrétion est l'unique candidat répondant à toutes les exigences théoriques et observationnelles requises pour expliquer l'activité des noyaux de galaxies. Sa formation est prédite par la Relativité Générale, et marque sans doute le terme inévitable de l'effondrement gravitationnel de tous les astres massifs. Le trou noir est stable, et il fournit un environnement idéal pour convertir de l'énergie potentielle gravitationnelle en rayonnement, par le biais de l'accrétion de matière. Enfin, le trou noir est non seulement capable de libérer l'énergie de la matière qui y tombe, mais il est lui-même un formidable réservoir d'énergie rotationnelle (voir chapitre 11). Puisque

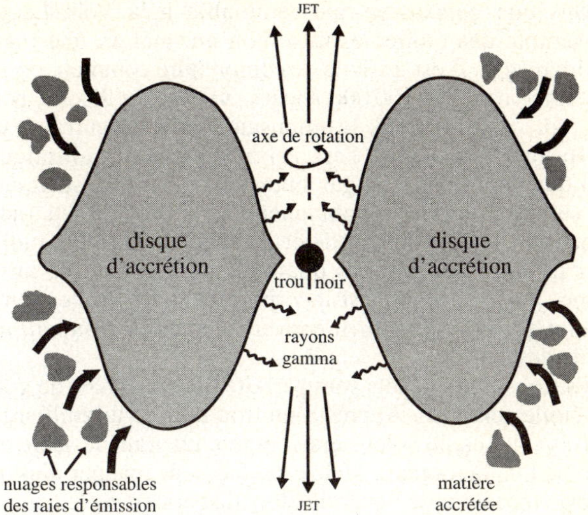

Figure 66 : Représentation schématique d'un disque d'accrétion épais autour d'un trou noir géant avec formation de jets. Les photons gamma émis par la face interne du disque créent dans les zones vides des paires électron-positron, qui se multiplient par cascade (voir page 140) et accélèrent les jets à une vitesse voisine de celle de la lumière.

son axe de rotation offre une direction privilégiée pour l'éjection de matière, le trou noir en rotation peut fonctionner comme un générateur de jets gazeux, réalisant sur une échelle gigantesque ce que SS 433 réalise à la mesure d'une étoile *(figure 66)*.

A table !

Moyennant un rendement typique de 10 %, un noyau actif de galaxie, du plus modeste au plus brillant, requiert la digestion d'une quantité de gaz comprise entre un centième et cent masses solaires par an. Le problème de l'approvisionnement est posé. Quels sont les fournisseurs possibles ?

Dans une galaxie spirale semblable à la Voie Lactée, l'ensemble des étoiles expulse bon an, mal an une masse solaire de gaz. Il est difficile de comprendre comment ce gaz, disséminé dans les 100 000 années-lumière du disque, pourrait être canalisé dans le minuscule noyau central d'une année-lumière. D'autre part, certaines galaxies elliptiques, bien que dépourvues de gaz interstellaire, manifestent aussi des signes d'activité – notamment l'émission de jets radio-émetteurs. Il doit donc exister un mécanisme plus radical pour produire de grandes quantités de gaz dans le noyau même. Puisque le gaz est incorporé dans les étoiles, on en conclut que pour se nourrir convenablement *le trou noir doit briser des étoiles*.

Les trous noirs géants sont parfaitement capables de gober des étoiles entières. Auprès d'un trou noir de un milliard de masses solaires, le Soleil serait comme un grain de sable près d'un ballon de football. Mais cette façon de manger n'est pas propre à produire de l'énergie : tout disparaît dans le trou, qui se contente d'augmenter légèrement sa masse. La situation idoine est celle où l'étoile est cassée hors du trou, de façon à ce que ses fragments puissent approvisionner un disque d'accrétion.

Les étoiles cométaires

Sous maints aspects, un trou noir géant enfoui dans un amas d'étoiles ressemble au Soleil entouré de son cortège cométaire. Les étoiles de l'amas gravitent loin du trou noir en une sorte de réservoir à peine influencé par le champ gravitationnel central. Mais dans le réservoir certaines étoiles se frôlent de si près qu'elles accélèrent et sont déviées de leur trajectoire. Parfois, l'une d'entre elles plonge en direction du trou noir. Dès lors, sa destinée est entièrement soumise au puits gravitationnel qui l'attire et au champ de radiation central qui l'illumine. Comme une comète s'approchant du Soleil, l'étoile reçoit un flux radiatif intense, ne provenant pas bien entendu du trou noir lui-même mais des régions chaudes du disque d'accrétion qui l'entoure. L'étoile commence à s'évaporer, à se dépouiller peu à peu de ses couches périphériques, jusqu'à ce que son cœur thermonucléaire soit mis à nu. Si l'étoile ne frôle pas le trou noir de trop près, elle réussit à passer sans trop de dégâts et peut ressortir du puits sur une orbite de forme parabolique, qui la reconduira quelques années plus tard dans son réservoir d'origine ; ou bien l'étoile cométaire peut perdre suffisamment d'énergie orbitale pour rester liée au trou noir et gagner une orbite elliptique allongée la ramenant périodiquement près de la source centrale, chaque passage au « périhélie » la dégazant un peu plus.

Mais l'évaporation des étoiles cométaires ne peut apporter qu'une modeste contribution à l'alimentation du trou noir. Pour briller activement, le trou noir doit consommer en gaz l'équivalent d'une étoile entière. Il existe deux événements susceptibles d'extirper toute la substance d'une étoile. Le premier est la *collision* de deux étoiles « cométaires » au voisinage du trou noir, le second est la rupture d'une étoile individuelle par les *forces de marée* du trou noir.

Collisions d'étoiles

Si dans le Système Solaire une rencontre entre deux comètes est extrêmement improbable, il n'en va plus de même dans les parages d'un trou noir. La théorie des collisions interstellaires montre que lorsque deux étoiles de type solaire se rencontrent à faible vitesse, c'est-à-dire à moins de 500 km/s, le choc est « mou » et elles restent collées l'une à l'autre, formant une étoile plus grosse. Mais si leur vitesse dépasse 500 km/s, le choc se durcit et des fragments d'étoile commencent à s'éparpiller. Dans le disque galactique, ou même dans les amas globulaires, les étoiles ont rarement des vitesses dépassant 200 km/s. Mais les trous noirs géants creusent des puits gravitationnels si profonds qu'ils accélèrent les étoiles capturées à des vitesses de plusieurs milliers de kilomètres par seconde. On peut calculer que, dans un rayon de dix années-lumière autour d'un trou noir de un milliard de masses solaires, les collisions entre étoiles cométaires sont destructives et se produisent à un rythme moyen de dix par an. Leurs fragments restent en orbite autour du trou noir sous forme de nuages gazeux, et peuvent copieusement approvisionner le « garde-manger » du trou noir.

Il semble toutefois que les collisions interstellaires ne soient capables d'alimenter que les quasars contenant de très gros trous noirs ; pour les noyaux moins actifs, abritant un trou noir moins massif, la fréquence des collisions interstellaires est si faible qu'elles ne jouent probablement aucun rôle.

Marée noire

Le phénomène le plus grandiose susceptible de se dérouler près d'un trou noir géant est peut-être *l'éclatement d'une étoile par les forces de marée*. Lorsqu'une étoile gravite autour d'un trou noir, la force de gravitation s'exerçant sur la partie de l'étoile la plus proche du trou noir est plus grande que celle s'exerçant sur la partie opposée. La différence entre les deux forces n'est autre que la force de marée exercée par le trou noir (voir page 58). Si l'étoile gravite sur une orbite approximativement circulaire, la force de marée reste modeste et l'étoile peut ajuster sa configuration interne à la marée externe, en prenant une forme oblongue dirigée vers le trou noir. Mais lorsqu'une étoile cométaire plonge dans le champ gravitationnel du trou noir selon une orbite excentrique, les forces de marée croissent rapidement à mesure que la distance au trou noir diminue[20]. Il arrive donc nécessairement un moment où elles deviennent plus grandes que les forces assurant la cohésion interne de l'étoile. Celle-ci n'a dès lors plus le temps de réajuster sa configuration, elle subit

20. Les forces de marée deviennent même infinies au centre du trou noir, voir pages 174-175.

des déformations de plus en plus catastrophiques et son équilibre doit inévitablement être rompu.

Un phénomène aussi spectaculaire ne peut se produire que si l'étoile pénètre à l'intérieur d'un certain rayon critique autour du trou noir, appelé *limite de Roche*, d'après le nom du mathématicien français qui s'était penché dès 1847 sur le problème des marées dans le contexte des couples planète-satellite[21].

La limite de Roche dépend notamment de la masse du trou noir. Si ce dernier est trop gros – plus de cent millions de masses solaires –, son rayon propre, qui croît proportionnellement à sa masse, devient plus grand que son rayon de Roche. Dans ce cas, une étoile ne peut être brisée par les forces de marée qu'à l'intérieur du trou noir. Ses débris resteront piégés et les astronomes extérieurs ne verront rien. En revanche, la rupture de l'étoile par les forces de marée devient efficace si le trou noir est de masse relativement modeste. C'est la raison pour laquelle la plupart des astrophysiciens estiment aujourd'hui que les galaxies de Seyfert et les noyaux peu actifs ont un trou noir central compris entre un million et cent millions de masses solaires, se nourrissant des restes d'étoiles brisées par les forces de marée, tandis que les quasars et les noyaux brillants auraient un trou noir plus massif, les collisions interstellaires lui fournissant le carburant.

Crêpe flambée

La représentation des déformations et de la rupture d'une étoile par les forces de marée est restée longtemps calquée sur la description que Roche avait donnée pour des satellites

21. Il s'agit du même Edouard Roche qui a donné son nom aux « lobes » caractérisant les zones d'influence gravitationnelle d'une étoile double, voir *figure 59*. Il est intéressant de noter que, dans la mesure où une étoile franchissant la limite de Roche d'un trou noir est aussi facilement brisée que deux étoiles s'entrechoquant à plus de 500 km/s, la pénétration d'une étoile dans le rayon de Roche peut s'interpréter comme une collision de l'étoile avec elle-même !

naturels, solides ou liquides, en orbite circulaire autour de planètes. Il avait montré qu'un corps subissant les forces de marée d'un compagnon massif a tendance à s'allonger en direction du compagnon et à se comprimer dans les directions perpendiculaires. C'est précisément la raison pour laquelle le niveau des océans terrestres, soumis aux forces de marée de la Lune, monte non seulement là où l'attraction lunaire est la plus forte, mais aussi au point diamétralement opposé *(figure 67)*. Si les forces de marée deviennent assez grandes – comme c'est le cas dans certains systèmes d'étoiles doubles très serrés –, le corps déformé peut s'étirer longuement sous forme de « cigare ». La limite de Roche marque la frontière au-delà de laquelle les déformations deviennent si importantes que le corps ne peut plus rester stable : il doit se disloquer.

Mais ce qui est valide pour une association planète-satellite ne l'est pas nécessairement pour un système trou noir-étoile, qui met en jeu des astres de natures complètement différentes. Brandon Carter et moi-même, à l'Observatoire de Meudon, avons entrepris il y a quelques années de réexaminer la question et nous avons eu la chance de découvrir des phénomènes inattendus, renouvelant les idées admises sur la rupture des corps célestes.

Un couple trou noir-étoile se distingue d'un couple planète-satellite par deux caractéristiques essentielles. En premier lieu, l'orbite d'une étoile cométaire n'est pas circulaire

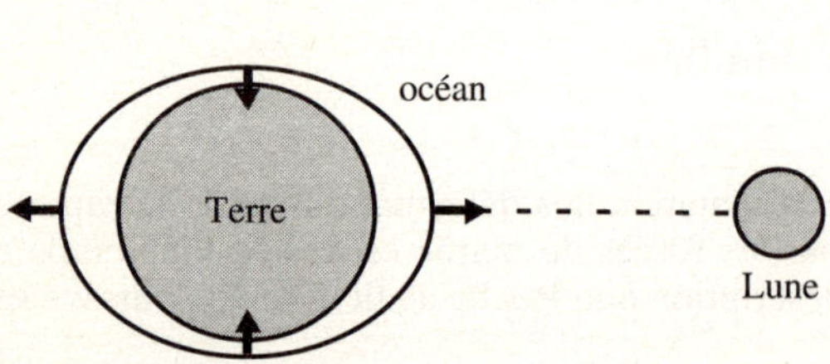

Figure 67 : Les marées sur Terre. Les forces gravitationnelles de la Lune déforment la surface des océans, produisant un renflement dans la direction Terre-Lune et un rétrécissement dans les directions perpendiculaires. Dans la réalité, le renflement n'est pas exactement aligné avec la direction de la Lune en raison de la rotation rapide de la Terre. L'énergie des marées dissipée dans les océans est responsable d'une lente séparation du couple Terre-Lune au taux de 4 cm par an.

mais plonge en direction du trou noir. En fait, pour qu'une étoile ait la possibilité d'atteindre la région où les forces de marée sont destructives, il faut que son orbite soit très excentrique. Si, par exemple, le Centre Galactique abrite bien un trou noir de trois millions de masses solaires, dont le rayon est de dix millions de kilomètres, toute étoile de type solaire s'approchant à moins de deux cents millions de kilomètres du trou noir est condamnée à la dislocation ; c'est la limite de Roche du Trou Noir Galactique. Mais la question que nous nous sommes posée est la suivante : que se passe-t-il si l'étoile, au lieu de frôler la limite de Roche, y pénètre *profondément*, sans pour autant être gobée par le trou noir central ? Après tout, entre les dix millions de kilomètres du trou noir et les deux cents millions de kilomètres du rayon de Roche, il y a beaucoup de place ! Or, les forces de marée varient comme l'inverse du cube de la distance au trou noir. Cela signifie qu'à une distance dix fois plus petite que la limite de Roche l'étoile subit des forces de marée mille fois plus grandes qu'à la limite de Roche, qui y étaient pourtant déjà suffisantes pour la briser. Aussi, toute étoile parvenant à cette distance a-t-elle des chances de subir un sort autrement plus violent que celui de ses consœurs effleurant à peine la limite de Roche...

La deuxième caractéristique originale des interactions trou noir-étoile tient à la nature même de l'astre soumis aux forces de marée : une étoile ordinaire comme le Soleil, contrairement à un satellite naturel ou une planète, est constituée de gaz et non pas de roches ; elle peut donc être plus facilement *comprimée* par les forces de marée extérieures. C'est précisément ce qui arrive lorsqu'une étoile plonge profondément dans la limite de Roche d'un trou noir géant. Bien qu'initialement elle ait tendance à s'étirer sous forme de cigare, elle reçoit brutalement de la part des forces de marée extérieures un violent « coup de laminoir » qui l'écrase et l'aplatit dans le plan de son orbite *(figure 68)*.

Or, qui dit compression dit échauffement. Ces deux facteurs dépendent très sensiblement de la profondeur du plongeon dans la limite de Roche. Si l'étoile ne fait que l'effleurer, les effets de marée sont insuffisants pour la comprimer ; l'étoile se comporte à peu près comme si elle était constituée

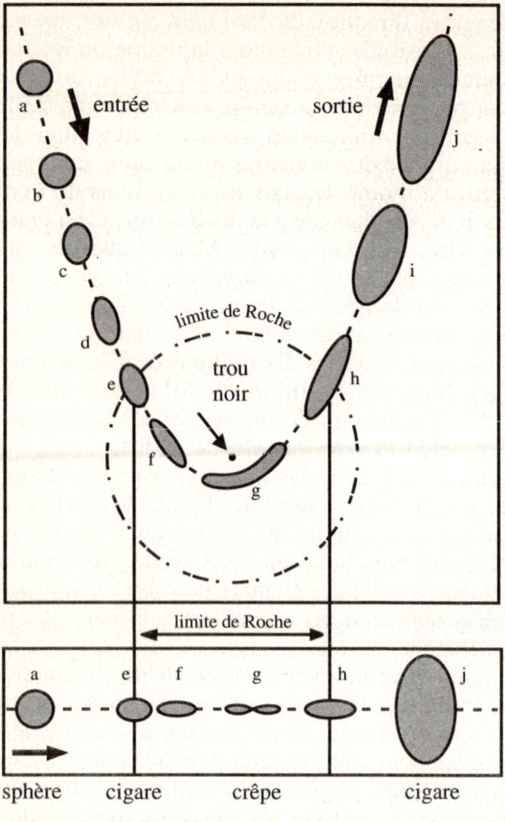

Figure 68 : L'écrasement d'une étoile par les forces de marée d'un trou noir. Le dessin illustre la déformation progressive d'une étoile plongeant profondément dans la limite de Roche d'un trou noir géant (la taille de l'étoile est considérablement agrandie pour la clarté du dessin). La figure du haut représente la déformation de l'étoile dans son plan orbital (vue de dessus), celle du bas la déformation dans la direction perpendiculaire (vue « par la tranche »). De (a) en (d), les forces de marée sont faibles et l'étoile reste pratiquement sphérique. En (e), l'étoile pénètre dans la limite de Roche. Sa configuration se rapproche de celle d'un cigare. De (e) à (g), l'effet « laminoir » des forces de marée entre en jeu ; l'étoile est écrasée dans le plan de son orbite, dans une configuration en « crêpe ». Puis l'étoile rebondit et se dilate en ressortant du rayon de Roche en (h), retrouvant une allure de cigare. Ce n'est que beaucoup plus loin sur son orbite, après (j), que l'étoile finira par se dissocier en fragments gazeux.

d'une gigantesque boule d'eau, s'allongeant progressivement en cigare et gonflant, jusqu'à ce qu'elle finisse par se fragmenter, bien après être ressortie du rayon de Roche. Si au contraire l'étoile atteint une distance dix fois plus courte que la limite de Roche, elle est tellement écrasée par les forces de marée que sa densité est multipliée par mille et sa température par cent durant un dixième de seconde ! Bien sûr, le sort ultime de l'étoile reste plus que jamais la rupture et l'éparpillement de son gaz ; mais auparavant elle aura brièvement « flambé » sous forme de *crêpe ultra-chaude et dense*.

Le trou noir détonateur

La conséquence la plus spectaculaire de l'écrasement d'une étoile est le déclenchement d'une explosion thermonucléaire dans la « crêpe stellaire ». En effet, les taux de réactions nucléaires régissant le débit d'énergie d'une étoile dépendent très fortement de la température. Pour une étoile en équilibre hydrostatique comme le Soleil, la densité centrale est cent grammes par centimètre cube et la température quinze millions de degrés. Dans ces conditions « normales », la réaction nucléaire dominante est la fusion de l'hydrogène, mais elle ne se produit qu'à un débit extraordinairement lent (voir chapitre 4).

Si maintenant une étoile plonge fortuitement dans la limite de Roche d'un trou noir géant, sa température centrale monte brusquement à un milliard de degrés pendant un dixième de seconde. Comme dans les phases précédant l'explosion d'une supernova, les chaînes de réactions thermonucléaires sont considérablement accélérées. Au cours d'un échauffement aussi bref, l'hydrogène n'a pas le temps de fusionner davantage, mais les éléments plus lourds comme l'hélium, l'azote ou l'oxygène, jusqu'alors inertes, se transforment instantanément en éléments lourds et libèrent de l'énergie. Une véritable explosion thermonucléaire se déclenche dans la crêpe stellaire, qui devient une sorte de « supernova par accident ».

Les conséquences de l'explosion sont importantes. Une

partie des débris de l'étoile est soufflée loin du trou noir, hors de sa portée, sous forme de vent chaud capable d'emporter les nuages qu'il rencontre ; par contrecoup, l'autre partie tombe rapidement dans le trou, produisant une brusque flambée de rayonnement. A l'instar des supernovæ, les crêpes stellaires sont aussi des creusets aptes à forger des éléments lourds et à ensemencer le milieu interstellaire. Mais les calculs montrent que les proportions d'éléments injectées par une crêpe stellaire diffèrent légèrement de celles injectées par une explosion de supernova ; il est donc possible que, dans un avenir proche, la détection de ces éléments particuliers dans le spectre d'un nuage orbitant près du centre d'une galaxie active apporte la preuve définitive de la rupture explosive d'étoiles par un trou noir géant.

Qu'il s'agisse d'une supernova ou d'une crêpe stellaire, c'est toujours la gravitation qui sert de détonateur à l'explosion thermonucléaire. Dans une supernova, c'est le champ gravitationnel de l'étoile elle-même qui « mine » de l'intérieur sa stabilité et déclenche l'explosion en faisant s'effondrer le cœur ; dans une crêpe stellaire, c'est le champ gravitationnel du trou noir qui comprime « de l'extérieur » l'étoile et provoque sa détonation.

L'intérêt de la rupture explosive des étoiles par les forces de marée d'un trou noir massif est toutefois limité par la rareté des événements ; on peut calculer que, sur le nombre déjà restreint d'étoiles parvenant dans la limite de Roche d'un trou noir – environ une par an dans les noyaux actifs, une tous les mille ans dans le Centre Galactique –, un dixième d'entre elles y plongera suffisamment pour exploser. Mais il se trouve que les forces de marée ne sont pas le seul moyen de faire sauter des crêpes stellaires : les collisions d'étoiles de plein fouet et à grande vitesse, susceptibles de se produire assez fréquemment – jusqu'à dix par an – au voisinage d'un trou noir supermassif de un milliard de masses solaires, forment également des crêpes stellaires transitoires. Le phénomène pourrait donc jouer un rôle important aussi bien dans les noyaux de galaxies peu actifs, dont le trou noir central modérément massif produirait des crêpes par effet de marée, que dans les quasars aux trous noirs plus gros, produisant des crêpes flambées par des collisions d'étoiles.

Les sursauteurs gamma

Le modèle de crêpe stellaire est aussi une explication possible à l'un des plus grands mystères de l'astronomie d'aujourd'hui : les sursauteurs gamma. Il s'agit de sources transitoires dont les éruptions brutales se manifestent dans le domaine des rayons gamma, et qui forment une communauté complètement distincte de celle des sursauteurs X (associés à des étoiles à neutrons ou à des trous noirs, voir chapitre 16).

Comme c'est souvent le cas en astronomie, leur découverte fut fortuite. Après la signature du traité interdisant les expériences nucléaires au sol, signé en 1963 entre les Etats-Unis et l'Union Soviétique, les Américains avaient lancé une série de satellites militaires appelés Véla, dont la mission était de surveiller l'application du traité, c'est-à-dire détecter les rayons gamma éventuellement émis par des bombes nucléaires soviétiques clandestines. A la grande stupeur des militaires, il y eut une véritable avalanche de données à Los Alamos ! Heureusement pour la paix mondiale, les savants américains démontrèrent aux militaires que ces sursauts gamma ne pouvaient pas venir du sol, mais de l'espace. C'était tout simplement l'une des plus grandes découvertes astronomiques de la décennie.

Près d'un millier de sursauts gamma ont été répertoriés à ce jour grâce à un réseau de surveillance par satellites. Dans ce cercle fermé des sursauteurs gamma règne l'anarchie la plus complète. Les durées des sursauts varient entre quelques millisecondes et quelques centaines de secondes. Mais où sont-ils émis ? Le problème majeur de l'astronomie gamma est le manque de résolution de ses détecteurs ; ce n'était déjà pas brillant pour les détecteurs X, c'est encore pire pour les détecteurs gamma. Il est par conséquent très difficile de localiser les sources gamma et les identifier à des astres déjà connus émettant sur d'autres domaines de longueur d'onde. On peut cependant estimer leur position en conjuguant les observations de plusieurs détecteurs (au moins trois), ce qui permet de définir les « boîtes d'erreur » à l'intérieur desquelles doivent se trouver les sursauteurs gamma. Or, à l'intérieur des boîtes d'erreur on n'observe aucun objet stellaire particulier, type étoile compacte, reste de supernova ou autre site potentiellement chaud (le rayonnement gamma correspond en effet à des températures d'un milliard de degrés). Jusqu'en 1991, cette situation inspirait aux théoriciens l'idée que les sursauteurs gamma pouvaient être des étoiles à neutrons, soit isolées, soit associées à des étoiles naines très peu lumineuses, ce qui expliquait pourquoi les sursauteurs gamma restaient invisibles en dehors des sursauts. Tout le monde croyait que les sursauts étaient d'origine galactique, et les étoiles compactes semblaient les sites obligés de création de tels sursauts. Les modèles invoquaient tantôt des éruptions thermonucléaires de surface, tantôt des chutes de comètes ou d'astéroïdes, voire des réajustements brutaux de la structure interne d'étoiles à neutrons. Mais voici que le dernier en date et le plus sophistiqué des satellites d'observation gamma, nommé GRO[22], a bouleversé le paysage à l'automne 1991. Selon GRO, les sursauteurs gamma sont distribués uniformément dans toutes les directions du ciel. Cela implique qu'ils ne sont pas d'origine galactique, puisque l'essentiel de la matière galactique – Soleil y compris – est réparti dans le disque plat de la Voie Lactée. D'où viennent-ils alors ? De beaucoup plus loin, des galaxies situées aux frontières mêmes de l'univers observable et dont la distribution est uniforme. Mais dans ces conditions, les sursauteurs gamma doivent être les sources les plus énergétiques de l'univers, supernovæ comprises[23], et correspondre à des événements excessivement rares, donc exotiques[24]. L'accrétion sur les étoiles à neutrons devient du coup trop banale et trop peu lumineuse pour rendre compte des nouvelles caractéristiques des sursauteurs gamma. En revanche,

22. Gamma Ray Observatory, rebaptisé Compton en l'honneur du physicien du même nom.

23. Car le flux de rayonnement décroît comme l'inverse du carré de la distance. Si, pour un flux reçu donné la source est mille fois plus lointaine que ce que l'on croyait, elle doit être un million de fois plus puissante.

24. Car le volume observé en gamma, celui de l'univers tout entier, est incomparablement plus grand que celui de notre seule Galaxie. Un millier de sursauteurs gamma observés en dix ans, répartis dans les centaines de milliards de galaxies de l'univers, équivalent à seulement un sursaut gamma par galaxie par milliard d'années !

les rencontres trou noir-étoile peuvent faire l'affaire. Le frôlement de la surface d'un trou noir massif par une étoile vagabonde produit, on l'a vu, une crêpe transitoire ultrachaude. Les ordres de grandeur : énergie, temps, fréquence des événements, correspondent aux observations. Le modèle de la crêpe sautée est donc *a priori* viable. Mais les spécialistes des sursauteurs gamma qui ont travaillé dix ans sur les modèles d'étoiles à neutrons ne sont pas prêts à abandonner si facilement leur proie. La recette de la crêpe sautée doit être considérablement améliorée avant d'emporter leur adhésion.

Le cannibalisme généralisé

Savoir qu'un moteur à explosion peut produire de l'énergie ne suffit pas pour comprendre le fonctionnement détaillé d'une automobile. Si le modèle du trou noir géant comme moteur de l'activité centrale des galaxies est plausible, il faut bien reconnaître que les détails de leur activité sont mal compris et que les quasars restent parmi les phénomènes les plus mystérieux de l'Univers.

Plus que l'observation d'un quasar individuel, celle de la répartition des quasars peut nous apprendre beaucoup sur leur formation, leur extinction et le rôle qu'ils jouent dans la vie des galaxies qui les abritent. On doit en premier lieu se demander si toute galaxie passe à un moment ou un autre de son existence par le stade de quasar, et à quel moment de son évolution se produit cette phase spectaculaire. Les intuitions que l'on peut avoir à ce sujet sont quelque peu contradictoires. Le fait de n'observer que des quasars très lointains, c'est-à-dire reculés dans le temps, suggère que les quasars pourraient représenter une phase primitive de l'évolution des galaxies. A l'opposé, si l'on croit que les trous noirs géants requis pour alimenter les quasars se sont développés par croissance d'un germe stellaire, il faut admettre que la phase de quasar est un stade d'évolution avancée des galaxies, par lequel la plupart d'entre elles ne seraient pas encore passées.

Si toutes les galaxies devaient connaître un jour ou l'autre une phase d'activité, le fait de n'observer qu'une très faible proportion de quasars indique que leur temps d'activité se réduirait à quelques dizaines de milliers d'années. Or, l'observation des jets radio étendus suggère que la durée de fonctionnement du moteur central ne peut pas être aussi brève, car les jets n'auraient pu se maintenir alignés sur d'aussi grandes distances. Comme, par ailleurs, la phase quasar ne peut guère durer davantage, car alors se poserait un insoluble problème d'approvisionnement, on en conclut que la période active d'un quasar doit s'étaler sur environ cent millions d'années, et ne concerner qu'une minorité de galaxies réunissant temporairement des conditions exceptionnellement favorables. Dans ce schéma, la phase quasar serait activée dès que le trou noir central atteindrait une masse convenable et qu'une quantité substantielle de « carburant » gazeux et stellaire serait disponible ; elle cesserait lorsque l'approvisionnement tomberait en dessous d'un certain seuil. A ce compte, il devrait y avoir plus de quasars morts que de quasars vivants[25].

Mais un quasar mort peut ressusciter si on lui fournit à nouveau de la nourriture. Lorsque l'amas stellaire central a été épuisé, la seule possibilité de réactivation est l'apport de matière extérieure. Or, les galaxies se frôlent fréquemment, surtout lorsqu'elles sont regroupées dans des amas riches contenant des centaines ou des milliers de membres. Certaines observations récentes indiquent que de nombreux quasars sont associés à des *galaxies en collision*, ce qui suggère que, à l'image des sources X stellaires avivées par la chute de matière arrachée à une étoile compagnon, l'activité des galaxies pourrait être stimulée par le transfert de matière entre les partenaires d'un couple.

On a également constaté que, parmi les galaxies proches, celles faisant partie de systèmes multiples montrent un peu plus d'activité que les galaxies isolées. Le phénomène est particulièrement frappant au centre des amas très riches de galaxies, qui abritent des elliptiques « supergéantes » cent

25. Les quasars étant situés à des milliards d'années-lumière et leur durée de vie ne dépassant guère cent millions d'années, tous les quasars actuellement observés sont éteints depuis longtemps...

ɔis plus grosses que les galaxies « normales ». Ces galaxies ıanifestent une importante activité dans le domaine radio et ɔnt entourées d'une nuée de galaxies satellites en train de ɔmber. Les galaxies supergéantes grossissent donc par *can-ibalisme*, au détriment de dizaines de galaxies voisines plus etites. Il est pertinent de supposer que, un certain nombre de alaxies capturées abritant déjà un gros trou noir central, les alaxies cannibales devraient posséder un cœur multiple ɔmposé de plusieurs trous noirs massifs perturbant la distri-ution de matière environnante et augmentant le taux 'accrétion. Plusieurs centres d'activité sont effectivement bservés dans des radiogalaxies géantes. Mais comme le sort ltime d'un ensemble de trous noirs est la fusion en un astre nique plus gros que la somme de ses constituants, il viendra ien un jour lointain où les trous noirs perdront toute nourri-ıre et où les galaxies actives s'éteindront…

En attendant, avec les trous noirs géants moteurs des qua-ırs, nous sommes parvenus à un étrange paradoxe : le trou oir, parfaitement invisible s'il est nu, peut devenir l'astre le lus brillant de l'Univers s'il est convenablement vêtu de gaz : d'étoiles.

18. La lumière gravitationnelle

Je voudrais poser une question à Monsieur Einstein, à savoir, à quelle vitesse l'action de la gravitation se propage-t-elle dans votre théorie ?

MAX BORN, 1913

Dans la théorie de Newton, la gravitation était une force agissant instantanément entre les corps massifs. Cette idée, on l'a vu, était inadmissible aux yeux de nombreux physiciens, Newton y compris, et un siècle plus tard Laplace proposait une modification de la théorie dans laquelle l'interaction gravitationnelle se propageait à vitesse finie. L'idée fut vite abandonnée, car le fait que les effets gravitationnels ne se propagent pas instantanément soulevait immédiatement une question à laquelle personne ne savait répondre : lorsqu'un corps massif est violemment perturbé, le champ gravitationnel qu'il engendre doit s'ajuster de proche en proche à la nouvelle configuration du corps ; sous quelle forme se propage le réajustement ?

La théorie de la Relativité Générale d'Einstein permet d'organiser en un schéma cohérent les intuitions sur la propagation de la gravitation. Einstein s'était demandé si une masse en mouvement accéléré pouvait rayonner des ondes de gravitation, de la même façon qu'une charge électrique en mouvement accéléré rayonne des ondes électromagnétiques. Dès 1918, il découvrit effectivement des solutions de ses équations du champ gravitationnel représentant des *ondulations de la courbure de l'espace-temps se propageant à la vitesse de la lumière*. Il venait d'inventer la « lumière gravitationnelle ».

L'analogie entre ondes gravitationnelles et ondes électromagnétiques est utile pour la conception du phénomène, mais ne conduit guère plus loin. La structure d'une onde gravitationnelle et ses effets sur la matière sont bien plus complexes que ceux de l'onde électromagnétique. Une première différence notable vient du fait que la gravitation est purement attractive ; la masse, c'est-à-dire la « charge gravitationnelle », a toujours le même signe. Il en résulte qu'un « oscillateur » gravitationnel élémentaire, constitué de deux masses vibrant aux extrémités d'un ressort, ne rayonne pas le même type d'ondes que deux charges électriques de signe opposé[1].

Une autre complication vient de ce que le graviton, l'hypothétique particule médiatrice de l'onde gravitationnelle, transporte une « charge gravitationnelle » associée à son énergie, tandis que le photon, particule médiatrice de l'interaction électromagnétique, ne transporte pas de charge électrique. Par conséquent l'onde de gravitation produite par une masse accélérée est elle-même source de gravitation : la gravitation gravite. En termes techniques, on dit qu'elle est « non linéaire ». Cette non-linéarité introduit des difficultés considérables dans la résolution des problèmes apparemment les plus simples, tels le calcul du champ gravitationnel engendré par deux corps en mouvement. Contrairement au champ électromagnétique, ou à la force de gravitation newtonienne, si deux masses produisent individuellement deux champs, leur action combinée produit un champ qui n'est pas la somme des deux champs ; il faut en plus tenir compte de la gravitation d'interaction entre les deux masses, qui varie constamment au cours du mouvement. C'est la raison pour laquelle le « problème à deux corps », décrivant par exemple le champ gravitationnel d'une étoile double et qui dans la théorie de Newton a une solution facile à calculer, n'est pas résolu rigoureusement en Relativité Générale.

Toutefois, dans les champs gravitationnels suffisamment faibles, la « non-linéarité » peut être négligée et nombre de complications disparaissent. C'est justement le cas lorsqu'on s'intéresse à la détection du rayonnement gravitationnel en

1. Dans le cas électromagnétique, le rayonnement est du type *dipolaire*, dans le cas gravitationnel il est du type *quadrupolaire*. Individuellement, chacune des masses de l'oscillateur gravitationnel jouerait le rôle d'un dipôle, tout en étant incapable d'engendrer des ondes gravitationnelles.

provenance de sources lointaines. Mais une telle simplification donnerait des résultats complètement erronés à proximité d'une supernova ou de deux trous noirs en collision...

La troisième différence fondamentale avec l'électromagnétisme réside dans leurs intensités relatives. Si l'on place à un centimètre l'un de l'autre deux protons – qui, ayant une masse et une charge électrique, sont à la fois soumis à une interaction gravitationnelle et à une interaction électromagnétique –, la force gravitationnelle qui les attire est 10^{37} fois plus faible que la force électrostatique qui les fait se repousser[2]. De là vient l'obstacle majeur à leur détection ; alors qu'il a suffi d'une décennie après la prédiction de Maxwell pour que Hertz parvienne à produire et à capter en laboratoire des ondes électromagnétiques, soixante années sans résultat se sont écoulées depuis la prédiction d'Einstein.

Quelques exemples illustreront mieux l'extraordinaire faiblesse des ondes gravitationnelles dans les conditions usuelles. Revenons à notre oscillateur gravitationnel élémentaire, constitué de deux masses d'un kilogramme oscillant de 1 centimètre 100 fois par seconde aux extrémités d'un ressort long de dix centimètres. En admettant que l'on puisse recueillir toute la puissance gravitationnelle libérée par ce système et la convertir en puissance électrique, on peut calculer que pour alimenter une seule ampoule de 50 watts il faudrait autant d'oscillateurs que le nombre de particules contenu dans la planète !

Une façon équivalente de construire un oscillateur gravitationnel est de faire tourner une barre horizontale autour d'un axe vertical passant par son milieu. Lorsqu'on regarde la barre dans son plan de rotation, elle semble se contracter quand elle présente l'une de ses extrémités et se dilater lorsqu'elle se présente dans toute sa longueur. Elle engendre donc des ondes gravitationnelles. Prenons une barre d'acier de 20 mètres de long, pesant 500 tonnes, et faisons-la tourner à la limite de rupture, soit 5 tours par seconde. La puissance gravitationnelle libérée est encore ridicule : 10^{-29} watt.

Mieux vaut quitter le laboratoire et chercher des sources

2. Dans un noyau atomique l'interaction nucléaire qui lie deux protons est encore cent fois plus forte que l'interaction électromagnétique.

naturelles d'ondes gravitationnelles parmi les corps du Système Solaire. La situation n'est guère plus encourageante. Il faudrait cinquante milliards de météores de 1 km de diamètre percutant la Terre à 10 km/s pour faire briller la modeste ampoule électrique... Il n'y aurait plus personne pour constater le résultat !

Il est vain de chercher les sources dans des corps astronomiques ordinaires. Pour engendrer des ondes gravitationnelles qui ne soient pas totalement insignifiantes, l'astre générateur doit se déplacer à une vitesse proche de celle de la lumière et être compact, c'est-à-dire proche de son rayon de Schwarzschild. La Terre, qui tourne autour du Soleil à la vitesse de 30 km/s et dont le rayon est un milliard de fois plus grand que son rayon de Schwarzschild, n'engendre qu'une puissance gravitationnelle d'un dix millième de watt.

Or, tout au long de ce livre, nous avons décrit des astres « relativistes », pouvant réunir au moins temporairement les conditions favorables à l'émission de lumière gravitationnelle. Seuls les sites astronomiques les plus violents sont de bons générateurs d'ondes gravitationnelles. Comme les astres violents sont très lointains (si un cataclysme astronomique se produisait à proximité de la Terre, il n'y aurait tout simplement pas de vie), ils ne déposent sur notre planète qu'une minuscule fraction de leur énergie gravitationnelle.

Les systèmes d'étoiles compactes sont de bons générateurs d'ondes gravitationnelles. Un couple serré de deux étoiles à neutrons rayonne suffisamment d'énergie gravitationnelle pour que les effets soient détectables, bien que sous une forme indirecte : la perte d'énergie orbitale se traduit par une diminution de la période de révolution. Le pulsar binaire PSR 1913+16 est une parfaite illustration du phénomène ; à l'heure actuelle il offre même la seule démonstration observationnelle des ondes gravitationnelles (voir chapitre 7, page 146).

En ce qui concerne les étoiles individuelles, les événements catastrophiques survenant à la fin de leur vie thermonucléaire peuvent être de copieuses sources de rayonnement gravitationnel. Une explosion de supernova conduisant à la formation d'une étoile à neutrons est extrêmement efficace. Une étoile peut même émettre plus d'énergie gravitationnelle dans les dernières fractions de seconde de son effondrement que toute l'énergie électromagnétique libérée au cours de ses dizaines de millions d'années de vie thermonucléaire. Mais contrairement aux étoiles binaires, qui émettent des ondes gravitationnelles périodiques et que l'on pourrait assimiler à des « pulsars gravitationnels », les supernovæ sont des sources « impulsionnelles », produisant une brève et unique bouffée de rayonnement gravitationnel.

Lorsqu'on parle de gravitation, on aboutit forcément au trou noir. Astre relativiste par excellence, c'est bien entendu la source la plus prolifique de rayonnement gravitationnel. Certes, l'effondrement exactement sphérique d'une étoile n'engendre pas d'ondes (voir chapitre 11), mais les étoiles réelles sont en rotation et il y a toujours des mouvements asymétriques permettant à la lumière gravitationnelle de jaillir. Le premier « cri » d'un trou noir nouvellement formé est un éclair de lumière gravitationnelle transportant une énergie comparable à son énergie de masse au repos. La luminosité gravitationnelle de deux trous noirs de dix masses solaires entrant en collision est cent millions de fois plus grande que la luminosité électromagnétique du plus puissant quasar ! Un tel événement se déroulant au Centre de notre Galaxie, à dix mille années-lumière de distance, donnerait enfin un flux détectable sur Terre...

On voit donc émerger une nouvelle astronomie aux exigences extrêmes, celle de la lumière gravitationnelle. Ce sera une astronomie d'une transparence incomparable, car, au contraire de la lumière électromagnétique, la lumière gravitationnelle n'est pas absorbée par la matière, et issue de sources lointaines elle peut parvenir à la Terre en conservant toute l'information sur la configuration des sources qui l'ont engendrée. De plus, les sources les plus prolifiques sont justement celles sur lesquelles l'observation électromagnétique n'apporte qu'une information sommaire et indirecte : couples d'étoiles à neutrons, cœur de supernovæ, trous noirs. Voilà pourquoi l'astronomie gravitationnelle ouvrira une fenêtre sur l'Univers le plus mystérieux, permettant non seulement d'accéder aux propriétés inconnues des astres compacts et de la matière ultra-dense, mais aussi d'assister enfin aux débuts de l'Univers, il y a quinze milliards d'années. Car l'Univers primordial, continuellement agité de fluctuations de densité, et le « Big Bang » lui-même sont de puissantes sources de rayonnement gravitationnel ; et si aucune onde électromagnétique ne peut émerger du premier million d'années suivant le Big Bang, le rayonnement gravitationnel traverse sans encombre les états les plus denses de l'Univers primordial. La seule preuve définitive de l'existence des trous noirs et de la naissance de l'Univers viendra peut-être de leur lumière gravitationnelle.

Mais redescendons sur Terre. Pour capter la lumière, il faut des télescopes. Comment concevoir un télescope gravitationnel ?

Le principe est simple. De même que les ondes électromagnétiques font vibrer une antenne réceptrice, les ondes gravitationnelles font vibrer d'une certaine façon la matière qu'elles rencontrent ; les « rides de courbure » faisant légèrement onduler le tissu élastique de l'espace-temps allongent ou raccourcissent les distances sur leur passage. Si par exemple le détecteur est un bloc de matière solide, ses différentes parties sont enclines à se mouvoir dans différentes directions au passage de l'onde gravitationnelle[3].

Le déplacement relatif de deux masses par rapport à leur séparation définit *l'amplitude* de l'onde, qui est une mesure indirecte de sa puissance. Une collision de deux trous noirs stellaires au Centre de la Galaxie se traduirait par un déplacement de 10^{-12} millimètre (un millième de milliardième) des deux extrémités d'un détecteur ayant la forme d'une barre d'un mètre de long. La construction d'un détecteur d'ondes gravitationnelles est donc un véritable défi technologique lancé aux expérimentateurs.

Dans les années 1960, Joseph Weber fit construire à l'université du Maryland de grands cylindres d'aluminium censés répondre par une oscillation de leurs extrémités aux ondes gravitationnelles en provenance du Centre Galactique. Il crut avoir observé des effets positifs ; mais comme l'ont montré

3. Remarquons qu'en raison du passage permanent d'ondes gravitationnelles aucun corps matériel, aussi rigide soit-il, n'est strictement indéformable.

diverses expériences analogues, réalisées par la suite dans plusieurs pays (dont une, en France, à l'Observatoire de Meudon), il s'agissait d'une interprétation incorrecte des erreurs expérimentales. Une explosion de supernova dans le Centre Galactique produirait une onde d'amplitude 10^{-18}, alors que la meilleure des barres de Weber n'est capable de détecter qu'une amplitude dix milliards de fois plus grande. De plus, la détection gravitationnelle d'une supernova dans le Centre de la Galaxie relèverait d'un hasard invraisemblable : dans l'ensemble de la Galaxie, il ne doit pas exploser plus d'une supernova tous les dix ans, et l'impulsion gravitationnelle d'une explosion ne dure qu'une fraction de seconde !

Le site le plus favorable pour engendrer des ondes gravitationnelles détectables est l'amas de galaxies de la Vierge, où les explosions de supernovæ et les déclins de pulsars binaires, répartis dans les quelques milliers de galaxies regroupées dans une petite région angulaire du ciel, se produisent à la fréquence moyenne d'une par semaine. Mais l'amas de la Vierge n'est pas à dix mille années-lumière comme le Centre Galactique, il est à cinquante millions d'années-lumière. Cela signifie que pour détecter la lumière gravitationnelle d'un événement dans la Vierge il faudra une sensibilité encore un million de fois plus grande que celle requise pour détecter le même événement dans la Voie Lactée... Il est à noter que l'explosion de la supernova magellanique apparue en février 1987 (voir chapitre 6), à « seulement » 170 000 années-lumière, a peut-être engendré une bouffée d'ondes gravitationnelles d'intensité suffisante pour être captée par les deux ou trois détecteurs en opération dans le monde... s'ils avaient été branchés. Or, ce jour-là, ils étaient en révision technique !

Malgré ces difficultés technologiques plutôt décourageantes, le défi de la détection de la lumière gravitationnelle devrait être relevé avant la fin du siècle. La technologie a progressé depuis l'expérience de Weber. A l'heure actuelle, divers groupes de recherches répartis dans plusieurs pays (Etats-Unis, Italie, Australie) mettent au point des « antennes cryogéniques », barres de seconde génération beaucoup plus sensibles que celle de Weber, mais corrélativement plus coûteuses car constituées de matériaux rares tels que le niobium ou le saphir, refroidis à quelques degrés au-dessus du zéro absolu.

Une autre voie bien plus prometteuse est en cours d'exploration. L'idée consiste non plus à faire vibrer un cylindre, mais à mesurer les oscillations de la séparation entre deux miroirs massifs placés aux extrémités de longs bras, les distances étant contrôlées par un système d'interférences lumineuses. Il s'agit donc d'une adaptation de l'expérience de Michelson et Morley (voir chapitre 2), destinée non plus à mesurer les déplacements absolus dans l'éther, mais à enregistrer les frémissements gravitationnels de l'espace-temps. Plus la distance entre les miroirs réflecteurs est grande, plus les effets du signal gravitationnel ont des chances d'émerger du « bruit » perturbateur faisant vibrer en permanence le système (ondes sonores, séismes, etc.). En construisant des miroirs de très grande qualité permettant plusieurs centaines de réflexions lumineuses successives, on prévoit d'obtenir des longueurs équivalentes de 150 kilomètres pour une distance réelle entre miroirs de 3 kilomètres.

Aucune antenne interférométrique n'est encore construite, mais diverses expériences préparatoires sont en cours : un projet américain, un projet germano-britannique et le projet franco-italien baptisé VIRGO (allusion à l'amas de galaxies de la Vierge, la cible principale). La somme mise en jeu reste inférieure au coût d'un seul avion, du lancement d'un satellite... ou d'une demi-heure de guerre dans le golfe Persique. Mais l'astronomie gravitationnelle, faute d'avoir fait ses preuves, n'est pas encore entrée dans les « mœurs », et il faut beaucoup de persévérance pour convaincre les organismes payeurs. La petite communauté des astrophysiciens « relativistes » attend de savoir si elle aura les moyens d'ouvrir cette fenêtre magique pour contempler un Univers encore inconnu. L'histoire récente de l'astronomie a prouvé que, chaque fois que l'homme a scruté le ciel par d'autres yeux que les siens ou ceux d'un appareil photographique (radiotélescopes, détecteurs X et gamma), de nouvelles merveilles lui sont apparues, le forçant à réviser ses conceptions et améliorant un peu plus sa compréhension de l'Univers.

La fenêtre gravitationnelle sera bien ouverte un jour ou

l'autre. Lorsque les premiers signaux seront captés, l'information sur le mouvement et la nature des sources sera encore noyée dans beaucoup de bruit parasite. Mais, animés de la certitude que l'astronomie gravitationnelle est celle des siècles futurs, nous pourrons entreprendre de lancer dans l'espace de gigantesques interféromètres parfaitement isolés des secousses telluriques et de l'agitation humaine...

19. Le trou noir Univers

L'éternité c'est long, surtout vers la fin.

WOODY ALLEN

Au moment de conclure, il est temps de placer les trous noirs dans une perspective cosmique. Après avoir cherché la lumière des microscopiques trous noirs primordiaux plus petits qu'un atome, assisté à la résurrection des trous noirs stellaires de dix kilomètres, côtoyé les trous noirs géants aussi grands que le Système Solaire, on a envie de poser la simple question : *quel est le plus grand trou noir possible ?* La réponse est l'une des spéculations les plus fantastiques de la science moderne : *l'Univers lui-même !*

Pour comprendre pourquoi une telle conception n'est pas folle, il faut se remémorer quelques éléments de Cosmologie. Au-delà des mythes et élucubrations que l'homme s'est toujours forgés pour construire un Univers compréhensible et rassurant, le cosmologiste moderne dispose de trois faits observationnels qui, moyennant des interprétations cohérentes avec les acquis de la physique théorique et expérimentale, lui permettent de reconstituer l'histoire passée de l'Univers. La fuite des galaxies, l'abondance relative des éléments légers [1] et la détection d'un rayonnement cosmologique uniforme sont autant d'indices suggérant que l'Univers est en expansion depuis une quinzaine de milliards d'années à partir d'une phase très condensée et très chaude, le Big Bang [2].

1. Hydrogène, deutérium, hélium, qui ne se sont pas formés dans les étoiles.

2. Il existe d'excellents ouvrages de vulgarisation sur la question, consulter la bibliographie en fin d'ouvrage.

Si l'observation nous éclaire sur le passé de l'Univers, seule la théorie permet d'inférer sur son futur. Puisque la gravitation domine l'organisation des structures matérielles à grande échelle, la théorie de la Relativité Générale d'Einstein offre des modèles cosmologiques plausibles, satisfaisant aux conditions qui ont prévalu dans le passé de l'Univers. Quant à l'évolution cosmique future, deux solutions s'affrontent : un Univers en expansion-contraction, fini dans le temps et dans l'espace, et un Univers en expansion permanente et indéfinie[3].

Entre ces deux destinées, la densité moyenne de matière dans l'Univers joue le rôle d'arbitre. Si elle est inférieure à la valeur critique de 10^{-29} g/cm^3 – l'équivalent de six atomes d'hydrogène par mètre cube d'espace –, le champ gravitationnel universel n'est pas assez fort pour maintenir la liaison de la matière, et l'Univers s'étirera indéfiniment. Dans le cas contraire, la gravitation l'emportera sur l'expansion et l'Univers se recontractera, s'effondrant dans environ cent milliards d'années (10^{11} ans) en un sorte de Big Bang inversé, le Big Crunch.

Quelle que soit la destinée de l'Univers[4], les trous noirs ont un rôle capital à y jouer. Freeman Dyson, de l'*Institute for Advanced Studies of Princeton*, et Jamal Islam, de l'université de Londres, se sont interrogés sur l'évolution à long terme d'un Univers ouvert, en expansion continuelle[5]. Des processus physiques se déroulant sur des échelles de temps tellement longues qu'ils ne sont même pas amorcés depuis les quinze milliards d'années d'existence de l'Univers contemporain entreront tôt ou tard en jeu. C'est ainsi qu'au

3. Contrairement à une opinion couramment répandue – y compris chez les cosmologistes professionnels –, le fait que l'Univers soit infini dans le temps futur ne signifie nullement qu'il soit infini dans l'espace ; lire à ce sujet mon article « Géométries de la Variété Univers », dans *Aux Confins de l'Univers*, coll. « La Nouvelle Encyclopédie des Sciences et Techniques », Fayard-Fondation Diderot, 1987.

4. Les mesures actuelles sur la densité moyenne de l'Univers donnent une valeur légèrement inférieure à la densité critique, mais il est impossible de conclure en faveur de l'Univers « ouvert » car toute la matière n'est pas inventoriée.

5. Ces idées sont développées dans le livre de J. Islam : *Le Destin ultime de l'Univers*, Belfond/Sciences, 1984.

bout de 10^{27} ans les étoiles toutes éteintes auront décliné vers les centres des galaxies et formé des trous noirs galactiques de 10^{11} $M_{\odot}$. Les mouvements des galaxies dans les amas disperseront ensuite leur énergie orbitale en rayonnement gravitationnel et au bout de 10^{31} ans les galaxies tomberont au centre des amas pour fusionner en trous noirs supergalactiques de 10^{15} $M_{\odot}$. C'est sur une échelle de temps beaucoup plus longue que le processus inverse de désintégration « quantique » des trous noirs prendra place. Les trous noirs stellaires s'évaporeront en 10^{67} ans, les trous noirs galactiques en 10^{97} ans et les trous noirs supergalactiques en 10^{106} ans. Ultimes réservoirs d'énergie et d'entropie, les trous noirs seront devenus analogues à des trous blancs restituant leur matière à l'Univers extérieur[6].

Dyson s'est finalement demandé si, malgré le contexte défavorable d'un Univers inexorablement voué à la dilution et au refroidissement, des civilisations avancées ne pourraient pas se maintenir indéfiniment en vie en récupérant l'énergie des trous noirs... Ce scénario digne des meilleurs romans de science-fiction est en conflit avec l'une des prédictions des théories modernes de la physique des particules, selon laquelle le proton ne serait pas éternel mais devrait se désintégrer au bout de 10^{32} ans[7]. La dissolution des structures matérielles et des systèmes vivants entrerait donc en jeu bien avant que les trous noirs ne commencent à restituer leur énergie !

Examinons maintenant les conséquences d'un Univers en expansion-contraction, borné dans le temps et fini dans l'espace. La densité minimale pour que l'Univers soit clos serait celle d'un trou noir de 10^{23} $M_{\odot}$, dont le rayon atteindrait quarante milliards d'années-lumière[8]. Or, dans l'Univers observable, la plus grande distance parcourue par la lumière ne dépasse pas quinze milliards d'années-lumière...

6. Mais sous la forme « dégradée » d'un rayonnement de corps noir, voir chapitre 15.
7. Les expériences actuellement en cours, destinées à mesurer la durée de vie du proton, n'ont pas confirmé cette prédiction.
8. Je rappelle que la densité moyenne d'un trou noir est d'autant plus faible que son rayon est plus grand.

Cela signifie que l'Univers observable est à l'intérieur de son rayon de Schwarzschild ! Faut-il en conclure que nous vivions dans un gigantesque trou noir ?

En approfondissant la question, on s'aperçoit que nombre d'arguments théoriques viennent étayer la thèse de l'Univers-trou noir. Si le lecteur veut bien faire un dernier effort de réflexion, qu'il se reporte à la *figure 47* « cartographiant » l'espace-temps intérieur et extérieur à une étoile sphérique en effondrement. L'extérieur est un morceau de la géométrie de Schwarzschild, l'intérieur a une géométrie qui dépend de l'équation d'état de la matière stellaire. La Relativité Générale permet de démontrer que si l'étoile est assimilée à un « nuage » sphérique de pression nulle et de densité uniforme – c'est-à-dire analogue au « gaz de galaxies » remplissant l'Univers –, alors la géométrie intérieure du nuage (représentée sur la figure par la zone hachurée) est strictement identique à celle de l'Univers clos, les géométries interne et externe se raccordant parfaitement à la surface du nuage.

D'autre part, l'Univers clos en expansion-contraction possède un *horizon des événements*, c'est-à-dire une frontière de l'espace-temps au-delà de laquelle résident des événements à jamais inaccessibles, car leurs signaux lumineux ne nous parviendront jamais. Associé à une singularité du futur (le Big Crunch), cet horizon cosmologique[9] *vu de l'intérieur* est bien de même nature que l'horizon des événements définissant la frontière du trou noir *vu de l'extérieur*[10].

On peut donc supposer que si l'Univers est clos il existe un monde extérieur au regard duquel notre Univers n'est qu'une région cachée au fond d'un trou noir... Il va de soi que si cette thèse, encore confuse, s'avérait justifiée un champ d'investigation totalement vierge s'ouvrirait pour la Cosmologie.

On pourrait par exemple se demander comment notre Univers serait devenu un trou noir. Aurait-il été un trou noir

9. L'horizon des événements ne doit pas être confondu avec *l'horizon des particules* qui, à un instant donné, est la frontière d'espace entourant la portion d'Univers observable ; voir « Géométries de la Variété Univers », *op. cit.*

10. En fait, le rayon maximal de l'Univers fermé est strictement égal à son rayon de Schwarzschild tel qu'il pourrait être mesuré par un observateur extérieur.

rimordial d'un Cosmos extérieur, ou se serait-il formé ar l'effondrement gravitationnel d'une « super-étoile » de 0^{23} $M_{\odot}$? Dans ce cas, le Cosmos extérieur ne serait pas ide et des galaxies entières – voire des formes inconnues de ıatière – pourraient choir du Cosmos extérieur pour faire ruption dans notre Univers.

La conséquence la plus attrayante de l'Univers-trou noir erait la révélation d'un comportement inattendu de la ıatière à l'intérieur des trous noirs. La Relativité Générale rédit que la contraction gravitationnelle d'un astre massif en essous de son rayon de Schwarzschild doit se poursuivre iéluctablement jusqu'à l'écrasement dans une singularité entrale. Mais la Relativité Générale est incomplète, et en absence d'une théorie de la gravitation *quantique* il faut ien reconnaître que l'on ignore totalement les lois gouverant le destin de la matière à l'intérieur des trous noirs. 'Univers-trou noir en expansion-contraction tendrait justeıent à prouver qu'à l'intérieur d'un trou noir l'effondrement ravitationnel peut être interrompu avant la singularité. Une ésistance ultime de la matière – par exemple une interaction ɔrtement répulsive ne se manifestant qu'à très courte échelle pourrait faire « rebondir » la matière d'une étoile effondrée ui, à l'image de l'Univers tout entier, se mettrait à osciller ıdéfiniment entre un état hyperdense et un état dilaté remlissant l'intérieur de la sphère de Schwarzschild. Un tel omportement pourrait être un jour mis en évidence par une iéorie unifiée de toutes les interactions fondamentales, d'où ɛs singularités gravitationnelles auraient été éliminées (voir hapitre 12).

La thèse de l'Univers-trou noir soulève enfin la question de unicité de l'Univers. Quel serait le statut de notre monde los par rapport au Cosmos extérieur ? Peut-on même envisaer une hiérarchie d'Univers – trous noirs emboîtés les uns ans les autres ? Des théories récentes de la physique des parcules admettent l'existence de tels « univers-bulles ».

Ces spéculations quelque peu extravagantes, propres à faire ɛ̀ver, ont encore peu cours dans les instituts de recherche ar, dépassant de trop loin la portée de nos connaissances ctuelles, elles ne font pas réellement progresser la science.

Peut-être un jour aurons-nous quelques éléments de réponse à ces questions, mais il ne faut guère se leurrer : toutes les théories sont fondées sur des images humaines, et la réalité est toujours différente de ce que l'on croit. Pour capter un fragment du monde réel il faut travailler avec son cerveau ses mains, mesurer mille fois, couper, se méfier des idées reçues et des théories trop belles. Celle des trous noirs est peut-être l'une d'entre elles. Alors, parvenu aux dernières lignes de ce livre, doit-on en retenir une leçon ? Je crois que oui. L'avènement des trous noirs marque sans doute les débuts d'une révolution. Révolution dans le monde changeant des idées et des théories, révolution dans le monde réel où se dessine patiemment le sort des étoiles, des galaxies et de l'Univers dans son ensemble. Mais toute révolution a ses pièges. Le mot *trou noir* n'est encore souvent qu'un somptueux déguisement de notre ignorance.

Appendices

1. Le diagramme d'Hertzsprung-Russell

Au début de ce siècle, l'astronome danois Ejnar Hertzsprung et l'Américain Henry Russell, de l'université de Princeton, entreprirent indépendamment de tracer sur un diagramme la relation entre la luminosité et la température de surface des étoiles *(figure A1)*. A des intervalles de température donnés est associé le *type spectral* de l'étoile, allant de O pour les étoiles chaudes de « couleur bleue » à M pour les étoiles moins chaudes de « couleur rouge ». Le Soleil est actuellement de type G, de couleur « jaune » (température de surface : 6 000 °K).

Les points du diagramme ne se répartissent pas au hasard mais leur position reflète les grandes lignes de l'évolution stellaire. Les étoiles sont en grande majorité regroupées dans une bande étroite traversant le diagramme en diagonale, appelée la *Séquence Principale*. Cet état correspond à la phase stable de combustion de l'hydrogène au centre des étoiles. On y trouve des naines rouges de luminosité et de rayon modestes (le rayon est indiqué entre parenthèses en unités solaires) et des géantes bleues très brillantes.

Une autre accumulation d'étoiles s'étend horizontalement au-dessus de la Séquence Principale. Elle est constituée d'étoiles de grande luminosité mais de faible température, c'est-à-dire les géantes et les supergéantes rouges. Quelques étoiles de faible luminosité mais de forte température occupent enfin la région située en dessous de la Séquence Principale ; il s'agit des étoiles effondrées en naines blanches.

Au cours de sa vie, une étoile individuelle se déplace sur le diagramme d'Hertzsprung-Russell. L'évolution du Soleil est représentée schématiquement sur la figure. La phase de contraction initiale l'amène sur la Séquence Principale, où il

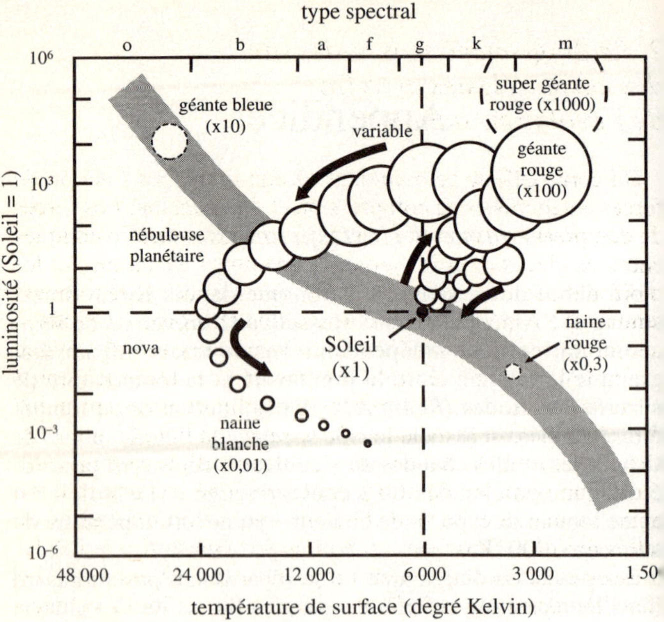

Figure A1 : Le diagramme d'Hertzsprung-Russell.

va passer le plus clair de son temps. Lorsque l'hydrogène sera épuisé au centre, le Soleil va se dilater pour gagner la branche des géantes rouges, multipliant son rayon par 100 et sa luminosité par 1000. Puis il entrera dans une période d'instabilité se traduisant par des pulsations, une luminosité variable et une contraction augmentant sa température de surface. Son destin final, qui passe par l'éjection de gaz dans une nébuleuse planétaire, est l'extinction progressive sous forme de naine blanche ratatinée.

Une étoile vingt fois plus massive que le Soleil aurait un parcours différent, brûlant plus rapidement sur la Séquence Principale sous forme de géante bleue, puis se dilatant en super-géante rouge pour exploser en supernova et former une étoile à neutrons ou un trou noir qui, n'émettant peu ou pas du tout de lumière visible, ne trouvent pas leur place dans le diagramme.

2. Le diagramme masse-densité des corps célestes et la fin de l'évolution stellaire

Un corps céleste se maintient en équilibre sous l'action de forces antagonistes de compression et d'expansion. Les forces de compression sont dues soit aux attractions électrostatiques entre les électrons et les protons constituant les atomes et les molécules, soit à la gravitation qui, étant attractive, a toujours tendance à comprimer les corps. Dans les corps « chauds », les forces d'expansion sont dues à une pression thermique car la température centrale est très élevée. Dans les corps « froids », les forces d'expansion sont dues au principe d'exclusion de la Mécanique Quantique, qui maintient la densité d'électrons ou de neutrons au-dessus d'un certain seuil.

Chaque corps en équilibre est caractérisé par une relation entre sa masse et sa densité moyenne, selon que telles ou telles forces antagonistes entrent en jeu. Sur la *figure A2*, les masses et les densités sont rapportées aux valeurs solaires (2×10^{33} grammes et 1g/cm^3), ce qui situe le Soleil à l'intersection des axes.

Corps froids

Les astres froids, supportés par une pression quantique, occupent les segments noirs. Les régions grises sont interdites car elles correspondent à une violation du principe d'exclusion.

Pour les corps moins massifs que 10^{-3} $M_{\odot}$, la force de compression dominante est due aux attractions électrostatiques. L'état d'équilibre est celui des planètes, caractérisé par une densité indépendante de la masse et qui est celle de la matière usuelle (1g/cm^3). Le point P marque la limite de stabilité des planètes, correspondant approximativement à la masse de Jupiter. Au-dessus, la gravitation devient la force de compression dominante et donne lieu à divers états d'équilibre froids beaucoup plus denses.

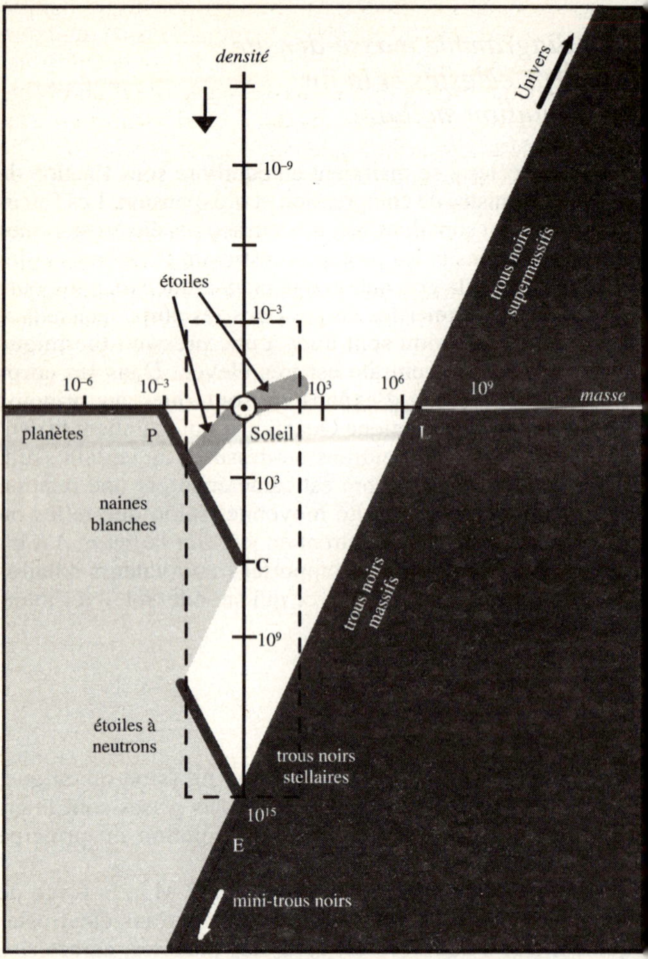

Figure A2 : Le diagramme masse-densité des corps célestes.

Dans les *naines blanches*, la pression quantique interne est due aux électrons dégénérés. La densité peut atteindre 1 tonne par centimètre cube. Le point C est la limite de Chandrasekhar, c'est-à-dire la masse maximale d'une naine blanche, 1,4 $M_\odot$. Au-dessus, les électrons deviennent « relativistes », c'est-à-dire animés de vitesses très proches de celle de la lumière, et ne sont plus capables d'assurer l'équilibre de la naine blanche.

Dans les *étoiles à neutrons*, la pression interne est due aux neutrons dégénérés. Les états de la matière sont beaucoup plus concentrés, atteignant la densité des noyaux atomiques, 10^{15}g/cm^3. Le point E marque la limite de stabilité des étoiles à neutrons, à environ 3 $M_\odot$. Au-dessus, les neutrons deviennent relativistes et sont incapables de supporter l'étoile. *Il n'existe aucun état d'équilibre froid de la matière plus massif que 3* $M_\odot$.

Trous noirs

Les *trous noirs* occupent une ligne en diagonale qui coupe l'axe des densités au point E d'instabilité des étoiles à neutrons et l'axe des masses au point L. Ce dernier point correspond aux caractéristiques du trou noir de Michell et Laplace : 10^7 $M_\odot$, 1g/cm^3. Dans la mesure où seule la gravitation gouverne l'état de trou noir, il peut en principe exister des trous noirs de toutes les masses et de toutes les densités. Les *mini-trous noirs* (bas du diagramme) sont peu massifs et extraordinairement denses ; les *trous noirs supermassifs* (haut du diagramme) sont au contraire très peu denses. Si l'on prolongeait la ligne hors du diagramme jusqu'à une masse de 10^{23} $M_\odot$, on obtiendrait une densité de 10^{-29}g/cm^3, qui est du même ordre que celle de l'Univers. Cela signifie que l'Univers est peut-être le plus vaste trou noir de la Nature.

Corps chauds

Les astres chauds occupent la région blanche. Le Soleil et les étoiles de la Séquence Principale se placent sur une étroite bande brisée appelée *isotherme thermonucléaire*, car elle correspond à la température centrale de 10^7 °K requis pour la fusion de l'hydrogène en hélium. Les masses de étoiles s'échelonnent entre 0,01 et 100 $M_{\odot}$.

Evolution stellaire

Au cours de son évolution, une étoile se déplace dans l diagramme masse-densité. Son mouvement se déroule entiè rement dans le cadre en pointillés, dont la *figure A3* présent un agrandissement. Sont également indiquées les réaction thermonucléaires dominantes prenant place au centre d l'étoile aux différents stades de son évolution.

La tendance générale de l'évolution stellaire, gouverné par la gravitation, est une augmentation de la densité (mou vement vers le bas du diagramme), tandis que les phéno mènes de perte de masse, de fragmentation, d'instabilité o d'explosion diminuent la masse (mouvement vers la gauch du diagramme). Le terme de l'évolution d'un astre chaud es

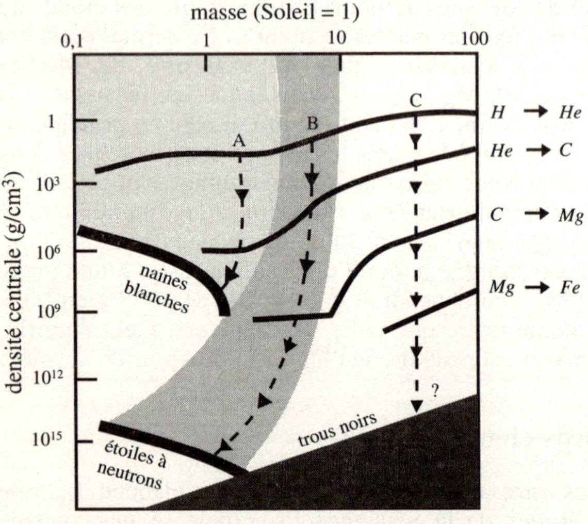

Figure A3 : La fin de l'évolution stellaire.

nécessairement l'un des trois états froids possibles : naine blanche, étoile à neutrons, trou noir.

Une étoile moins massive qu'environ 8 $M_{\odot}$ suit la courbe A ; après avoir quitté la Séquence Principale correspondant à la transformation de l'hydrogène en hélium, l'étoile accroît sa densité et sa température centrales jusqu'à transformer l'hélium en carbone. Mais le carbone reste inerte et le trajet de l'étoile s'achève dans l'état de naine blanche.

Le trajet B est celui d'un astre plus massif, qui parvient au cours de son évolution à brûler le carbone en magnésium. Il se termine en l'état d'étoile à neutrons.

Le trajet C est plus hypothétique ; il pourrait représenter celui d'une étoile massive – plus de 25 $M_{\odot}$ – qui, après avoir franchi tous les stades de la combustion thermonucléaire jusqu'au fer, s'achèverait en l'état de trou noir.

Bibliographie succincte

udouze J., *Aujourd'hui l'Univers*, Belfond, 1981.

udouze J. et Israël G. (éd.), *Le Grand Atlas d'Astronomie*, Encyclopædia Universalis et Albin Michel, 1983.

alibar F., *Galilée, Newton lus par Einstein,* PUF, 1984.

ollectif, *Aux confins de l'Univers,* La Nouvelle Encyclopédie des Sciences et Techniques, Fayard/Fondation Diderot, 1987.

ollin S. et Stasinska G., *Les Quasars*, Le Rocher, 1987.

oom C., *La Vie des étoiles*, Le Rocher, 1986.

emaret, J., *Univers,* Le Mail, 1991.

instein A., *La Relativité*, Petite Bibliothèque Payot, 1956.

instein A. et Infeld L., *L'Evolution des idées en Physique*, « Champ Flammarion », 1983.

reenstein G., *Le Destin des étoiles*, Le Seuil, 1987.

ayli A. (éd.) : *Histoire de l'Univers*, Hachette, 1980.

awking, Stephen W., *Une brève histoire du temps*, Flammarion, 1989.

eidmann J., *L'Odyssée cosmique*, Denoël, 1986.

slam J., *Le Destin ultime de l'Univers*, Belfond, 1984.

ontmerle T., Prantzos N., *Soleils éclatés*, Presses du CNRS, 1988.

ecker J.-C. (éd), *Astronomie,* Flammarion, 1985.

etit J.- P., *Le Trou noir*, Belin (bande dessinée), 1981.

eeves H., *Patience dans l'azur*, Le Seuil, 1981.

huan Trinh Xuan, *La Mélodie secrète*, « Folio/Essais », 1991.

Index des auteurs

Index thématique

Table

DEUXIÈME PARTIE

Cadavres exquis

TROISIÈME PARTIE

La lumière assassinée

QUATRIÈME PARTIE

La lumière retrouvée

APPENDICES

RÉALISATION : PAO / ÉDITIONS DU SEUIL
IMPRESSION : BRODARD ET TAUPIN LA FLÈCHE (10-93)
DÉPÔT LÉGAL NOVEMBRE 1992. N° 15948-2 (1391 I-5)

Collection Points

ÉRIE SCIENCES

irigée par Jean-Marc Lévy-Leblond et Nicolas Witkowski

1. La Recherche en biologie moléculaire
ouvrage collectif
2. Des astres, de la vie et des hommes
par Robert Jastrow (épuisé)
3. (Auto)critique de la science
par Alain Jaubert et Jean-Marc Lévy-Leblond
4. Le Dossier électronucléaire
par le syndicat CFDT de l'Énergie atomique
5. Une révolution dans les sciences de la Terre
par Anthony Hallam
6. Jeux avec l'infini, *par Rózsa Péter*
7. La Recherche en astrophysique, *ouvrage collectif*
(nouvelle édition)
8. La Recherche en neurobiologie (épuisé)
(voir nouvelle édition, S 57)
9. La Science chinoise et l'Occident
par Joseph Needham
10. Les Origines de la vie, *par Joël de Rosnay*
11. Échec et Maths, *par Stella Baruk*
12. L'Oreille et le Langage
par Alfred Tomatis (nouvelle édition)
13. Les Énergies du Soleil, *par Pierre Audibert*
en collaboration avec Danielle Rouard
14. Cosmic Connection ou l'appel des étoiles, *par Carl Sagan*
15. Les Ingénieurs de la Renaissance, *par Bertrand Gille*
16. La Vie de la cellule à l'homme, *par Max de Ceccatty*
17. La Recherche en éthologie, *ouvrage collectif*
18. Le Darwinisme aujourd'hui, *ouvrage collectif*
19. Einstein, créateur et rebelle, *par Banesh Hoffmann*
20. Les Trois Premières Minutes de l'Univers
par Steven Weinberg
21. Les Nombres et leurs mystères
par André Warusfel
22. La Recherche sur les énergies nouvelles
ouvrage collectif
23. La Nature de la physique, *par Richard Feynman*
24. La Matière aujourd'hui, *par Émile Noël* et al.
25. La Recherche sur les grandes maladies
ouvrage collectif
26. L'Étrange Histoire des quanta
par Banesh Hoffmann et Michel Paty

S61. Petit Guide du ciel, *par A. Jouin et B. Pellequer*
S62. Une histoire de l'astronomie
par Jean-Pierre Verdet
S63. L'Homme re-naturé, *par Jean-Marie Pelt*
S64. Science avec conscience, *par Edgar Morin*
S65. Une histoire de l'informatique
par Philippe Breton
S66. Une histoire de la géologie, *par Gabriel Gohau*
S67. Une histoire des techniques, *par Bruno Jacomy*
S68. L'Héritage de la liberté, *par Albert Jacquard*
S69. Le Hasard aujourd'hui, *ouvrage collectif*
S70. L'Évolution humaine, *par Roger Lewin*
S71. Quand les poules auront des dents
par Stephen Jay Gould
S72. La Recherche sur les origines de l'univers
par La Recherche
S73. L'Aventure du vivant, *par Joël de Rosnay*
S74. Invitation à la philosophie des sciences
par Bruno Jarrosson
S75. La Mémoire de la Terre, *ouvrage collectif*
S76. Quoi ! C'est ça, le Big-Bang ?
par Sidney Harris
S77. Des technologies pour demain, *ouvrage collectif*
S78. Physique quantique et Représentation du monde
par Erwin Schrodinger
S79. La Machine univers, *par Pierre Lévy*
S80. Chaos et Déterminisme, *textes présentés et réunis par A. Dahan-Dalmedico, J.-L. Chabert et K. Chemla*
S81. Une histoire de la raison, *par François Châtelet (entretiens avec Émile Noël)*
S82. Galilée, *par Ludovico Geymonat*
S83. L'Age du capitaine, *par Stella Baruk*
S84. L'Heure de s'enivrer, *par Hubert Reeves*
S85. Les Trous noirs, *par Jean-Pierre Luminet*
S86. Lumière et Matière, *par Richard Feynman*
S87. Le Sourire du flamant rose
par Stephen Jay Gould
S88. L'Homme et le Climat, *par Jacques Labeyrie*
S89. Invitation à la science de l'écologie
par Paul Colinvaux
S90. Les Technologies de l'intelligence
par Pierre Lévy
S91. Le Hasard au quotidien, *par José Rose*
S92. Une histoire de la science grecque
par Geoffrey E. R. Lloyd
S93. La Science sauvage, *ouvrage collectif*
S94. Qu'est-ce que la vie ?, *par Erwin Schrödinger*
S95. Les Origines de la physique moderne, *par I. Bernard Cohen*

COLLECTION "SCIENCE OUVERTE"
DIRIGÉE PAR JEAN-MARC LÉVY-LEBLOND

Pierre Achard *et al.*, *Discours biologique et Ordre social*, 1977
Jean-Pierre Adam, *Le Passé recomposé*, 1988
Alexander Alland, *La Dimension humaine*, 1974
Jacques Arsac, *Les Machines à penser*, 1987
Peter W. Atkins, *Comment créer le monde*, 1993
Henri Atlan, *A tort et à raison*, 1986
Madeleine Barthélémy-Madaule, *Lamarck ou le Mythe du précurseur*, 1979
Stella Baruk, *Échec et Maths**, 1973
Fabrice ou l'École des Mathématiques, 1977
*L'Age du capitaine**, 1985
Dictionnaire de Mathématiques élémentaires, 1992
C'est à dire en mathématiques ou ailleurs, 1993
Jean Bernard, Marcel Bessis, Claude Debru (sous la dir.), *Soi et non-Soi*, 1990
Marcel Blanc, *Les Héritiers de Darwin*, 1990
Jean-Louis Boursin, *Les Dés et les urnes*, 1990
William Broad & Nicholas Wade, *La Souris truquée*, 1987
Henri Broch, *Le Paranormal**, 1985
Mario Bunge, *Philosophie de la physique*, 1975
Max de Ceccatty, *Conversations cellulaires*, 1991
Giovanni Ciccotti *et al.*, *L'Araignée et le Tisserand*, 1979
Robert Clarke, *Naissance de l'homme**, 1982
Paul Colinvaux, *Les Manèges de la vie**, 1982
Harry M. Collins, *Experts artificiels*, 1992
Benjamin Coriat, *Science, Technique et Capital*, 1976
Michel Crozon, *La Matière première*, 1987
Antoine Danchin, *Une Aurore de pierres*, 1990
William C. Dement, *Dormir, Rêver*, 1981
Alain Dupas, *La Lutte pour l'espace*, 1977
Albert Einstein et Max Born, *Correspondance 1916-1955*, 1988
Ivar Ekeland, *Le Calcul, l'Imprévu**, 1984
Au hasard, 1991
Paul Feyerabend, *Contre la méthode**, 1979
Adieu la Raison, 1989
Peter T. Furst, *La Chair des dieux*, 1974
Jean-Gabriel Ganascia, *L'Ame-Machine*, 1990
Jacques Gapaillard, *Et pourtant, elle tourne !*, 1993
Martin Gardner, *L'Univers ambidextre*, 1985
Bertrand Gille, *Les Mécaniciens grecs*, 1980
Jean Gimpel, *La fin de l'avenir*, 1992

* L'astérisque indique les ouvrages disponibles dans la série de poche « Points Sciences »

Stephen J. Gould, *Le Sourire du flamant rose**, 1988
La Vie est belle, 1991
La Foire aux dinosaures, 1993
George Greenstein, *Le Destin des étoiles*, 1987
Francis Hallé, *Un monde sans hiver*, 1993
Edward Harrison, *Le Noir de la nuit*, 1990
P. Huard, J. Bossy, G. Mazars, *Les Médecines de l'Asie*, 1978
Albert Jacquard, *Éloge de la différence**, 1981
*Au péril de la science ?**, 1984
*L'Héritage de la liberté**, 1986
Jean Jacques, *Les Confessions d'un chimiste ordinaire*, 1981
Patrick Lagadec, *La Civilisation du risque*, 1981
États d'urgence, 1988
André Langaney, *Le Sexe et l'Innovation**, 1979
Tony Lévy, *Figures de l'infini*, 1987
J.-M. Lévy-Leblond et A. Jaubert, *(Auto)critique de la science**, 1973
Eugene Linden, *Ces singes qui parlent*, 1979
Georges Ménahem, *La Science et le Militaire*, 1976
Agata Mendel, *Les Manipulations génétiques*, 1980
P.-A. Mercier, F. Plassard, V. Scardigli, *La Société digitale*, 1984
Abraham A. Moles, *Des Sciences de l'imprécis*, 1990
Catherine Mondiet-Colle, Michel Colle,
Le Mythe de Procuste, 1989
Jacques Ninio, *La Biologie buissonnière*, 1991
Josiane Olff-Nathan (sous la dir.),
La Science sous le IIIe Reich, 1993
Daniel Raichvarg & Jean Jacques, *Savants et ignorants*, 1991
Hubert Reeves, *Patience dans l'azur**, 1981
Poussières d'étoiles, 1984
*L'Heure de s'enivrer**, 1986
Malicorne, 1990
Compagnons de voyage, 1992
Jacques-Michel Robert, *Comprendre notre cerveau**, 1982
Colin Ronan, *Histoire mondiale des sciences*, 1988
Philippe Roqueplo, *Le Partage du savoir*, 1974
Penser la technique, 1983
Steven Rose, *Le Cerveau conscient*, 1975
H. Rose, S. Rose *et al.*, *L'Idéologie de/dans la science*, 1977
Joël de Rosnay, *L'Aventure du vivant**, 1988
Rudy Rucker, *La Quatrième dimension*, 1985
Carl Sagan, *Les Dragons de l'Eden*, 1980
Carl Sagan & Richard Turco, *L'Hiver nucléaire*, 1991
Henri de Saint-Blanquat, *Mémoires de l'humanité*, 1991
Abdus Salam, W. Heisenberg & P. A. M. Dirac,
La Grande unification, 1991
Jean-Claude Salomon, *Le Tissu déchiré*, 1991
Evry Schatzman, *Les Enfants d'Uranie*, 1986
Michel Schiff, *L'Intelligence gaspillée*, 1982

William Shea, *La Révolution galiléenne*, 1992
Roger N. Shepard, *L'œil qui pense*, 1992
Dominique Simonnet, *Vivent les bébés!*, 1986
William Skyvington, *Machina Sapiens*, 1976
Solomon H. Snyder, *La Marijuana*, 1973
Isabelle Stengers *et al.*, *D'une science à l'autre*, 1987
Peter S. Stevens, *Les Formes dans la nature*, 1978
Pierre Thuillier, *Le Petit savant illustré*, 1978
Les Savoirs ventriloques, 1983
Michel Tibon-Cornillot, *Les Corps transfigurés*, 1992
Francisco J. Varela, *Connaître*, 1989
Jacques Vauclair, *L'Intelligence de l'animal*, 1992
Renaud Vié le Sage, *La Terre en otage*, 1989
Steven Weinberg, *Les Trois Premières Minutes de l'Univers**, 1978

Collection Points

SÉRIE ESSAIS

DERNIERS TITRES PARUS

45. Le Structuralisme : Poétique, *par Tzvetan Todorov*
46. Le Structuralisme en anthropologie, *par Dan Sperber*
47. Le Structuralisme en psychanalyse, *par Moustapha Safouan*
48. Le Structuralisme : Philosophie, *par François Wahl*
49. Le Cas Dominique, *par Françoise Dolto*
51. Trois Essais sur le comportement animal et humain *par Konrad Lorenz*
52. Le Droit à la ville, *suivi de* Espace et Politique *par Henri Lefebvre*
53. Poèmes, *par Léopold Sédar Senghor*
54. Les Élégies de Duino, *suivi de* Les Sonnets à Orphée *par Rainer Maria Rilke* (édition bilingue)
55. Pour la sociologie, *par Alain Touraine*
56. Traité du caractère, *par Emmanuel Mounier*
57. L'Enfant, sa « maladie » et les autres, *par Maud Mannoni*
58. Langage et Connaissance, *par Adam Schaff*
59. Une saison au Congo, *par Aimé Césaire*
61. Psychanalyser, *par Serge Leclaire*
63. Mort de la famille, *par David Cooper*
64. A quoi sert la Bourse ?, *par Jean-Claude Leconte* (épuisé)
65. La Convivialité, *par Ivan Illich*
66. L'Idéologie structuraliste, *par Henri Lefebvre*
67. La Vérité des prix, *par Hubert Lévy-Lambert* (épuisé)
68. Pour Gramsci, *par Maria-Antonietta Macciocchi*
69. Psychanalyse et Pédiatrie, *par Françoise Dolto*
70. S/Z, *par Roland Barthes*
71. Poésie et Profondeur, *par Jean-Pierre Richard*
72. Le Sauvage et l'Ordinateur, *par Jean-Marie Domenach*
73. Introduction à la littérature fantastique *par Tzvetan Todorov*
74. Figures I, *par Gérard Genette*
75. Dix Grandes Notions de la sociologie, *par Jean Cazeneuve*
76. Mary Barnes, un voyage à travers la folie *par Mary Barnes et Joseph Berke*
77. L'Homme et la Mort, *par Edgar Morin*
78. Poétique du récit, *par Roland Barthes, Wayne Booth, Wolfgang Kayser et Philippe Hamon*
79. Les Libérateurs de l'amour, *par Alexandrian*
80. Le Macroscope, *par Joël de Rosnay*
81. Délivrance, *par Maurice Clavel et Philippe Sollers*
82. Système de la peinture, *par Marcelin Pleynet*

83. Pour comprendre les média, *par M. McLuhan*
84. L'Invasion pharmaceutique
par Jean-Pierre Dupuy et Serge Karsenty
85. Huit Questions de poétique, *par Roman Jakobson*
86. Lectures du désir, *par Raymond Jean*
87. Le Traître, *par André Gorz*
88. Psychiatrie et Antipsychiatrie, *par David Cooper*
89. La Dimension cachée, *par Edward T. Hall*
90. Les Vivants et la Mort, *par Jean Ziegler*
91. L'Unité de l'homme, *par le Centre Royaumont*
1. Le primate et l'homme
par E. Morin et M. Piattelli-Palmarini
92. L'Unité de l'homme, *par le Centre Royaumont*
2. Le cerveau humain
par E. Morin et M. Piattelli-Palmarini
93. L'Unité de l'homme, *par le Centre Royaumont*
3. Pour une anthropologie fondamentale
par E. Morin et M. Piattelli-Palmarini
94. Pensées, *par Blaise Pascal*
95. L'Exil intérieur, *par Roland Jaccard*
96. Semeiotiké, recherches pour une sémanalyse
par Julia Kristeva
97. Sur Racine, *par Roland Barthes*
98. Structures syntaxiques, *par Noam Chomsky*
99. Le Psychiatre, son « fou » et la psychanalyse
par Maud Mannoni
100. L'Écriture et la Différence, *par Jacques Derrida*
101. Le Pouvoir africain, *par Jean Ziegler*
102. Une logique de la communication
par P. Watzlawick, J. Helmick Beavin, Don D. Jackson
103. Sémantique de la poésie, *par T. Todorov, W. Empson J. Cohen, G. Hartman, F. Rigolot*
104. De la France, *par Maria-Antonietta Macciocchi*
105. Small is beautiful, *par E. F. Schumacher*
106. Figures II, *par Gérard Genette*
107. L'Œuvre ouverte, *par Umberto Eco*
108. L'Urbanisme, *par Françoise Choay*
109. Le Paradigme perdu, *par Edgar Morin*
110. Dictionnaire encyclopédique des sciences du langage
par Oswald Ducrot et Tzvetan Todorov
111. L'Évangile au risque de la psychanalyse, tome 1
par Françoise Dolto
112. Un enfant dans l'asile, *par Jean Sandretto*
113. Recherche de Proust, *ouvrage collectif*
114. La Question homosexuelle, *par Marc Oraison*
115. De la psychose paranoïaque dans ses rapports
avec la personnalité, *par Jacques Lacan*
116. Sade, Fourier, Loyola, *par Roland Barthes*

117. Une société sans école, *par Ivan Illich*
118. Mauvaises Pensées d'un travailleur social *par Jean-Marie Geng*
119. Albert Camus, *par Herbert R. Lottman*
120. Poétique de la prose, *par Tzvetan Todorov*
121. Théorie d'ensemble, *par Tel Quel*
122. Némésis médicale, *par Ivan Illich*
123. La Méthode
 1. La nature de la nature, *par Edgar Morin*
124. Le Désir et la Perversion, *ouvrage collectif*
125. Le Langage, cet inconnu, *par Julia Kristeva*
126. On tue un enfant, *par Serge Leclaire*
127. Essais critiques, *par Roland Barthes*
128. Le Je-ne-sais-quoi et le Presque-rien
 1. La manière et l'occasion, *par Vladimir Jankélévitch*
129. L'Analyse structurale du récit, Communications 8 *ouvrage collectif*
130. Changements, Paradoxes et Psychothérapie *par P. Watzlawick, J. Weakland et R. Fisch*
131. Onze Études sur la poésie moderne *par Jean-Pierre Richard*
132. L'Enfant arriéré et sa mère, *par Maud Mannoni*
133. La Prairie perdue (Le Roman américain) *par Jacques Cabau*
134. Le Je-ne-sais-quoi et le Presque-rien
 2. La méconnaissance, *par Vladimir Jankélévitch*
135. Le Plaisir du texte, *par Roland Barthes*
136. La Nouvelle Communication, *ouvrage collectif*
137. Le Vif du sujet, *par Edgar Morin*
138. Théories du langage, Théories de l'apprentissage *par le Centre Royaumont*
139. Baudelaire, la Femme et Dieu, *par Pierre Emmanuel*
140. Autisme et Psychose de l'enfant, *par Frances Tustin*
141. Le Harem et les Cousins, *par Germaine Tillion*
142. Littérature et Réalité, *ouvrage collectif*
143. La Rumeur d'Orléans, *par Edgar Morin*
144. Partage des femmes, *par Eugénie Lemoine-Luccioni*
145. L'Évangile au risque de la psychanalyse, tome 2 *par Françoise Dolto*
146. Rhétorique générale, *par le Groupe* μ
147. Système de la mode, *par Roland Barthes*
148. Démasquer le réel, *par Serge Leclaire*
149. Le Juif imaginaire, *par Alain Finkielkraut*
150. Travail de Flaubert, *ouvrage collectif*
151. Journal de Californie, *par Edgar Morin*
152. Pouvoirs de l'horreur, *par Julia Kristeva*
153. Introduction à la philosophie de l'histoire de Hegel *par Jean Hyppolite*

154. La Foi au risque de la psychanalyse
par Françoise Dolto et Gérard Sévérin
155. Un lieu pour vivre, *par Maud Mannoni*
156. Scandale de la vérité, *suivi de* Nous autres Français
par Georges Bernanos
157. Enquête sur les idées contemporaines
par Jean-Marie Domenach
158. L'Affaire Jésus, *par Henri Guillemin*
159. Paroles d'étranger, *par Élie Wiesel*
160. Le Langage silencieux, *par Edward T. Hall*
161. La Rive gauche, *par Herbert R. Lottman*
162. La Réalité de la réalité, *par Paul Watzlawick*
163. Les Chemins de la vie, *par Joël de Rosnay*
164. Dandies, *par Roger Kempf*
165. Histoire personnelle de la France, *par François George*
166. La Puissance et la Fragilité, *par Jean Hamburger*
167. Le Traité du sablier, *par Ernst Jünger*
168. Pensée de Rousseau, *ouvrage collectif*
169. La Violence du calme, *par Viviane Forrester*
170. Pour sortir du XXe siècle, *par Edgar Morin*
171. La Communication, Hermès I, *par Michel Serres*
172. Sexualités occidentales, Communications 35
ouvrage collectif
173. Lettre aux Anglais, *par Georges Bernanos*
174. La Révolution du langage poétique, *par Julia Kristeva*
175. La Méthode
2. La vie de la vie, *par Edgar Morin*
176. Théories du symbole, *par Tzvetan Todorov*
177. Mémoires d'un névropathe, *par Daniel Paul Schreber*
178. Les Indes, *par Édouard Glissant*
179. Clefs pour l'Imaginaire ou l'Autre Scène
par Octave Mannoni
180. La Sociologie des organisations, *par Philippe Bernoux*
181. Théorie des genres, *ouvrage collectif*
182. Le Je-ne-sais-quoi et le Presque-rien
3. La volonté de vouloir, *par Vladimir Jankélévitch*
183. Le Traité du rebelle, *par Ernst Jünger*
184. Un homme en trop, *par Claude Lefort*
185. Théâtres, *par Bernard Dort*
186. Le Langage du changement, *par Paul Watzlawick*
187. Lettre ouverte à Freud, *par Lou Andreas-Salomé*
188. La Notion de littérature, *par Tzvetan Todorov*
189. Choix de poèmes, *par Jean-Claude Renard*
190. Le Langage et son double, *par Julien Green*
191. Au-delà de la culture, *par Edward T. Hall*
192. Au jeu du désir, *par Françoise Dolto*
193. Le Cerveau planétaire, *par Joël de Rosnay*
194. Suite anglaise, *par Julien Green*

195. Michelet, *par Roland Barthes*
196. Hugo, *par Henri Guillemin*
197. Zola, *par Marc Bernard*
198. Apollinaire, *par Pascal Pia*
199. Paris, *par Julien Green*
200. Voltaire, *par René Pomeau*
201. Montesquieu, *par Jean Starobinski*
202. Anthologie de la peur, *par Éric Jourdan*
203. Le Paradoxe de la morale, *par Vladimir Jankélévitch*
204. Saint-Exupéry, *par Luc Estang*
205. Leçon, *par Roland Barthes*
206. François Mauriac
   1. Le sondeur d'abîmes (1885-1933), *par Jean Lacouture*
207. François Mauriac
   2. Un citoyen du siècle (1933-1970), *par Jean Lacouture*
208. Proust et le Monde sensible, *par Jean-Pierre Richard*
209. Nus, Féroces et Anthropophages, *par Hans Staden*
210. Œuvre poétique, *par Léopold Sédar Senghor*
211. Les Sociologies contemporaines, *par Pierre Ansart*
212. Le Nouveau Roman, *par Jean Ricardou*
213. Le Monde d'Ulysse, *par Moses I. Finley*
214. Les Enfants d'Athéna, *par Nicole Loraux*
215. La Grèce ancienne, tome 1
   par Jean-Pierre Vernant et Pierre Vidal-Naquet
216. Rhétorique de la poésie, *par le Groupe µ*
217. Le Séminaire. Livre XI, *par Jacques Lacan*
218. Don Juan ou Pavlov
   par Claude Bonnange et Chantal Thomas
219. L'Aventure sémiologique, *par Roland Barthes*
220. Séminaire de psychanalyse d'enfants, tome 1
   par Françoise Dolto
221. Séminaire de psychanalyse d'enfants, tome 2
   par Françoise Dolto
222. Séminaire de psychanalyse d'enfants
   tome 3, Inconscient et destins, *par Françoise Dolto*
223. État modeste, État moderne, *par Michel Crozier*
224. Vide et Plein, *par François Cheng*
225. Le Père : acte de naissance, *par Bernard This*
226. La Conquête de l'Amérique, *par Tzvetan Todorov*
227. Temps et Récit, tome 1, *par Paul Ricœur*
228. Temps et Récit, tome 2, *par Paul Ricœur*
229. Temps et Récit, tome 3, *par Paul Ricœur*
230. Essais sur l'individualisme, *par Louis Dumont*
231. Histoire de l'architecture et de l'urbanisme modernes
   1. Idéologies et pionniers (1800-1910), *par Michel Ragon*
232. Histoire de l'architecture et de l'urbanisme modernes
   2. Naissance de la cité moderne (1900-1940)
   par Michel Ragon

233. Histoire de l'architecture et de l'urbanisme modernes
3. De Brasilia au post-modernisme (1940-1991)
par Michel Ragon
234. La Grèce ancienne, tome 2
par Jean-Pierre Vernant et Pierre Vidal-Naquet
235. Quand dire, c'est faire, *par J. L. Austin*
236. La Méthode
3. La Connaissance de la Connaissance, *par Edgar Morin*
237. Pour comprendre *Hamlet*, *par John Dover Wilson*
238. Une place pour le père, *par Aldo Naouri*
239. L'Obvie et l'Obtus, *par Roland Barthes*
240. Mythe et Société en Grèce ancienne
par Jean-Pierre Vernant
241. L'Idéologie, *par Raymond Boudon*
242. L'Art de se persuader, *par Raymond Boudon*
243. La Crise de l'État-providence, *par Pierre Rosanvallon*
244. L'État, *par Georges Burdeau*
245. L'Homme qui prenait sa femme pour un chapeau
par Oliver Sacks
246. Les Grecs ont-ils cru à leurs mythes ?, *par Paul Veyne*
247. La Danse de la vie, *par Edward T. Hall*
248. L'Acteur et le Système
par Michel Crozier et Erhard Friedberg
249. Esthétique et Poétique, *collectif*
250. Nous et les Autres, *par Tzvetan Todorov*
251. L'Image inconsciente du corps, *par Françoise Dolto*
252. Van Gogh ou l'Enterrement dans les blés
par Viviane Forrester
253. George Sand ou le Scandale de la liberté
par Joseph Barry
254. Critique de la communication, *par Lucien Sfez*
255. Les Partis politiques, *par Maurice Duverger*
256. La Grèce ancienne, tome 3
par Jean-Pierre Vernant et Pierre Vidal-Naquet
257. Palimpsestes, *par Gérard Genette*
258. Le Bruissement de la langue, *par Roland Barthes*
259. Relations internationales
1. Questions régionales, *par Philippe Moreau Defarges*
260. Relations internationales
2. Questions mondiales, *par Philippe Moreau Defarges*
261. Voici le temps du monde fini, *par Albert Jacquard*
262. Les Anciens Grecs, *par Moses I. Finley*
263. L'Éveil, *par Oliver Sacks*
264. La Vie politique en France, *ouvrage collectif*
265. La Dissémination, *par Jacques Derrida*
266. Un enfant psychotique, *par Anny Cordié*
267. La Culture au pluriel, *par Michel de Certeau*
268. La Logique de l'honneur, *par Philippe d'Iribarne*